Ullstein

ÜBER DAS BUCH:

Das Chaos ist zum Paradigma unserer Zeit geworden: Sowohl in ganz alltäglichen, vertrauten Bereichen als auch auf den Gebieten, die bedeutende Vorkenntnisse verlangen, um sie zu verstehen, nimmt dieser Begriff immer größere Bedeutung an. Komplexe Systeme, ja das gesamte Universum können sich unter bestimmten Umständen überraschend und unvorhersehbar verhalten. Daß es trotzdem funktioniert, eine bestimmte Ordnung eingehalten wird, läßt die moderne Chaosforschung vom »deterministischen« (vorhersehbaren) Chaos sprechen. Anhand konkreter Beispiele machen die Autoren die Dynamik dieser Systeme verständlich und transparent, so daß sich am Ende die Überlegung einstellt: »Das Chaos ist keine Apokalypse, nicht einmal eine Konfusion, sondern ›sogar segensreich‹!« *(Basler Magazin)*

DIE AUTOREN:

Gregor Morfill, geboren 1945, war nach seinem Studium der Physik Research Assistent am Imperial College in London. 1971 promovierte er, 1977 folgte die Habilitation. Seit 1971 ist er in der Forschung der Max-Planck-Institute in Garching und Heidelberg tätig. Seit 1990 Geschäftsführender Direktor am Max-Planck-Institut für Physik und Astrophysik, seit 1991 in derselben Funktion am Max-Planck-Institut für extraterrestrische Physik in Garching. Mitglied bzw. Vorsitzender von nationalen und internationalen Fachausschüssen.
Herbert Scheingraber, Jahrgang 1947, studierte von 1969 bis 1975 Physik an der Technischen Universität München. 1979 Promotion und seitdem als wissenschaftlicher Mitarbeiter am Max-Planck-Institut für extraterrestrische Physik beschäftigt.

Gregor Morfill
Herbert Scheingraber

Chaos ist überall ... und es funktioniert

Eine neue Weltsicht

Ullstein

Sachbuch
Ullstein Buch Nr. 35343
im Verlag Ullstein GmbH,
Frankfurt/M–Berlin

Ungekürzte Ausgabe
Mit 16 Abbildungen

Umschlagentwurf:
Dietmar Suchalla
Unter Verwendung einer Abbildung der
IBM Deutschland GmbH

Printed in Germany 1993
Druck und Verarbeitung:
Clausen & Bosse, Leck
ISBN 3 548 35343 6

November 1993
Gedruckt auf alterungsbeständigem Papier
mit chlorfrei gebleichtem Zellstoff

Die Deutsche Bibliothek –
CIP-Einheitsaufnahme

Morfill, Gregor E.:
Chaos ist überall ... und es funktioniert:
eine neue Weltsicht/ Gregor Morfill;
Herbert Scheingraber. – Ungekürzte Ausg. –
Frankfurt/M; Berlin: Ullstein, 1993
(Ullstein-Buch; Nr. 35343: Sachbuch)
ISBN 3-548-35343-6
NE: Scheingraber, Herbert:; GT

Inhalt

Prolog

In diesem Buch geht es ums Chaos schlechthin, genauer gesagt: um deterministisches Chaos. Alles klar?

»Deterministisches Chaos« (von lat. *determinare*, bestimmen, festlegen, und gr. *χαοσ* formlos, konfus) ist ein in sich widersprüchlicher Begriff: »Bestimmte Formlosigkeit« oder »festgelegte Konfusion« muten ebenso widersinnig an wie »wohldefinierter Wirrwarr«.

Und doch scheint es so etwas zu geben. Es läßt sich sogar mathematisch erfassen und in gewisser Weise messen. Der Dualismus in der Natur (Determinismus und Zufall) erweist sich mehr und mehr als Trilogie: Determinismus, Zufall und deterministisches Chaos.

Manche Wissenschaftler und Philosophen sind der Meinung, daß die Entdeckung des deterministischen Chaos den Anstoß zu einer Revolution im wissenschaftlichen Denken der Menschen geliefert hat, deren sich viele noch gar nicht in vollem Ausmaß bewußt sind. (Zum Teil nicht einmal all diejenigen, die selbst auf diesem Gebiet forschen.) Oder sollte es sich, wie Skeptiker und Kritiker der Chaosforschung unterstellen, lediglich um eine neuartige Betrachtung alter Hüte handeln, die mit viel Geschrei und neuem Fachjargon zwar viel Verwirrung produziert, aber nichts wesentlich Neues hervorgebracht hat?

Durch die publikumswirksame »Vermarktung« des Begriffs Chaos hat selbst der Laie, der weder in die Tiefen wissenschaftlicher Kreativität noch in die Abgründe wissenschaftlicher Zweifel hineinzuschauen vermag, von diesen Auseinandersetzungen erfahren. Doch weiß er wirklich, warum so viele Wissenschaftler von der neuen Forschungsrichtung fasziniert sind? Warum sich so viele Mathematiker darauf gestürzt haben, als gäbe es etwas kostenlos? Warum Informatiker in den neuen Begriffen schwelgen? Und warum selbst konservative Physiker, Biologen, Mediziner, Volkswirtschaftler oder Soziologen anfangen, sich mit den neuen Konzepten vertraut zu machen, um sie für ihre Forschungsschwerpunkte anwenden zu können?

Ein Buch über Chaosforschung, über das deterministische Chaos in uns, unserer Umgebung und im Universum, würde angesichts des großen Echos, auf das dieser Wissenschaftszweig in der Öffentlichkeit trifft, allenfalls flackerndes Interesse, wahrscheinlich nur müdes Lächeln hervorrufen, bliebe es auf diese Fragen eine Antwort schuldig und lieferte es keine Beweise für den Erfolg der Methoden. Und deutete es nicht die ihnen innewohnenden Möglichkeiten an.

Dieses Buch ist Einführung in die moderne Chaosforschung und Werkstattbericht zugleich.

Obwohl er im ersten Teil einen, wie wir meinen, zum Verständnis unverzichtbaren historischen Überblick enthält, soll dieser Band kein Geschichtsbuch sein, und da für so manchen lesenden Zeitgenossen sowieso immer nur das Brandaktuellste von Interesse ist, wollen wir ihn diesem Reiz des Allerneusten auch bewußt aussetzen. Wir präsentieren hier Beispiele der praktischen Forschungstätigkeit von der vordersten Front moderner Wissenschaft. Zum Teil werden die in diesem Buch diskutierten Arbeitsergebnisse sogar erst für die Veröffentlichung in der Fachliteratur vorbereitet. Die Herzrhythmus-Analysen im zweiten Teil zum Beispiel und viele der angesprochenen Themen aus dem Gebiet der Astrophysik (vierter Teil) sind in dieser Betrachtungsweise bisher unveröffentlicht. Wir bieten dem Leser praktisch eine allgemeinverständliche Vorschau in Themen der Grundlagenforschung von morgen an.

Um dieses Angebot nutzbringend ausschöpfen zu können, empfiehlt es sich jedoch, speziell für den mathematischen Laien, besonderes Augenmerk auf die exemplarische System-Analyse zu richten, die wir im ersten Kapitel des zweiten Teils präsentieren. Anhand einer fiktiven Steuerreform versuchen wir an dieser Stelle in die mathematisch-rechnerische Seite des deterministischen Chaos einzuführen und unsere Begrifflichkeit zu erläutern.

Bevor es richtig losgehen kann, sind uns noch zwei weitere Vorbemerkungen wichtig, die sich im weitesten Sinne auf die Verwendung des Begriffs »Chaos« im allgemeinen Sprachgebrauch beziehen.

Für viele Menschen ist »Chaos« gleichbedeutend mit Apokalypse,

Verderben und anderen Unannehmlichkeiten. Die wissenschaftlichen Untersuchungen sind jedoch keineswegs dazu angetan, diese Einstellung zu unterstützen. Im Gegenteil: Dort, wo sich uns das deterministische Chaos offenbart, wirkt es normal, sogar segensreich.

Womit nicht gesagt sein soll, daß man nicht auch auf mögliche apokalyptische Ereignisse hinweisen könnte, wie etwa den »Zusammenstoß zweier Welten«, die nicht von der Hand zu weisende Möglichkeit, daß unsere Erde von einem Asteroiden oder von einem Kometen getroffen wird, der durch minimale Änderung seiner chaotischen Bahn im Laufe der Jahrmillionen unversehens in den Anziehungsbereich der Erde gelangt. Andererseits aber muß man mit aller Deutlichkeit darauf hinweisen, daß die Entstehung der Erde durch eben diesen Prozeß – den Zusammenstoß und Einfang solcher Körper sowie das damit verbundene Wachstum – überhaupt erst möglich wurde. Uns Menschen würde es ohne diesen Prozeß gar nicht geben.

Im Volksmund wird das immer häufiger auftretende Phänomen kilometerlanger Staus auf den Straßen als »Verkehrschaos« bezeichnet. Mit dem wissenschaftlichen Begriff »deterministisches Chaos« hat ein solcher *Stau* – gänzlich undynamisch und geordnet – wenig gemein.

Auch als »Abweichung vom Normalverhalten« ist Chaos falsch verstanden. Das ist leicht einzusehen: Für ein Mehrfachpendel, um ein ganz einfaches Beispiel zu nennen, ist *nur* die chaotische Bewegung das Normalverhalten. Deterministisch, in seinem Verhalten bestimmt, vorhersagbar, wird es nur, wenn es in Ruhe ist.

Ähnlich ist es beim Straßenverkehr. Das von uns so geschätzte Normalverhalten ist der (möglichst reibungslos) fließende Verkehrsstrom. Dieser Verkehrsstrom hat Variationen: Mal kommt eine Autokolonne durch, mal ein einzelner Wagen – und dann wieder längere Zeit gar kein Fahrzeug. Diese Fluktuationen hängen von kleinen Ereignissen ab, etwa von der Schaltung einer Verkehrsampel, vom Einschleusen eines Trabis oder vom Abbremsen eines abbiegenden Wagens. Der fließende Verkehr ist deterministisch chaotisch, während die sommerlichen Staus rein deterministisch sind. Man kann das Verhalten der Fahrzeuge insgesamt und im Detail genau vorhersagen, zumindest solange die Autos am gleichen Ort stehen, also für die Dauer des Staus. (Im dritten Teil dieses Buches nehmen wir uns anhand eines kleinen Modells übrigens dieses für eine Autogesellschaft offenbar zentralen Themas noch einmal ausführlicher an.)

Auch in anderen Beispielen, die in diesem Buch diskutiert werden, stellt sich chaotisches Verhalten von Systemen als normal und positiv heraus: bei den Herzrhythmusvariationen, bei unserer Sonne, beim Wetter und in der Kosmologie.

Chaos ist überall, und es funktioniert!

Angesichts des Umstandes, daß wir in einer (im wissenschaftlichen Sinne) chaotischen Welt leben, worauf wir durch die Evolution offenbar auch bestens eingerichtet sind, ist es wohl kaum verwunderlich, daß wir deterministisches Chaos überall, wo wir ihm begegnen, als normal empfinden. Nur umgekehrt wird kein Schuh draus: wenn wir ungeliebte »Abweichungen« vom Normalen als chaotisch bezeichnen.

Am Beispiel des menschlichen Herzschlags möchten wir das noch einmal untermalen: Unsere Pulsrate variiert je nach Belastung, und diese Variation ist beim gesunden Herzen »chaotisch«. Das heißt: kleinste Unterschiede in der Belastung oder in der Gemütslage bewirken unterschiedliche Pulsraten. Nur ein solches System kann eine optimale Anpassung an ständig wechselnde Anforderungen sicherstellen.

Eine mögliche Abweichung in einen streng deterministischen Zustand tritt ein, wenn das Herz zu schlagen aufhört. Sein weiteres Verhalten läßt sich dann zwar *auch langfristig* vorhersagen, aber als »gesund« wird ein solcher definitiver Zustand wohl kaum empfunden.

Eine andere mögliche Abweichung (ins »Zufällige« oder völlig Unvorhersehbare) ist das Kammerflimmern. Normal oder gesund ist auch dieses Verhalten des Systems Herz nicht – schon allein, weil es sehr leicht im deterministischen Finalstadium mündet.

Zum Schluß dieses Prologs noch ein paar Bemerkungen zu einer anderen Begriffsverwirrung.

Mehr noch als der Terminus »deterministisches Chaos« ist einer an der Entwicklung der Wissenschaften interessierten breiteren Öffentlichkeit das Schlagwort »Fraktale« ins Bewußtsein gedrungen. Beide

Begriffe hängen tatsächlich zusammen, wenn auch den meisten Laien nicht klar ist, wie.

Eine weitverbreitete, wiewohl unzutreffende Assoziationskette lautet: »Chaos« gleich »Fraktale« gleich »hübsche bunte Bildchen«. (Wir könnten uns sogar durchaus vorstellen, daß der eine oder andere potentielle Käufer dieses Buch enttäuscht ins Regal zurückstellt, weil es eben Illustrationen wie das berühmte Apfelmännchen nicht enthält. Nichts übrigens gegen eine medienwirksame Vermarktung der Schönheit von Fraktalen: Mit Sicherheit ist ihr zu verdanken, daß viele Menschen in letzter Zeit einen völlig neuen Zugang zur Mathematik bekommen haben – jedenfalls zu ihrer ästhetischen Seite.)

»Fraktale« und »deterministisches Chaos« markieren jedoch selbständige Forschungsgebiete mit unterschiedlichen Fragestellungen und Zielsetzungen. Was beide Bereiche gemeinsam haben, ist ihre universelle Verbreitung – Chaos ist überall, fraktale Strukturen auch – sowie einige mathematische Methoden zu ihrer Beschreibung.

In seinem Buch *Die fraktale Geometrie der Natur* zeichnet der polnisch-französisch-amerikanische Mathematiker Benoit B. Mandelbrot auf, wie sich in der Natur vorkommende Objekte, wie Blätter, Äste, Bäume, ein Blumenkohl, Korallen, unser Nervensystem, ja sogar ganze Landschaften, mit einfachen mathematischen Beziehungen abbilden und imitieren lassen.

Das Charakteristische an fraktalen Strukturen ist, daß sich bestimmte Formen auf allen Größenskalen wiederholen. Die Gebilde sind »selbstähnlich«. In Abbildung 0.1 ist das für den Buchstaben T gezeigt. Im mathematischen Idealfall bringt jede beliebige Vergrößerung immer wieder die gleiche Struktur hervor. In der Natur gibt es aber »natürlich« Grenzen für Vergrößerungen und Verkleinerungen. Selbstähnlichkeit über mehr als drei Größenordnungen ist daher in unserer Welt sehr selten.

Die fraktale Geometrie beschäftigt sich mit den Eigenschaften von Figuren und Formen, mit deren Längen, Flächen oder Volumina. So ist zum Beispiel die Koch-Kurve (Abb. 0.2) eine unendlich lange Linie, die eine endlich große Fläche umschließt.

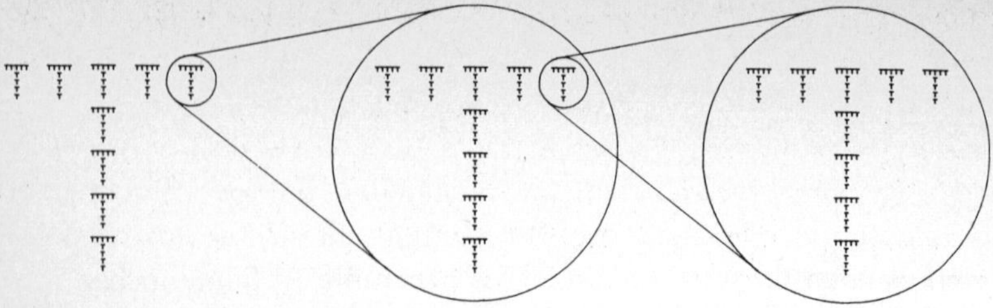

Abb. 0.1

Selbstähnlichkeit am Beispiel des Buchstaben T. Ein T, das aus kleineren Ts zusammengesetzt ist, die aus kleineren Ts zusammengesetzt sind, die aus kleineren Ts ... usw. Eine Vergrößerung einer Teilstruktur bringt stets wieder die ursprüngliche Struktur zum Vorschein.

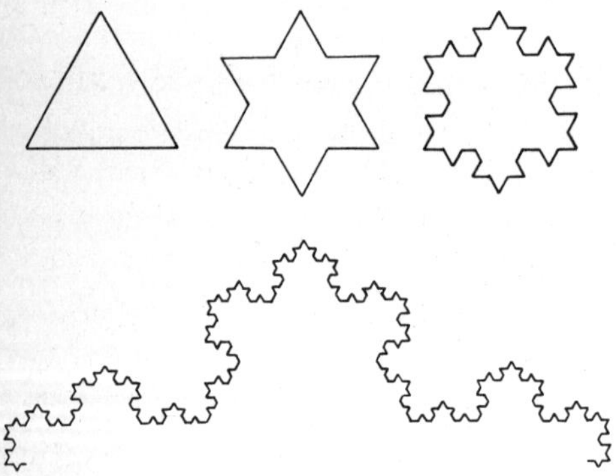

Abb. 0.2

Die Koch-Kurve als Beispiel eines Fraktals. Ausgehend von einem gleichseitigen Dreieck erhält man diese Kurve dadurch, daß man das mittlere Drittel einer jeden Geraden entfernt und die entstandene Lücke mit einem gleichseitigen Dreieck mit der Seitenlänge des entfernten Abschnitts überbrückt. (Das ursprünglich entfernte Mittelstück wird dabei frei gelassen.) Oben sind die drei ersten Figuren gezeichnet, die man bei einer wiederholten Anwendung dieser einfachen Regel erhält. Darunter ist ein Teilstück der Kurve nach fünf Schritten vergrößert dargestellt. Die Länge der Kurve wächst bei jedem Schritt an. Im Grenzfall unendlicher Wiederholung der Bildungsregel wird die Kurve unendlich lang, umschließt dabei aber eine endliche Fläche.

Eine weitere wichtige Eigenschaft der Fraktale ist ihre Dimension. Von der gewöhnlichen Geometrie her sind wir mit Punkten, Linien, Flächen und Volumina vertraut. Diese Elemente haben die Dimension 0, 1, 2 und 3. Die Dimension ist also eine positive, ganze Zahl oder die Null. Fraktale können, im Gegensatz dazu, auch nichtganzzahlige Dimensionen haben (daher der Name: fraktal = gebrochen). Wie ist eine nichtganzzahlige Dimension zu verstehen?

Stellt man sich einen straffgezogenen Faden vor, etwa aus lombardischer Seide, so ist dieser am ehesten mit einer geometrischen Linie vergleichbar. Er hat also die Dimension 1. Wenn man den Faden nun faltet und Falte eng an Falte legt, dann bedeckt der Faden, mehr oder weniger dicht, eine Fläche. Man kann den Faden auch regelrecht verweben. Dabei erhält man ein Seidentuch, und dieses ist am ehesten mit einer geometrischen Fläche zu vergleichen (Dimension 2). Wenn man nun noch das Tuch immer und immer wieder faltet, so erhält man schließlich einen Seidenballen, der ein räumliches Volumen (Dimension 3) näherungsweise ausfüllt. Dabei kann man sich auch Zwischenstufen vorstellen, also Gebilde, die eine Dimension zwischen 1 und 2 oder zwischen 2 und 3 haben.

Der mathematisch denkende Mensch möchte natürlich eine exakte Definition für gebrochenzahlige Dimensionen haben, und solche Definitionen gibt es auch. In diesen Definitionen spielen Abstände eine Rolle, die gegen null gehen, also verschwinden, und die Strukturen werden durch Punkte charakterisiert, deren Anzahl gegen unendlich geht, das heißt, über alle Grenzen anwächst. Anschaulicher kann man sich ein Verfahren vorstellen, mit dem man die »verallgemeinerte Dimension« *D* einer beliebigen Struktur bestimmen kann. Wenn man auf dem Seidenfaden Punkte markiert, beispielsweise jeden Millimeter eine Markierung, und dann zählt, wie viele dieser markierten Punkte innerhalb einer Kugel um einen der Punkte zu liegen kommen, so stellt man fest, daß die Anzahl *N* von Punkten innerhalb der Kugel von ihrem Radius und von der Faltung des Fadens abhängt. Für den ungefalteten Faden ist die Anzahl der Punkte innerhalb der Kugel proportional zu ihrem Radius ($N \propto r^1$); im Falle des Tuches ist *N* proportional zum Radius im Quadrat ($N \propto r^2$), und beim Stoffballen erhält man $N \propto r^3$. Der Exponent der Skalierung der Punktezahl einer Struktur ist also gleich der Dimension dieser Struktur. (Was man natürlich nicht aus drei Beispielen ableiten kann, sondern mathematisch korrekt beweisen müßte.) Wenn der markierte Seidenfaden nur lose gefaltet ist, erhält man für den »Skalierungsexponenten« und damit für die verallgemeinerte Dimension D eine Zahl zwischen 1 und 2, im Falle der Koch-Kurve von Abbildung 0.2 ist $D = 1.2618\ldots$; für einen locker gerafften Seidenstoff, etwa die Schleppe eines Brautkleides, erhält man eine Zahl zwischen 2 und 3. *Strukturen* mit nicht ganzzahliger Dimension D nennt man Fraktale.

Dies ist aber ein Buch über Chaos. Und was hat nun Chaos mit Fraktalen zu tun? Wenn man Chaos hört, denkt man an heilloses Durcheinander (siehe die Zeitungsausschnitte in Abbildung 0.3), an eine Menschenmenge bei plötzlich einsetzendem Platzregen, an den Straßenverkehr während der Rush-hour, an das Gewimmel in einem Ameisenhaufen, kurz an Hektik und Bewegung – die Eigenschaften des Chaos liegen in der *Dynamik*. Dazu in völligem Gegensatz steht die statische, ruhende, *geometrische Welt* der Fraktale. Nicht umsonst überschreibt Mandelbrot in seinem Buch über *Die Schönheit der Fraktale* das alte Bild, das wir auf Farbtafel 1 wiedergeben, mit den Worten »Gott bei der Erschaffung von Kreisen, Planeten und Fraktalen.«

Und doch gibt es eine tiefe, wenn auch abstrakte, Beziehung zwischen diesen beiden Bereichen.

Zunächst einmal: »Chaos ist nicht gleich Chaos.« Hinter diesem vermeintlichen Widerspruch verbirgt sich die Erkenntnis, daß manches Chaos chaotischer ist als manch anderes Chaos, daß auch in chaotischen Systemen die Dynamik von mehr oder von weniger vielen Einflußgrößen abhängen kann.

Ganz allgemein möchte man gerne Größen bestimmen, die für die Dynamik eines Systems charakteristisch sind. Bei einem periodischen Prozeß ist das recht einfach: Man gibt die Zeit an, nach der das System wieder seinen Ausgangszustand erreicht hat. Bei einem Pendel ist das die Schwingungsdauer, bei einem Planeten zum Beispiel die Umlaufzeit um seinen Zentralstern oder die Zeit, die er für eine Umdrehung um seine Achse braucht. Ein chaotisches System kehrt aber niemals ein zweites Mal in den gleichen Zustand zurück (denn sonst wäre das System periodisch).

In der Physik beschreibt man das dynamische Verhalten von Sy-

Abb. 0.3

Umgangssprachlicher Gebrauch des Wortes »Chaos« am Beispiel von Zeitungsüberschriften.

stemen häufig im sogenannten Phasen- oder Zustandsraum. In dem uns vertrauten »Ortsraum« gibt man die Koordinaten eines Punktes (Länge, Breite und Höhe) in Zentimetern, Metern oder Kilometern an. Mit drei Entfernungsangaben kann man also die relative Lage jedes Punktes, seinen Ort (daher der Name Ortsraum) charakterisieren. Die Koordinaten im Phasenraum dagegen können irgendwelche physikalischen Größen sein, die die Eigenschaften des Systems beschreiben.

Ein Beispiel: Die Bewegung des vorher erwähnten Pendels kann man in einem Orts/Geschwindigkeits-Diagramm darstellen. Wenn das Pendel nur in einer Ebene schwingt, genügt dafür eine Orts- und

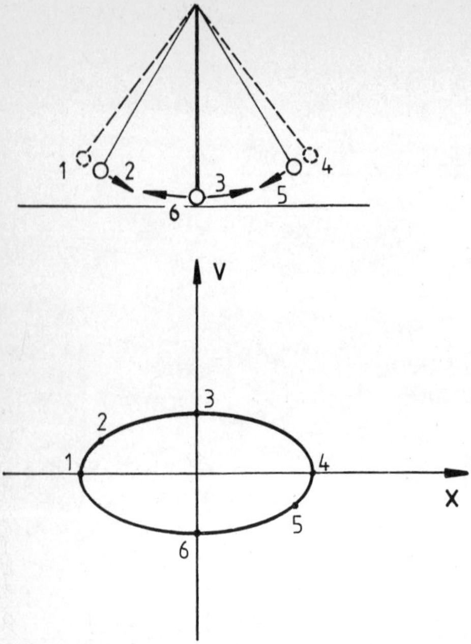

Abb. 0.4

Die Phasenraumdarstellung der Bewegung eines Pendels. Im oberen Teil der Abbildung ist ein einfaches Pendel in verschiedenen Phasen seiner Schwingung dargestellt. Die einzelnen Bewegungszustände sind numeriert (1–6). Der untere Teil des Bildes zeigt die Darstellung dieser Bewegung in einem Orts-Geschwindigkeits-Raum. Auf der waagerechten Achse ist die seitliche Auslenkung und auf der senkrechten Achse die Geschwindigkeit des Pendels aufgetragen. Dabei entspricht eine Bewegung von links nach rechts einer positiven, eine Bewegung von rechts nach links einer negativen Geschwindigkeit. Die Punkte 1 und 4 entsprechen den Umkehrpunkten des Pendels. Die Geschwindigkeit ist dort gleich Null.

eine Geschwindigkeitskoordinate. Jeder Punkt in diesem Diagramm stellt dann einen ganz bestimmten Bewegungs*zustand* (daher die Bezeichnung Zustandsraum) unseres Pendels dar. Zeichnet man über einige Zeit die Meßwerte für den Ort und die Geschwindigkeit des Pendels auf, so erhält man eine Ellipse. Dies gilt für jedes beliebige Pendel. Allgemein entspricht einem einfach periodischen Prozeß eine geschlossene ebene Kurve im Zustandsraum. Die Umlaufzeit des Systems auf dieser Kurve entspricht der Schwingungsdauer beziehungsweise der Periodendauer.

Die Kurven im Zustandsraum können sich *nicht* schneiden, denn in einem Schnittpunkt wäre die weitere Bewegung des Systems nicht mehr eindeutig bestimmt. Einem zweifach periodischen Prozeß entspricht in dem jetzt dreidimensionalen Zustandsraum eine Kurve auf einem Torus. (Ein Torus ist ein Gebilde wie der Schlauch eines Autoreifens.) Die beiden Perioden entsprechen den Umlaufdauern auf dem Torus (die längere Periode entspricht dem Umfang, die kürzere der Dicke des Torus). Wenn die beiden Schwingungsdauern sehr unterschiedlich sind, wird aus dem »Autoreifen« also eher der Schlauch eines »Fahrradreifens«. Kompliziertere Systeme haben höherdimensionale Tori als Entsprechungen im Zustandsraum.

Der *dynamischen Eigenschaft* eines Pendels entspricht also im Zustandsraum die *geometrische Figur* der Ellipse. An dieser Stelle schließt sich der Kreis von der Dynamik zur Geometrie. *Die Repräsentation der Dynamik eines chaotischen Systems im Zustandsraum ist eine fraktale geometrische Struktur.*

Durch Messungen von physikalischen Größen des dynamischen Systems über ein geeignet gewähltes Zeitintervall kann man die zugehörige fraktale Struktur im Phasenraum rekonstruieren. Eine Analyse dieses geometrischen Objekts, beispielsweise die Bestimmung seiner Dimension D, läßt dann wieder Aussagen etwa über die Zahl der Einflußfaktoren in dem dynamischen System zu oder darüber, *wie* chaotisch das chaotische System ist.

Die »dynamische Welt des Chaos« und die »geometrische Welt der Fraktale« sind also völlig unterschiedliche Welten, und doch sind sie über die Mathematik und über den abstrakten »Zustandsraum« auf wunderbare Weise miteinander verwoben.

Aber mit diesen letzten einführenden Bemerkungen stecken wir schon mittendrin ...

I. Dem Chaos auf der Spur

1. Determinismus

Die Zauberer, Priester, Naturwissenschaftler oder wer sonst in einer Gesellschaft an ihre Stelle tritt, sollen und wollen die Fragen beantworten, die ihre Gesellschaft nach dem Woher und Wohin des Lebens und nach dem Wie und Warum der Welt stellt. Diese Antworten sind, ebenso wie die Fragen, nicht einzig und ewig, nicht wahr oder falsch, sondern sie entsprechen und sie folgen aus dem Denken, Glauben und Fühlen der Menschen, die die jeweilige Gesellschaft und ihren Kulturkreis tragen.

Eine Frage hatte es den Menschen immer und überall besonders angetan. Die Frage nämlich: Wie sieht die Zukunft aus, und was wird sie uns bringen?

Offenbar hat nirgendwo kaum jemand ernstlich daran gezweifelt, daß ein »Vorherwissen« der Zukunft, zumindest im Prinzip, möglich sei, eine Vorstellung, die aber auch beinhaltet, daß die Zukunft bereits in der Gegenwart festgelegt ist. Ja, selbst in unserem so »aufgeklärten« Zeitalter zweifeln die wenigsten Zeitgenossen an der Möglichkeit, einen, wenn auch kleinen, Blick in die Zukunft zu tun (wo doch heutzutage alles mögliche und unmögliche möglich ist).

So hatten und haben Wahrsagerinnen, Kartenlegerinnen, Kaffeesatzleser und Astrologen, einst wie jetzt, eine gute Zeit und brauchen sich um Kundschaft nicht zu sorgen.

Schon bei den alten Griechen war in den besseren Kreisen die Befragung des Orakels von Delphi vor jeder wichtigen Entscheidung ein absolutes Muß. Vogelzug und Aussehen der Eingeweide von Opfertieren gaben dem Kundigen unübersehbare Hinweise auf den zukünftigen Lauf der Dinge.

Die Römer, sonst nüchterne Tatmenschen und den Leistungen griechischer Denker gegenüber eher uninteressiert, übernahmen in den von ihnen eroberten Gebieten die dort üblichen Methoden, die

Zukunft zu »erforschen«. Alle Omen, also Vorzeichen, mußten beachtet werden, und sogar in Träumen konnten Hinweise auf und Warnungen vor zukünftigen Ereignissen auftauchen. Man mußte sie nur zu deuten wissen.

Propheten und Seher standen stets in hohem Ansehen, wenn auch die ersteren »im eigenen Lande nichts gelten«, besonders, wenn sie unerwünschte Ereignisse vorhersagen.

Die längste und einflußreichste Tradition im Vorhersagegeschäft hat dabei wohl die Astrologie. Die Sterndeuter verknüpfen das Schicksal und die charakterlichen Anlagen des einzelnen Menschen mit dem Stand der Planeten. (Dabei sind sie, jedenfalls in der modernen Astrologie, klug genug, nur Möglichkeiten für Entwicklungen aufzuzeigen und nicht das Eintreten von Ereignissen apodiktisch zu behaupten.) Um ihre Kunst auszuüben, mußten und müssen die Astrologen den Stand der Planeten, der für das Schicksal so entscheidend sein soll, aber auch kennen.

Diese Kenntnis wurde zunächst über direkte Beobachtung gewonnen (die Geduld, viel schönes Wetter und klare Nächte voraussetzte). Bald bemerkten die eifrigen Beobachter gewisse Regelmäßigkeiten und Perioden in den Bewegungen der Himmelskörper, die es ihnen ermöglichten, tatsächlich »Ereignisse« vorherzusagen – allerdings Ereignisse am Himmel, da nur diese den beobachteten Regelmäßigkeiten auch gehorchten. Die Astronomie, die älteste beobachtende Wissenschaft, war geboren.

Es fällt wohl nicht schwer, sich vorzustellen, welchen tiefen Eindruck die richtige Voraussage einer Mond- oder gar einer Sonnenfinsternis auf die Zeitgenossen gemacht haben muß.

Im Jahre 585 vor Christi, es war ein milder Spätfrühlingstag, genau gesagt, der 28. Mai, kämpften die Lydier gerade mal wieder gegen die Perser. Plötzlich, mitten im blutigsten Schlachtengetümmel, verfinsterte sich die Sonne. Die mutigen Krieger beider Seiten erschraken gewaltig, fürchteten sich sehr und ließen von dem gewaltigen Hauen und Stechen ab.

Das Besondere dabei war, daß diese Sonnenfinsternis von Thales von Milet vorhergesagt worden war! Man kann ohne Übertreibung sagen, daß die Zeitgenossen von der Voraussage noch mehr beeindruckt waren als von dem Ereignis selbst. (Thales hatte seine astronomischen Kenntnisse wahrscheinlich von den Ägyptern oder von den Chaldäern.)

Woher auch immer, die Autorität und das Ansehen des weisen »Sehers« stiegen durch diese Vorhersage beinahe ins unermeßliche. Gleichzeitig wurde der unbedingte Glaube an eine geordnete und vorausbestimmte Welt durch solche Erfolge der Weisen und Wissenden enorm bestärkt.

Dem reichsten Herrscher seiner Zeit, dem lydischen König Krösus, 40 Jahre später, nützte der Glaube an die Vorhersehbarkeit der Ereignisse allerdings wenig. Er ließ sich durch eine (wie immer mehrdeutige) Aussage des delphischen Orakels zu einem Angriff auf Persien verleiten und verlor den Krieg.

Solche »Rückschläge« bestärkten jedoch eher den Glauben an eine determinierte Zukunft, als daß sie den kritischen Geist des Zweifels auf den Plan riefen. Hatte nicht das Orakel »die Zerstörung eines großen Reiches« richtig vorausgesehen?

Außerdem, wenn schon die himmlischen Dinge, der Lauf der Sonne und der Planeten und das Auftreten von Finsternissen, sich als geordnet und voraussagbar erwiesen, um wieviel mehr mußten dann erst die irdischen Wechselfälle des Lebens festgelegt und damit vorhersehbar sein? Man müßte nur wissen, wie! Kartenlegen, Handlesen, Kaffeesatz galten als sehr unzuverlässige Methoden. Der »Stein der Weisen«, der zwar nicht Staub zu Gold machen konnte, aber einen klaren Blick in die Zukunft ermöglichte, war noch nicht gefunden.

Offensichtlich bewährte sich jedoch die Methode, durch sorgfältige Beobachtung Regelmäßigkeiten zu erkennen und daraus Vorhersagen abzuleiten. Es war selbst für den einfachen Menschen nicht allzu schwierig, vorherzusagen, daß auf jede Nacht ein neuer Tag, daß auf jeden Blitz ein Donner, auf einen Winter der Frühling und auf jeden Neumond ein Vollmond folgen wird. Diese beobachteten Ereignisse erschienen wohlgeordnet und periodisch in ihrer zeitlichen Abfolge. Offenbar liefen viele Vorgänge in der Natur nach strengen Gesetzen ab, nach Gesetzen, die den Menschen nicht notwendig verschlossen bleiben müssen.

Je erfolgreicher man beim Entdecken der Gesetze war, nach denen die Natur sich verhielt, desto tiefer grub sich der Glaube an einen vorgegebenen und unabänderlichen Ablauf der Ereignisse dieser Welt in das Bewußtsein der Menschen ein.

Solches Denken, diese Art, die Ereignisse zu empfinden, die Vorbestimmtheit, die Unausweichlichkeit des »Schicksals« fanden ihren künstlerischen Ausdruck in der unerbittlichen Unabänderlichkeit des Verhängnisses in der griechischen Tragödie. Diese erhabene Kunstform wiederum prägte das Denken, das Empfinden, den Glauben an die Unausweichlichkeit des Schicksals bei den gebildeten Ständen, zu denen damals auch die Naturphilosophen und die Weisen gezählt wurden.

Die Erscheinungen am Himmel, der Stand der Planeten, die Bestimmung des Kalenders, die Verfinsterungen von Mond und Sonne wurden immer perfekter berechnet. Zunächst stand die Erde im Zentrum des Kosmos, und die Planeten bewegten sich auf Kreisen, die auf sogenannten Epizykeln um die Erde liefen. Ein Weltbild, von dessen »Richtigkeit« sich jedermann per Augenschein überzeugen konnte.

Der Lauf der Planeten, der Sonne und des Mondes konnte im Rahmen dieses Weltbildes mit erstaunlicher Genauigkeit berechnet werden, wenngleich kaum ein Nichtspezialist diese Berechnungen verstand oder durchschaute. Die Bewegungen der Himmelskörper schienen, längst vor der Erfindung des Uhrwerks, abzulaufen wie ein Chronometer. Wenn auch mit zunehmender Genauigkeit der Beobachtungen die Zahl der Kreise auf den Kreisen, die auf Kreisen um Kreise umliefen, größer und größer wurde – und damit das »Uhrwerk« immer komplizierter.

Leider waren die Versuche, die zuverlässigen Vorherberechnungen der himmlischen Ereignisse auf die irdischen Alltagsdinge zu übertragen, nicht im entferntesten von vergleichbarer Verläßlichkeit. Je nach Kulturkreis oder Einstellung wurde für die notorische Unbestimmtheit der alltäglichen Dinge, für das stete Scheitern der Propheten im konkreten Falle entweder die Launen von Göttern, der Übermut von Kobolden, Waldgeistern oder gar ein Werk des »Leibhaftigen« verantwortlich gemacht.

Es gab gewaltige Revolutionen im Weltbild der Naturphilosophen. Die Erde wurde aus dem Zentrum des Kosmos verbannt. Nikolaus

Kopernikus wiederentdeckte im Jahre 1473 das »heliozentrische« Weltbild des Aristarch von Samos. Damit konnte er auf einen Schlag die unzähligen Epizykel der ptolemäischen Beschreibung auf ganze 31 für das damals bekannte Sonnensystem reduzieren.

Johannes Kepler war noch weit radikaler. Er schaffte den geistigen Sprung von den »göttlichen« Kreisen zu den viel allgemeineren Ellipsen. Sein nun wirklich helio*zentrisches* Himmelsmodell kommt mit drei verhältnismäßig einfachen Gesetzen aus und ist überdies imstande, die neuesten und bis dahin genauesten Himmelsbeobachtungen des dänischen Hofastronomen Tycho Brahe zu beschreiben. – Um fair zu sein, die hochpräzisen Beobachtungen Tycho Brahes brachten Johannes Kepler erst dazu, seine drei Gesetze zu formulieren.

Man sollte aber nicht glauben, daß es ihm leichtgefallen wäre, auf die seit über tausend Jahren verwendeten Kreise zu verzichten. Sie galten als die vollendetsten Bahnen und wurden daher als die einzig würdigen geometrischen Kurven empfunden, um die Bewegungen der erhabenen himmlischen Körper zu beschreiben.

All diese Umstürze im Weltbild vermochten den Glauben an die Vorbestimmtheit der Welt und an die Möglichkeit, einen Blick in die Zukunft werfen zu können, nicht zu erschüttern. Kepler selbst war übrigens ein gefragter Astrologe, der auch in den Diensten Wallensteins stand.

Das 17. Jahrhundert war sehr erfolgreich im Entdecken, auch im Entdecken von Naturgesetzen. Dabei wandte sich die beobachtende Wissenschaft zunehmend den irdischen, den bis dahin vernachlässigten Dingen zu.

Galileo Galilei blickte nicht nur als erster mit einem selbstgebauten Fernrohr zum gestirnten Himmel empor, wo er die Monde des Jupiters, den Ring des Saturns und die Krater auf dem Mond entdeckte. Er machte auch Experimente mit höchst profanen Dingen. So ließ er gleich große Kugeln aus verschiedenen Materialien, aus Holz, Eisen oder Wachs, vom Schiefen Turm zu Pisa herabfallen und bestimmte die Unterschiede in der dazu benötigten Zeit. Dabei erkannte er, daß schwere und leichte Körper gleich schnell fallen und daß beim freien Fall die Änderungsrate der Geschwindigkeit (Beschleunigung) konstant ist.

Er beobachtete die Schwingungsdauer von Pendeln und fand eine Beziehung zur Länge des Pendels unabhängig von der Schwingungsweite. Auch für die Kriegskunst leistete er einen Beitrag, indem er zeigte, daß die Reichweite eines Geschützes am größten ist, wenn man es unter einem Winkel von 45° abfeuert.

Neben seinen naturwissenschaftlichen Talenten besaß er auch eine Begabung als Schriftsteller und brachte seine neuen Erkenntnisse in *italienischer* Sprache unter seine Landsleute. Das war ein unerhörter Vorgang in einer Zeit, in der jeder ernsthafte Gelehrte in Latein publizierte. Einige seiner Erkenntnisse trugen ihm dann auch den hinlänglich bekannten Ärger mit der Obrigkeit ein. Das Inquisitionsverfahren und sein erzwungener Widerruf hielten aber den Siegeszug seiner Lehren nicht auf.

Am 8. Januar 1642 verstarb erblindet Galileo Galilei in der Verbannung in dem kleinen italienischen Städtchen Arcetri. Fast auf den Tag genau ein Jahr später, am 4. Januar 1643, wurde im kleinen Woolthorpe in der englischen Grafschaft Lincolnshire Isaac Newton geboren. Er war es, der Keplers Erkenntnisse über die Gesetze, die die Bewegungen der Himmelskörper beschreiben, und die Erkenntnisse Galileis über die Mechanik der irdischen Körper in einem Weltbild von bestechender Einfachheit vereinigte.

Diese Verbindung der klaren, geordneten, ewigen Sphäre des Himmels mit den ungeordneten, scheinbar regellosen, kurzlebigen irdischen Bereichen schien den Philosophen und erst recht den »Leuten auf der Straße« so erstaunlich, so unglaublich, daß sie die Fabel mit dem Apfel erfanden. Dieser Apfel (wahrscheinlich stammte er unmittelbar vom »Baum der Erkenntnis«) soll dem jungen Isaac auf den Kopf gefallen sein und ihn auf die Idee gebracht haben, daß es dieselbe Kraft ist, die den Mond in seiner Bahn hält und den Apfel zu Boden oder jemandem auf den Kopf fallen läßt. Mit Newtons Werk *Philosophiae naturalis principia mathematica* (1687) begann der fast drei Jahrhunderte dauernde, praktisch unangefochtene Siegeszug des Determinismus.

Betrachten wir Newtons mathematische Naturphilosophie etwas genauer.

Alle Bewegungen werden auf drei einfache Gesetze zurückgeführt:

1. Wenn auf einen Körper keine Kraft wirkt, bleibt er in Ruhe oder in gleichförmiger und geradliniger Bewegung.
2. Die Änderung der Geschwindigkeit (Beschleunigung) ist proportional zur wirkenden Kraft.
3. Zu jeder Wirkung (Kraft) existiert stets eine gleichgroße, entgegengesetzte Wirkung (Kraft).

Newton zeigte, daß seine drei Gesetze (zusammen mit dem Gesetz von der Abnahme der Gravitationskraft mit dem Quadrat der Entfernung) die vorher von Kepler gefundenen Planetengesetze ebenso beinhalteten wie die irdischen Bewegungsgesetze, die Galilei aus seinen Experimenten erschlossen hatte.

Newton hatte nichts Geringeres vor, als »vorzuführen, wie die Welt funktioniert«. Und in den Augen seiner Zeitgenossen gelang ihm dies auch in einer geradezu unglaublichen Perfektion.

Er wandte seine Naturphilosophie auf die Sonne, auf die Planeten und auf die Monde der Planeten an. Dabei konnte er die Masse der Sonne und der übrigen bekannten Planeten relativ zur Masse der Erde bestimmen. Er schätzte die Masse der Erde auf etwa zehn Prozent genau, gab den Einfluß der Sonne auf die Mondbahn an, erklärte die Entstehung der Gezeiten, erschloß die Abplattung rotierender Himmelskörper und die damit verbundene Änderung der Gravitationskraft vom Pol zum Äquator. Die Kometen, jene »gesetzlosen« Gesellen, die wegen ihres immer überraschenden Erscheinens seit altersher im Verdacht standen, Vorboten von Krieg und Pestilenz zu sein, bewegten sich ebenso nach den von Newton angegebenen Regeln wie die Kanonenkugeln, die von den Geschützen abgefeuert wurden, und die Äpfel, die vom Baume fielen.

Die neue Mathematik, die Newtons Beschreibung der Welt zugrunde lag, war von ihm und dem deutschen Philosophen Gottfried Leibniz unabhängig voneinander entdeckt worden. Seine mathematischen Methoden veröffentlichte Newton allerdings erst sehr viel später, was zu einem jahrelangen, sich verschärfenden Streit um den Ruhm der Erstentdeckung führte, mit dem sich Newton die letzten 25 Jahre seines Lebens vergällte.

Die verwendeten Gleichungen beschrieben nicht Relationen zwischen Größen, sondern Änderungen (Differenzen) von Größen in der Zeit. Die Änderung des Ortes mit der Zeit nennt man Geschwindigkeit; die Änderung der Geschwindigkeit mit der Zeit heißt Beschleunigung (oder Verzögerung): Begriffe, die den Mitgliedern einer autofahrenden Zivilisation nur zu vertraut sind.

Erfolgen die Änderungen gleichförmig, so ist die Lösung solcher Differenzen-Gleichungen sehr einfach. Wenn aber die Änderungen in einer beliebigen, nicht gleichförmigen Art erfolgen, muß man die Zeit in unendlich viele, unendlich feine Intervalle teilen und die Änderungsbeiträge (Differentiale) dieser unendlich kurzen Zeitintervalle aufsummieren. Diese Technik nennt man heute »Integralrechnung«. Wenn in den Gleichungen nicht gleichförmige Änderungen von Größen vorkommen, spricht man von »Differentialgleichungen«. Manchmal kann man für eine solche Differentialgleichung sogar eine allgemeine Lösung angeben, man kann sie, wie man im Fachjargon sagt, »integrieren«.

Wenn man ein Integral einer solchen Differentialgleichung für die Bewegung gefunden hat, so braucht man nur noch für einen Zeitpunkt die Orte und die Geschwindigkeiten aller beteiligten Körper, die sogenannten Anfangsbedingungen des Systems, genau zu kennen oder zu messen, und schon kann man für jeden beliebigen Zeitpunkt in der Vergangenheit oder in der Zukunft Ort und Geschwindigkeit all dieser Körper berechnen. Zwar sind die wenigsten Differentialgleichungen durch Integrale zu lösen, aber das wurde zunächst als eine zu behebende Schwierigkeit betrachtet.

Die Mathematiker und Physiker des 18. und 19. Jahrhunderts perfektionierten die Methode Newtons weiter und weiter. Sie fanden immer raffiniertere Verfahren, um Differentialgleichungen zu lösen, und immer kompliziertere Probleme, die mit lösbaren Gleichungen (näherungsweise) beschrieben werden konnten.

Es gab neue Entdeckungen, den Magnetismus oder die Elektrizität, und auch diese Erscheinungen konnte man nach dem Newtonschen Konzept beschreiben.

Immer mehr gelang es der deterministischen Naturwissenschaft, aus den scheinbar willkürlichen Erscheinungen eine streng definierte Ordnung und Gesetzlichkeit herauszulesen. Ja, es wurde zum erklärten Ziel der Naturphilosophie, alle Phänomene auf die Newtonsche Mechanik zurückzuführen.

Was mit der klassischen Mechanik beschreibbar war, galt als verstanden. Immer mehr Bereiche wurden der Mechanik »unterworfen«: Hydrostatik, Akustik, Optik, auch die Bereiche, die sich vorerst noch widersetzten, wie etwa die Hydrodynamik, betrachtete man durch die Brille des »Mechanikers«.

Diese Art der Naturbeschreibung erhob einen ebenso absoluten Herrschaftsanspruch wie die absolutistischen Könige von Gottes Gnaden. Auch der Kirche gefiel die deterministische Sicht der Welt eigentlich ganz gut. Der Ablauf der Ereignisse wurde von strengen, ordnenden Gesetzen beherrscht, die von Gott stammten und auch nur von ihm durchbrochen werden konnten. Die Anfangsbedingungen der ganzen Welt waren von ebendiesem Gott bei der Schöpfung nach seinem Willen festgelegt worden. Von da ab nahmen die Dinge, unausweichlich für alle Irdischen, ihren vorbestimmten Lauf. Die sündigen Menschen mußten mit Hilfe der Kirche versuchen, Gnade und Vergebung für die von ihnen – unausweichlich – begangenen Untaten zu erlangen. Nach dem Motto: Du hast keine Chance, also nutze sie!

Der formale und theoretische Rahmen der »Königswissenschaft« erfuhr eine gewisse Vollendung durch die Arbeiten von d'Alembert, Laplace, Lagrange und Hamilton.

Die sich stürmisch entwickelnde Lehre von der *unbelebten* Natur hatte bald auch recht handfeste praktische Auswirkungen. Ein nie für möglich gehaltener Aufschwung der Technik setzte ein.

Der Bau von mechanischen Maschinen führte zu gewaltigen Erleichterungen in den alltäglichen Arbeiten. Die Produktivität stieg, die Kraft von Wasser und Wind wurde dem Menschen dienstbar gemacht wie der Geist aus Aladins Wunderlampe. Die ersten Dampfmaschinen wurden gebaut, die industrielle Revolution dämmerte am Horizont der Geschichte herauf.

All diese von Menschen gebauten Maschinen funktionierten deterministisch, das heißt, ihre Wirkungsweise war genau vorhersagbar und reproduzierbar. Der Grund dafür ist trivial: Diese Maschinen waren von den Ingenieuren, mit viel Raffinesse, *deterministisch* konstruiert worden.

Ihren Erbauern jedoch kam eine so einfache Erklärung nicht in den Sinn, oder sie geriet mehr und mehr in Vergessenheit. Die Ingenieure begannen von ihren Maschinen und deren Verhalten auf den

Rest der Welt zu schließen: Der Ablauf der Welt gehorcht Differentialgleichungen und ist daher für alle Zeiten festgelegt. Das Auffinden dieser Gleichungen und deren Lösung ist die Aufgabe der Naturwissenschaftler. Die praktische Anwendung der gefundenen Lösungen in der Technik ist Aufgabe der Ingenieure, und die Anwendung in der Politik ist Aufgabe der Staatsmänner.

Der radikalste Vertreter dieser Philosophie und einer der schärfsten Denker seiner Zeit war Pierre Simon de Laplace. Von ihm stammt auch das »Credo« der deterministisch-mechanistischen Materialisten der Aufklärung:

»Der momentane Zustand der Natur ist offensichtlich eine Folge dessen, was er im vorherigen Moment war, und wenn wir uns eine Intelligenz vorstellen, die zu einem gegebenen Zeitpunkt alle Beziehungen zwischen den Teilen des Universums verarbeiten kann, so könnte sie Orte, Bewegungen und allgemeine Beziehungen zwischen all diesen Teilen für alle Zeitpunkte in Vergangenheit und Zukunft vorhersagen. Die Astrophysik, der Teil unseres Wissens, der dem menschlichen Geist zur größten Ehre gereicht, gibt uns eine, wenn auch unvollständige, Vorstellung, wie diese Intelligenz beschaffen sein müßte.«

Laplace war es auch, der Napoleon auf die Frage, wo denn in diesem Weltbild noch Platz sei für Gott, antwortete, er spekuliere nicht über Hypothesen.

Eine solche »materialistisch-mechanistische« Einstellung stieß bei vielen Denkern auf zunehmendes Unbehagen, in der radikalen und atheistischen Form des Laplace natürlich auch bei der Kirche. Als sich die Vertreter der mechanistischen Weltsicht dann aber anschickten, den Menschen selbst und seinen Geist als nichts weiter als eine, wenn auch komplizierte, Maschine zu betrachten, war sogar für viele Bewunderer der klassischen Physik die Grenze des Zumutbaren erreicht.

Einer der größten Triumphe der klassischen Mechanik stand jedoch noch bevor.

Am 23. September 1846 wurde der Planet Neptun entdeckt.

Nicht etwa durch Zufall, sondern als Ergebnis einer gezielten Suche, fast genau an der vorausberechneten Stelle. Eine bemerkenswerte Geschichte.

Im Altertum und im Mittelalter kam kein Mensch auf die Idee, unser Sonnensystem könnte mehr Mitglieder haben, als zu dieser Zeit bekannt waren. Die Zahl 7 galt seit altersher als magische Zahl, und daher erschien es nur natürlich, daß das Sonnensystem aus sieben Himmelskörpern bestand: Sonne, Mond und fünf helle Planeten, Merkur, Venus, Mars, Jupiter und Saturn. Obwohl der nächstfolgende Planet, Uranus, durchaus mit bloßem Auge sichtbar ist, wurde er lange nicht als Planet »erkannt«, weil man ja gar keinen weiteren Planeten suchte. Im Jahre 1690 wurde der Planet Uranus mit einem Fixstern verwechselt und mit der Sternenbezeichnung »34 Tauri« belegt.

Es dauerte weitere 90 Jahre, bevor 1781 der Amateurastronom William Herschel den Uranus als das erkannte, was er wirklich ist, nämlich als einen weiteren Planeten jenseits des Saturns. Uranus war in der griechischen Mythologie der Vater Saturns, und so wurde, der Tradition entsprechend, der neue Planet auch benannt.

Diese Entdeckung war noch rein zufällig gewesen, denn Herschel war eigentlich auf Kometensuche.

Kaum war Uranus als Begleiter der Sonne erkannt, begann man mit der Berechnung seiner Bahn. Im Jahre 1802 konnte Laplace die Umlaufzeit des neuen Planeten mit 84,02 Jahren angeben. (Der heutige Wert lautet 84,01 Jahre.)

Allerdings bemerkten die Astronomen schon bald, daß der »Neue« sich nicht anständig benahm: Er wich erheblich von den vorausberechneten Positionen ab. Die früheren Beobachtungen, die man nachträglich rekonstruiert hatte, paßten erst recht nicht ins Bild.

Aber auch nachdem man alle alten Positionen für ungenau erklärt hatte und die Bahn des Uranus nur auf der Basis der neuesten, zweifellos sehr genauen Beobachtungen berechnete, wich der unbotmäßige Planet innerhalb von nur vier Jahren um völlig unakzeptable 30 Bogensekunden von seiner Sollposition ab.

Bei vielen Astronomen keimte der Verdacht, daß womöglich ein weiterer, noch entfernterer Planet die Bahn des Uranus stören könnte. Im Jahre 1841 schrieb Johann von Mädler in seinem Buch *Populäre Astronomie:* »Wir schließen daher auf einen weiteren Planeten, der auf Uranus einwirkt und seine Bahn stört; wir möchten der Hoffnung Ausdruck verleihen, die Differentialrechnung werde künftig darin ihren höchsten Triumph erreichen, eine Entdeckung mit den

Augen des Geistes zu machen, in Regionen, wohin unsere Blicke selbst nicht vorzudringen vermögen.«

Dieser »höchste Triumph« wurde 1846 tatsächlich erreicht.

John Couch Adams in England und in Frankreich Urbain Jean Joseph Le Verrier hatten, unabhängig und ohne voneinander zu wissen, aus den Störungen der Uranusbahn die Position eines noch hypothetischen weiteren Planeten berechnet.

Beide hatten auf verschiedenen Wegen beinahe identische Planetenpositionen erhalten und machten sich etwa ab Mitte 1845 auf die Suche nach Beobachtern, die an der berechneten Stelle nach dem vermuteten Planeten Ausschau halten und die »Entdeckung des Geistes« optisch identifizieren sollten.

Das erwies sich zunächst als der schwierigere Teil der Aufgabe. Adams wandte sich mit seinem Ansinnen an den Direktor des Königlichen Observatoriums in Greenwich, George Airy. Der hielt jedoch das Problem, aus den Störungen der Uranusbahn die Position des Störenfrieds zu berechnen, für unlösbar und zeigte keine Neigung, die Routinearbeiten am Observatorium zu unterbrechen.

Erst als er im Sommer 1846 eine Veröffentlichung Le Verriers auf seinem Schreibtisch fand, wurde er tätig. Er schrieb einen anerkennenden Brief an Le Verrier (in dem er die Arbeit von Adams aber nicht erwähnte) und zwei Briefe an den Direktor des Observatoriums zu Cambridge, James Challis. Im ersten forderte er ihn auf, unverzüglich an der von Adams angegebenen Stelle mit der Suche nach dem vermuteten Planeten zu beginnen, und im zweiten gab er genaue Anweisungen, wie vorgegangen werden sollte, und bot die Hilfe eines Assistenten an.

Challis lehnte die personelle Unterstützung dankend ab und stellte sich auf eine lange und mühsame Suche ein, die er bei Gelegenheit und mit wenig Enthusiasmus begann.

Le Verrier in Frankreich erging es nicht viel besser. Die Beobachter am Pariser Observatorium waren ebenso träge und lustlos – und dies, obwohl Le Verrier seine Berechnungen auf Anregung des dortigen Direktors, François Arago, angestellt hatte.

Nachdem sich bis September nichts getan hatte, schrieb Le Verrier einem Bekannten, Johann Gottfried Galle am Berliner Observatorium. Er teilte ihm die Position mit, an der gesucht werden sollte, die vermutete Helligkeit (8. Größe) und den geschätzten scheinbaren Durchmesser (3 Bogensekunden).

Galle bat seinen Direktor, Johann Encke, um Erlaubnis und schnappte sich einen jungen Studenten als Helfer. Der Student, Heinrich L. D'Arrest, beschaffte sich aus der Bibliothek die beste damals existierende Sternkarte, und nach Einbruch der Dunkelheit begannen die beiden mit der Planetenhatz.

Galle stellte sein Fernrohr, den Fraunhofer Refraktor (Öffnungsdurchmesser 23 Zentimeter) des Berliner Observatoriums, der heute im Deutschen Museum zu München zu bewundern ist, auf die von Le Verrier angegebene Position ein. In weniger als einer halben Stunde hatten die beiden Astronomen einen Stern 8. Größe gefunden, der auf der Karte nicht angegeben war. Eine genaue Inspektion durch den herbeigerufenen Direktor Encke ergab, daß es sich nicht um einen Stern, sondern um ein Scheibchen mit 3,2 Bogensekunden Durchmesser handelte.

Der Planet Neptun war entdeckt.

Die Fachwelt war begeistert. Encke schrieb an Le Verrier: »Erlauben Sie mir, mein Herr, Ihnen ganz herzlich zu der brillanten Entdekkung zu gratulieren, mit der Sie die Astronomie bereichert haben. Ihr Name wird für alle Zeiten verbunden sein mit dem hervorragendsten Beweis der Allgemeingültigkeit der Gravitationsgesetze, der sich denken läßt, und ich glaube, daß diese wenigen Worte alles beinhalten, wonach ein Wissenschaftler nur streben kann. Es wäre überflüssig, dem noch etwas hinzuzufügen.«

Engländer und Franzosen, besonders die vorher allzu trägen Direktoren der Sternwarten von Greenwich und Paris, gerieten sich über den Ruhm und die Ehre der Erstentdeckung in die Haare. (Ein Streit, an dem sich die Betroffenen, Adams und Le Verrier, allerdings nicht beteiligten.)

Ein Professor aus den USA von der noch heute renommierten Harvard University erklärte, der entdeckte Planet sei keineswegs der, dessen Position Le Verrier ausgerechnet habe. Im übrigen sei es ein glücklicher Zufall, daß Herr Galle an der angegebenen Stelle einen Planeten gefunden habe.

An solche »Zufälle« mochte allerdings außer den Amerikanern niemand so recht glauben.

Die Fachwelt war also auf ihre Art zutiefst begeistert; dem »Mann auf der Straße« aber war die ganze Angelegenheit ziemlich gleichgültig. Ihn plagten andere Sorgen. Unterdrückung und wirtschaftliche Not führten 1848 zu Aufständen und Unruhen. Zwar gab es zunächst einige Zugeständnisse der Regierenden an das Volk, aber deren Verwirklichung scheiterte.

Scharfsinnige und mit den naturphilosophischen Erkenntnissen ihrer Zeit vertraute Philosophen nahmen sich nun auch der praktischen Probleme kleiner Leute an. – Theoretisch natürlich und im Sinne des strengen Determinismus, wie es Stand des Wissens war.

Wenn alle Abläufe vorherberechenbar sind, wenn nur die Anfangsbedingungen vorgegeben zu werden brauchen, um die gewünschten Zielvorstellungen zu erreichen, dann war doch das modernste und erfolgversprechendste Wirtschaftssystem eine Planwirtschaft auf der Basis des wissenschaftlichen Materialismus.

Nur leider war dieses theoretische Weltbild auf diese praktischen Probleme nicht oder nur äußerst unvollständig anwendbar, wie viele Millionen Menschen in den folgenden Jahrzehnten ganz praktisch und am eigenen Leibe erfahren mußten.

Aber auch in der Physik zeigte die Diktatur des Determinismus zum Ende des 19. Jahrhunderts erste Auflösungserscheinungen.

2. Zufall

Die Beschreibung der Natur und all dessen, was um uns herum vorgeht, war schmerzlich unvollständig. Die Bewegung des Jupiters am Firmament und der Fall des Apfels vom Baum wurden durch die Newtonsche Mechanik zwar beschrieben, der Zug der Wolken und das Herabtaumeln eines Blattes von ebendiesem Baum aber nicht.

Selbst typisch mechanische Systeme, wie die kreisende Kugel im Roulette oder das Würfelspiel, entzogen sich der Vorhersage, vom notorisch unzuverlässigen Wetter ganz zu schweigen.

Hier gab es keine periodischen Wiederholungen. Der 100jährige Kalender erwies sich für die Wettervorhersage als untauglich. Beim Würfelspiel konnte man Tag und Nacht zubringen, und das »Glück« ließ sich niemals in Gesetze pressen. Auch das Roulette widerstand allen »Spielsystemen« und den selbstzerstörerischen Versuchen besessener Spieler, das Glück zu zwingen. Allein die Erkenntnis, daß die Bank immer gewinnt, überdauerte die gewiß zahlreichen Bemühungen, die Wege der rotierenden Kugel in starre Regeln zu fassen. Gerade die Unvorhersagbarkeit des Ergebnisses machte ja den Reiz der Glücksspiele aus, rückte solche Spiele aber auch in die Nähe des Bösen, des Teufels.

Vorgänge, die sich den geordneten Gesetzen entzogen, Ereignisse, die dem Zufall Raum ließen, erinnerten die Herrschenden zu sehr an Anarchie, als daß nicht Verbote dagegen gebraucht wurden.

Das 17. Jahrhundert brachte auch hier eine erstaunliche Entwicklung: Selbst der Zufall läßt sich mathematisch fassen.

Honorige Leute und scharfe Denker wie Blaise Pascal und Pierre de Fermat befaßten sich im Jahr 1654 mit so wichtigen Fragen wie der nach der besten Aufteilung des Spieleinsatzes bei einem plötzlich unterbrochenen Glücksspiel.

Aus solchen Überlegungen und basierend auf den etwa 100 Jahre älteren Arbeiten des Italieners Girolamo Cardano (der den Beinamen »der spielende Gelehrte« trug) entwickelte sich eine mathematische Theorie des (Glücks-)Spiels.

Wieder war es Laplace, der in seinem 1812 veröffentlichten Werk *Analytische Theorie der Wahrscheinlichkeiten* die mathematischen Werkzeuge formalisierte, die notwendig sind, um die Gesetze zu ergründen, die die Anarchie des Zufalls ordnen.

Die Wahrscheinlichkeit eines Ereignisses ist die Anzahl der Möglichkeiten, die zu diesem Ereignis führen können, geteilt durch die Anzahl aller Möglichkeiten.

Angewandt auf das Würfelspiel bedeutet das: die Wahrscheinlichkeit, eine 3 zu würfeln, ist gleich $1/6$: Anzahl der Möglichkeiten, die zu einer 3 führen (= 1), geteilt durch die Anzahl aller Möglichkeiten (= 6).

Dies gilt natürlich analog für die anderen fünf möglichen Zahlen. Die Wahrscheinlichkeit ist also für alle gleich groß, das heißt, bei »sehr vielen« Würfen mit einem nicht gezinkten Würfel erhält man jede Zahl von 1 bis 6 gleich häufig.

Die praktische Anwendung der Wahrscheinlichkeitsrechnung nennt man Statistik. Eine ganz besondere Definition der Statistik findet sich im folgenden Kapitel.

Doch Laplace sah in einer statistischen Naturbeschreibung kein gleichberechtigtes Instrument neben der klassischen Mechanik, sondern eine Schwäche des menschlichen Geistes. So äußerte er sich jedenfalls 1776: »Aber unser Unwissen um die verschiedenen Ursachen, die beim Werden eines Ereignisses zusammenwirken, sowie ihre Komplexität zusammen mit der Unvollkommenheit der Analyse verhindern, daß wir die gleiche Sicherheit (wie bei der Astronomie, d. Aut.) bei den meisten anderen Problemen haben. Es gibt also Dinge, die unbestimmt sind, die mehr oder weniger wahrscheinlich sind, und wir versuchen die Unmöglichkeit, sie zu bestimmen, dadurch zu kompensieren, daß wir die verschiedenen Grade der Wahrscheinlichkeit bestimmen. Es ist in diesem Fall so, daß wir einer Schwäche des menschlichen Geistes eine der schönsten und genialsten mathematischen Theorien verdanken, die Wissenschaft von Zufall und Wahrscheinlichkeit.«

Den eigentlichen Durchbruch im Rahmen der Physik schafften

diese Methoden mit der Entwicklung der statistischen Physik und der Thermodynamik.

Wenn man das Verhalten, die Eigenschaften und die Temperatur eines Gases mit den Methoden der klassischen Mechanik beschreiben will, so hat man nichts weiter zu tun, als für jedes Teilchen des Gases Ort und Geschwindigkeit zu bestimmen und in die Newtonschen Bewegungsgleichungen einzusetzen. Nimmt man nun noch an, daß sich die Gasteilchen wie vollkommen elastische Kugeln benehmen (eine sehr grobe Näherung), so könnte man durch Lösen der Bewegungsgleichungen den Ort und die Geschwindigkeit jedes Teilchens zu jedem Zeitpunkt, Vergangenheit wie Zukunft, angeben.

In einem Liter eines Gases, etwa Luft, gibt es bei Zimmertemperatur und Luftdruck auf Meereshöhe etwa 10^{23} Teilchen.

Wenn uns der umfassende Geist, von dem Laplace spricht, nun als Entwicklungshilfe alle Orte und Geschwindigkeiten der 10^{23} Teilchen zu einem bestimmten Augenblick verrät, brauchen wir »nur« noch die Bewegungsgleichungen zu lösen. Allerdings sehr rasch. Da jedes Gasteilchen in jeder Sekunde sehr häufig mit anderen Gasteilchen zusammenstößt (etwa 10^{11}mal), müßte die Lösung in Bruchteilen von Sekunden erfolgen.

Ein moderner Superrechner bewältigt etwa 10^{10} Rechenoperationen pro Sekunde. Er bräuchte also 10^{13} Sekunden oder 317 000 Jahre für einen Zeitschritt. Ein ziemlich aussichtsloses Unterfangen!

Für solche Probleme schien die klassische Mechanik kein sehr guter Ansatz zu sein, wie auch deren eingefleischteste Anhänger zähneknirschend zugeben mußten.

Das Wort »Gas« war nicht von ungefähr von dem niederländischen Chemiker (oder Alchimisten) Johann Baptist van Helmont in Anlehnung an das griechische Wort $\chi\alpha o\sigma$ (»chaos«) geprägt worden, eine im Jahre 1632 sehr weitsichtige Wortschöpfung. (Das 17. Jahrhundert hatte es wohl in vielfacher Hinsicht in sich.)

»Chaos« war bei den Griechen die formlose Urmaterie, aus der die Welt entstand. Man kann also vermuten, daß van Helmont ein Anhänger des griechischen Philosophen Anaximenes von Milet war, der (um 550 v. Chr.) die Luft als Urstoff aller Dinge ansah.

Um Systeme mit der Kompliziertheit von Gasen mit den mathematischen Methoden der »harten« Naturwissenschaften angehen zu können, mußte man wohl die von James Clark Maxwell (ein Engländer würde hinzufügen: »des großen englischen Physikers«) propagierte statistische Methode verwenden:

»Die kleinste Menge Materie, mit der wir experimentieren können, besteht aus vielen Millionen Molekülen, von denen wir kein einziges individuell wahrnehmen können. Daher können wir die momentane Bewegung eines solchen Moleküls gar nicht feststellen; so sind wir gezwungen, auf die strenge historische Methode (der Beschreibung) zu verzichten und die statistische Methode zu verwenden, die sich eben mit großen Gruppen von Molekülen befaßt.«

Und er fügte hinzu: »Wenn wir die Beziehungen zwischen solch statistischen Größen untersuchen, stoßen wir auf eine neue Art von Regelmäßigkeit, der Regelmäßigkeit von Durchschnittswerten, auf die wir uns für alle praktischen Zwecke völlig verlassen können, die aber keinen Anspruch auf die absolute Genauigkeit erheben können, die den Gesetzen der abstrakten Dynamik zu eigen ist.«

Maxwell zeigte, ohne Newtons Bewegungsgleichungen zu verwenden, wie die Geschwindigkeit von Gasmolekülen um einen mittleren Wert verteilt ist und daß diese Verteilung und ihr Mittelwert für ein bestimmtes Gas nur von der Temperatur abhängen.

Natürlich konnte und wollte er nicht die Geschwindigkeit eines individuellen Gasteilchens, womöglich noch für alle Zeiten in Zukunft und Vergangenheit, bestimmen. Das wäre auch völlig nutzlos und uninteressant. Die mittlere Geschwindigkeit aber und die Abweichungen davon lassen sich sehr genau angeben. Diese Werte sind es auch, die man braucht, um Aussagen über den Zustand eines Gases machen zu können.

Je höher die Temperatur eines Gases ist, desto höher ist auch die mittlere Geschwindigkeit seiner Teilchen. Der Druck, den ein Gas auf die Wände seines Behälters ausübt, hängt von der Zahl der Gasteilchen ab, die pro Sekunde gegen die Wände prallen, und von deren Impuls (Masse × Geschwindigkeit). Demnach sollte der Druck steigen, wenn man mehr Gasteilchen in das Gefäß bringt (etwa mit einer Luftpumpe Luft in einen Reifen pumpt) oder wenn man die Temperatur und damit die Geschwindigkeit der Gasteilchen erhöht (oder beides).

Auf thermodynamischen Überlegungen beruht zum Beispiel das Funktionieren der Wärmekraftmaschinen, auch der Verbrennungsmotoren in unseren Autos. Wieder hatte die Naturwissenschaft die Grundlage für eine enorme und folgenreiche technische Entwicklung gelegt.

Die Mobilität der Menschen wurde durch diese Technik in einem ungeahnten Maße gesteigert. Diese Mobilität führte aber zu einer sich steigernden Vernetzung von Städten und Ländern, ja Kontinenten. Je komplizierter das Wirtschafts- und Sozialsystem wurde, in dem die Menschen lebten, als desto unzureichender erwiesen sich die verfügbaren Methoden der Naturwissenschaften, diese Systeme detailliert zu beschreiben.

Die statistischen Methoden sind aber immerhin dann sehr erfolgreich, wenn man Aussagen über die Eigenschaften oder das Verhalten sehr vieler Teilchen oder häufig wiederholter Ereignisse erhalten will.

Für das einzelne Teilchen oder das einzelne Ereignis kann man dabei allerdings nur Wahrscheinlichkeiten eines bestimmten Verhaltens (oder eine Risikos) angeben.

Trotzdem übte diese Art der Beschreibung sehr komplizierter Systeme eine unwiderstehliche Anziehungskraft auf viele »nicht-naturwissenschaftliche« Bereiche aus, ganz besonders auf die Sozialwissenschaften.

Die Faszination der Normalverteilung, jener zum häufigsten Wert symmetrischen Glockenkurve, die in der Statistik allgegenwärtig ist, führte in der Mitte des 19. Jahrhunderts dazu, daß der »Durchschnittsmensch« gedanklich aus der Taufe gehoben wurde. Besonders Adolphe Jacques Quetelet in Brüssel förderte die Anwendung der Statistik in der Staatsverwaltung.

Was man da alles statistisch erfassen konnte! Nicht nur die Größe oder das Gewicht der Bürger ergibt eine Normalverteilung, auch die Meßfehler bei der Bestimmung der Position eines Sterns, die Höhe der von zufällig ausgewählten Personen zu bezahlenden Einkommensteuer, die Größe der Bäume in einem Wald oder die Anzahl der pro Jahr an plötzlichem Herztod verstorbenen Personen – alles ist normalverteilt. (Auf einzelne dieser »Normalverteilungen« gehen wir in diesem Buch noch ausführlich ein.)

Mit Hilfe der Statistik kann man also Aussagen *über* das mittlere Verhalten von Systemen machen, auch wenn man die Vorgänge *innerhalb* des Systems im einzelnen gar nicht durchschaut. Diese Aussagen sind immerhin so zuverlässig, daß auf ihrer Grundlage Versicherungsunternehmen sehr viel Geld verdienen.

In der Physik hatte die thermodynamische Betrachtungsweise von komplizierten Systemen eine bemerkenswerte Folge: Man konnte nun verstehen, daß der Ablauf der Ereignisse zeitlich gerichtet erfolgt. Die Prozesse lassen sich zeitlich nicht mehr umkehren wie in der Newtonschen Mechanik.

Die Thermodynamik, wie sie damals vorlag, nahm an, daß ein System immer den wahrscheinlichsten Zustand anstrebt. Dieser Zustand wird auch thermodynamisches Gleichgewicht genannt. Bei kleinen Schwankungen oder Störungen von außen kehrt das System stets in seinen Gleichgewichtszustand zurück. Im thermodynamischen Gleichgewicht sind alle Druck- und Temperaturunterschiede in einem abgeschlossenen System ausgeglichen.

Wenn man etwa das Ventil einer Gasflasche öffnet, so strömt das Gas aus der Flasche in den umgebenden Raum. Der umgekehrte Vorgang wurde bisher noch nie beobachtet. Will man das ausgeströmte Gas wieder in die Flasche zurückbekommen, so muß man sowohl geistige als auch mechanische Energie aufwenden.

Unterschiedliche Temperaturen gleichen sich *im Laufe der Zeit* aus. Bisher wurde noch niemals beobachtet, daß bei einem Körper mit einheitlicher Temperatur spontan eine kalte und eine warme Hälfte entstehen, obwohl das nach dem Energie-Erhaltungssatz möglich wäre. Abstrakter gesprochen bedeutet das: Bei einem komplizierten System findet, von jedem beliebigen Anfangszustand ausgehend, entweder gar keine oder eine unumkehrbare Entwicklung statt. Schlechte Nachrichten für die Anhänger von Verjüngungskuren.

Dieses Ergebnis steht zwar in Übereinstimmung mit unserer alltäglichen Erfahrung, aber im Widerspruch zu Newtons Mechanik.

Die Beschreibung der Natur erfolgte also am Ende des 19. Jahrhunderts auf zwei Ebenen: Einfache Systeme gehorchen streng deterministischen Gesetzen. Alle Vorgänge sind reversibel. (Die Zeitrichtung ist umkehrbar.) Der Ablauf der Ereignisse ist durch die Bewegungsgleichungen und durch die Anfangsbedingungen für alle Zeiten vorgegeben. Eine Entwicklung findet nicht statt.

Komplizierte Systeme gehorchen statistischen Gesetzen. Das Verhalten der einzelnen Teilchen im System ist dabei völlig unbestimmt und unwesentlich. Die Vorgänge sind irreversibel. (Die Zeitrichtung ist nicht umkehrbar.) Die Systeme entwickeln sich hin zum thermodynamischen Gleichgewicht. Ist dieser Zustand der »größtmöglichen Unordnung« erreicht, endet jede Entwicklung; der Endzustand ist stabil.

Eine innere Verbindung zwischen den beiden Beschreibungsebenen gab es nicht. Entsprechend der weitverbreiteten Tendenz, das Komplizierte auf das Einfache zurückzuführen (Reduktionismus), fehlte es nicht an Versuchen, die thermodynamische Beschreibung auf die klassische Mechanik zu reduzieren.

Alle diese Versuche scheiterten. Die Menschen konnten sich entweder als willenlose Marionetten in einem »Uhrwerk«-Universum betrachten, oder sie konnten dem umfassenden thermodynamischen Gleichgewicht, dem »Wärmetod« des Universums, der perfekten Anarchie, entgegendämmern.

3. Deterministisches Chaos

»Kleine Ursache, große Wirkung«, sagt der Volksmund, wenn eine unwesentlich erscheinende Abweichung in einem vertrauten Ablauf zu völlig überraschenden, »wesentlichen« Änderungen führt.

Offenbar kommt so etwas im täglichen Leben des öfteren vor. Es steht aber im Widerspruch zur »starken Kausalität« der klassischen Physik. Diese besagt: »Ähnliche Ursachen haben ähnliche Wirkungen.«

Auf den ersten Blick erscheint diese Aussage recht plausibel.

Ein Schütze, der ganz genau zielt, wird die Zehn treffen. Wenn er etwas weniger genau gezielt hat, wird's eine Neun oder eine Acht werden. Wie genau der Schütze zielen muß, hängt von der Entfernung zur Scheibe ab; genauer gesagt, es hängt »linear« von der Entfernung ab. Wenn die Scheibe statt 50 sagen wir 51 Meter entfernt ist, muß der Schütze nicht 1000mal genauer zielen; meist wird er den Unterschied gar nicht bemerken.

Die »starke Kausalität« ist eine der Säulen der klassischen Experimental-Wissenschaften. Eine ihrer grundlegenden Forderungen lautet: Ein Experiment muß (wenigstens im Prinzip) jederzeit und überall wiederholbar sein, daß heißt, es muß unter gleichen Bedingungen gleiche Ergebnisse liefern.

Unter gleichen Bedingungen können wir ein Experiment aber gar nicht wiederholen. (»Gleich« ist hier im strengen, mathematischen Sinne gemeint, also absolut identische Umstände.)

Dies ist die sogenannte schwache Form der Kausalität: »Gleiche Ursachen haben gleiche Wirkung.« Eine Aussage, die wahrscheinlich zutrifft, aber eben leider nicht überprüfbar ist. Hören wir dazu nochmals den großen englischen Physiker J. C. Maxwell: »Es ist eine metaphysische Doktrin, daß gleiche Ursachen gleiche Wirkungen haben. Niemand kann sie widerlegen. Ihr Nutzen aber ist sehr gering in dieser Welt, in der gleiche Ursachen niemals wieder eintreten und nichts zum zweitenmal geschieht. Das entsprechende physikalische Axiom lautet: Ähnliche Ursachen haben ähnliche Wirkungen. Dabei sind wir aber von Gleichheit übergegangen zur Ähnlichkeit, von absoluter Genauigkeit zu mehr oder weniger grober Annäherung.«

Die Naturwissenschaftler früherer Zeiten waren sich über die feinen Unterschiede zwischen »starker« und »schwacher« Kausalität meist nicht im klaren, oder sie versuchten aus der theoretisch richtigen, aber nicht überprüfbaren »schwachen« Aussage stillschweigend die praktisch überprüfbare, aber im allgemeinen Falle unzutreffende »starke« Aussage zu »folgern«.

Warum halten wir uns so lange mit diesem Unterschied auf? Weil er eine wichtige, sogar grundlegende Rolle beim tieferen Verständnis der Naturvorgänge spielt.

Die starke Kausalitäts-Hypothese wird nämlich meist ganz selbstverständlich mit der Aussage verbunden: »Ähnliche Anfangsbedingungen führen zu ähnlichen Entwicklungen in einem System.«

Es ist nicht schwierig, Beispiele für Situationen zu finden, in denen geringe Änderungen in den Anfangsbedingungen zu gewaltigen Unterschieden im Endergebnis führen.

Betrachten wir die Wasserscheide zwischen Rhône und Rhein in den Schweizer Alpen. Ob ein Regentropfen 100 Meter südlicher oder nördlicher auf die Erde trifft, entscheidet, ob er im Mittelmeer oder in der Nordsee ankommt.

Zwischen beiden Möglichkeiten existiert jedoch eine scharfe Grenze, und man kann für die Regentropfen recht genau voraussagen, ob sie nach Süden oder nach Norden abfließen werden. Im Grenzbereich mag der Zufall eine gewisse Rolle spielen, aber fast überall geht alles mit rechten, will heißen, deterministischen Dingen zu.

Gegen Ende des letzten Jahrhunderts häuften sich allerdings die Probleme zwischen Zufall und Notwendigkeit, die nicht so einfach aufzulösen waren, in einem beängstigenden Maße.

Der Mathematiker Jacques-Salomon Hadamard zeigte im Jahre 1898, daß es Flächen gibt (wie etwa Hyperboloide), auf denen Bewegungen selbst von *beliebig nahe benachbarten* Startpunkten aus exponentiell auseinanderlaufen. Ein Verhalten, das für die Vorhersagbarkeit einer solchen Bewegung weitreichende Folgen hat. – Allerdings wurden diese Folgen zunächst noch von niemandem erkannt.

Charles Robert Darwin hatte 1859 sein berühmtes Buch *Über die Entstehung der Arten durch natürliche Selektion* veröffentlicht, in dem die Entwicklung eines äußerst komplizierten Systems zu immer höheren Stufen der Organisation beschrieben wurde. Eine Entwicklung, die der von der Thermodynamik behaupteten Richtung hin zum thermodynamischen Gleichgewicht genau entgegenläuft.

Darwins Theorie wurde heftig angefeindet und bekämpft, stand sie doch im Gegensatz zur Schöpfungsgeschichte der Bibel, zur klassischen Mechanik und zur Thermodynamik. (Und unbeliebt war sie nicht zuletzt, weil der Mensch nicht vom Affen abstammen wollte.) Die Annahme einer biologischen Entwicklung wurde aber durch Fossilienfunde stark gestützt, so daß man sie nicht einfach ignorieren konnte. Ein schönes Beispiel sind die versteinerten Abdrücke des »Urvogels« *Archäopteryx*, die im Plattenkalk bei Solnhofen und Eichstätt in den Jahren 1861 und 1877 gefunden wurden. Der »Urvogel« ist ein Wesen, das den Übergang von Reptilien zu den Vögeln markiert.

Die älteren Vorstellungen, die, wenn überhaupt, Kreisläufe oder periodische Entwicklungen in der Natur und in der Gesellschaft annahmen, wurden mehr und mehr von Modellen abgelöst, die eine gerichtete Entwicklung beinhalteten.

Ein ganz wesentlicher Meilenstein auf dem Weg zu einem tieferen Verständnis der Natur stammte – wieder einmal – aus der Astronomie.

Im Jahre 1887 setzte der schwedische König Oscar II. einen Preis in Höhe von 2500 Kronen für die Beantwortung der Frage aus: »Ist das Sonnensystem stabil?«

Eine Frage, die die Mathematiker und Astronomen seit Jahrhunderten beschäftigt hatte. Schon 100 Jahre nach dem Erscheinen von Newtons Werk *Principia* wurde von Joseph-Louis Lagrange ein berühmter »Beweis« für die Stabilität des Sonnensystems geliefert. Weitere »Beweise« stammen von Laplace und von Simeon-Denis Poisson. Die Existenz von mehreren Beweisen sollte den Leser schon mißtrauisch machen, denn in der Mathematik genügt *ein* Beweis – vorausgesetzt, er ist richtig.

In den »Scheinbeweisen« von Lagrange, Laplace und Poisson wurde nicht etwa bewiesen, daß das Sonnensystem stabil ist, sondern daß gewisse Näherungen für das allgemeine Problem eine stabile Lösung besitzen. Ob diese Näherungen berechtigt und wie gut sie sind, das ist eine ganz andere, noch offene Frage, auf die wir später zurückkommen.

Der Beantwortung dieser Frage wandte sich nun Henri Poincaré zu.

Das Sonnensystem ist ein verhältnismäßig kompliziertes dynamisches System. Wir wissen auch, daß zumindest die Erde schon recht alt ist, etwa 4,5 Milliarden Jahre. Es ist sicher nicht unberechtigt, daraus zu schließen, daß das ganze System ein vergleichbares Alter hat.

Systeme, die sich über einen so langen Zeitraum erhalten, sind für alle praktischen Belange als stabil zu bezeichnen. – Obwohl natürlich keineswegs klar ist, ob das in aller Zukunft so bleibt.

Worin besteht das Problem? Nun, die Planeten bewegen sich auf nahezu kreisförmigen Bahnen um die Sonne – und zwar um so langsamer, je weiter sie von ihr entfernt sind. Dies ist so, weil die Sonne die Planeten durch ihre Gravitation anzieht. Die Planeten haben aber auch selbst ein Gravitationsfeld, in dem sich ihre Monde oder künstliche Satelliten bewegen und durch das sie sich auch gegenseitig anziehen. Die Größe der gegenseitigen Anziehungskraft hängt von der Masse und dem Abstandsquadrat ab. Der Abstand der Planeten von der Sonne ist nahezu konstant, ihr gegenseitiger Abstand ändert sich aber laufend, und zwar erheblich. Also: Jeder zieht jeden mit ständig veränderter Kraft an.

Die Newtonsche Mechanik sagt zwar, wie sich die Körper gegenseitig beeinflussen, aber nichts darüber, ob die Situationen stabil sind oder nicht.

Wenn wir nur zwei Körper betrachten, ist das Problem einfach. Beide bewegen sich auf elliptischen Bahnen um den gemeinsamen Schwerpunkt, und wenn sie nicht gestört wurden, kreisen sie noch heute.

Was aber geschieht mit einem dritten Körper im Schwerefeld der beiden anderen? In zwischenmenschlichen Beziehungen geben

Dreiecksverhältnisse Anlaß zu enormen Komplikationen, und das Ende solcher Affären ist nicht leicht vorauszusehen.

In der Himmelsmechanik ist es nicht viel besser. Für das allgemeine Dreikörper-Problem gibt es keine geschlossene Lösung. Man kann zwar nach den Newtonschen Gesetzen die Bewegungsgleichungen angeben, für diese Gleichungen existiert aber kein Integral.

In einem solchen Fall kann man das Problem *numerisch* lösen. Dazu setzt man gemessene oder angenommene Werte für Ort und Geschwindigkeit aller beteiligten Körper ein und rechnet aus, wie sich diese Anfangswerte nach einem geeignet gewählten kleinen Zeitschritt geändert haben. Diese veränderten Werte sind nun die neuen Anfangswerte für den nächsten Schritt. Das Verfahren ist zwar im Prinzip ganz einfach, für die Praxis aber viel zu umfangreich, wenn man keine schnellen Hochleistungsrechner zur Verfügung hat.

Außerdem muß die Prozedur für jedes System, für jede Kombination von Massen und Abständen wiederholt werden. Um dem Leser einen Eindruck von dem Aufwand zu geben, den solche Rechnungen um die Jahrhundertwende darstellten, sei erwähnt, daß der schwedische Astronom Elis Strömgren (1870–1947) 40 Jahre und 57 Mitarbeiter benötigte, um die Bahn eines leichten Planeten in einem Doppelsternsystem mit zwei gleichschweren Sonnen zu berechnen (nach heutigen Maßstäben ein 150-Millionen-DM-Projekt). Wohlgemerkt, es ging dabei um *drei* Körper. In Abbildung I.3.1 sind zwei der möglichen Bahnen gezeichnet, die dabei auftreten können.

Das Sonnensystem besteht aus etwa 20 größeren und über 4000 kleineren Körpern (Sonne, Planeten, Monde und Planetoiden). Damit ist wohl klar, daß die 2500 Kronen von König Oscar II. kein leicht zu verdienendes Geld waren.

Poincaré gewann 1890 den Preis für eine Arbeit von 270 Seiten, die er betitelt hatte: »Über das Dreikörper-Problem und die Gleichungen der Dynamik«.

In dieser Arbeit wurde das gestellte Problem nicht vollständig gelöst, aber sie enthielt so viele überraschende und neue Aspekte und Ergebnisse, daß man sich allgemein einig war, er habe den Preis ver-

Abb. I.3.1

Beispiele für Bahnen eines Planeten in einem Doppelsternsystem mit zwei gleichschweren Sonnen (Dreikörper-Problem). Der genaue Verlauf einer solchen Bahn hängt sehr empfindlich von den Anfangsbedingungen ab. Eine geschlossene Lösung der Bewegungsgleichungen für das Drei-Körper-Problem existiert nicht.

dient. (Das bedeutete aber nicht, daß man die Konsequenzen der Poincaréschen Arbeit begriffen hatte.)

Er zeigte unter anderem, daß es spezielle Situationen gibt, die dauerhafte Lösungen zulassen, aber auch, daß im allgemeinen Fall solch komplizierte Systeme *nicht* stabil sind.

Und Poincaré entdeckte und beschrieb dabei als erster Naturwissenschaftler jenes Verhalten eines Systems, das wir heute als »deterministisches Chaos« bezeichnen.

Er kannte natürlich auch die Arbeiten seines Kollegen Hadamard über Bewegungen auf negativ gekrümmten Flächen, und da begannen ihm einige Zusammenhänge zu dämmern. Schon zu Beginn unseres Jahrhunderts (1908) beschrieb er die Folgen dieser Entdeckungen für die Voraussagbarkeit von künftigen Ereignissen. Er hatte erkannt, daß die Zukunft offen ist, nicht für alle Zeiten determiniert, daß kleinste Veränderungen exponentiell anwachsen und ein zunächst wohlgeordnetes System dadurch vollständig aus dem Gleichgewicht geraten konnte.

So weitsichtig war er, daß er den Ablauf des Wetters und das Verhalten eines »Gases« aus harten elastischen Kugeln auf solche unstabile Lösungen zurückführte.

Poincarés Ideen wurden von seinen Zeitgenossen entweder nicht verstanden oder als philosophische Spitzfindigkeiten eines verschrobenen Mathematikers betrachtet und bald wieder vergessen. Er selbst war von seiner Entdeckung mehr irritiert als begeistert. Vor allem die Tatsache, daß schon bei so einfachen Systemen wie drei Körpern mit Gravitation beliebig komplizierte Bewegungen möglich sind, beunruhigte ihn.

Den Siegeszug dieser Entdeckung konnte er nicht mehr miterleben. Zu weit war er hier seiner Zeit vorausgeeilt. Aber er hatte den Weg bereitet für die übernächste Generation. Hochgeachtet, mit vielen Auszeichnungen für seine zahlreichen Arbeiten (an die 500 Publikationen) geehrt und Mitglied der Französischen Akademie der Wissenschaften, verstarb Henri Poincaré am 17. Juli 1912.

Erst mehr als 50 Jahre später, als Edward Lorenz diese Ideen wiederentdeckte, war die Zeit langsam reif dafür geworden.

Inzwischen waren die Physiker von der Relativitätstheorie fasziniert. Eine vollständig deterministische Theorie (was fast allen Naturwissenschaftlern gefiel), die aber die bisher gültigen Vorstellungen von Raum und Zeit in unanschaulicher Weise veränderte beziehungsweise erweiterte. Alle Ereignisse sind danach in das vierdimensionale Raum-Zeit-Kontinuum eingebettet, und die größte mögliche Geschwindigkeit für Materie und Energie ist gleich der Lichtgeschwindigkeit im Vakuum.

Wer sich mit größerer Geschwindigkeit bewegen könnte, würde in die »Zukunft« reisen. Das ist natürlich ein gefundenes Fressen für die Autoren von Science-fiction-Literatur, für die Wissenschaftler bedeutet es aber zunächst einmal das Aus für alle Vorstellungen von einer direkten Exploration der Zukunft.

Die nächste Revolution im Weltbild der Physik folgte auf dem Fuß. Die Quantenmechanik erschütterte das Naturverständnis ähnlich, wie der Weltkrieg die politische Ordnung aus den Fugen hatte geraten lassen.

Die Reduktionisten, die geglaubt hatten, man könne die Welt verstehen, wenn man nur das Verhalten der Teile verstehe, aus denen sie aufgebaut ist, erhielten den Todesstoß. Wie es sich für eingefleischte Reduktionisten gehört, bemerkten sie das allerdings nicht einmal.

Die Quantenmechanik begrenzt die Genauigkeit, mit der wir Ort und Impuls (Geschwindigkeit × Masse) eines Teilchens gleichzeitig messen können, grundsätzlich. Das bedeutet, daß die Anfangsbedingungen in einem System prinzipiell nicht genau bestimmt werden können.

Schlimmer noch erschien den Physikern die Tatsache, daß im Mikrokosmos die »Teilchen« sich nicht mehr auf Bahnen im Raum-Zeit-Kontinuum bewegen, sondern sich, je nach Experiment, einmal mehr wie »Teilchen«, dann wieder mehr wie Wellenerscheinungen verhalten.

Für alle Meßgroßen, die den Physiker interessieren, liefert das Rechenschema, das man Quantenmechanik genannt hatte, nur Wahrscheinlichkeitswerte, und die gängige Interpretation behauptet auch noch, das sei alles, was man überhaupt wissen könne.

Unter den Naturwissenschaftlern löste diese Beschreibungsform der Mikrowelt heftige Diskussionen grundsätzlicher Art aus. Einer der bekanntesten Aussprüche eines der bekanntesten Gegner dieser Interpretation der Quantenmechanik lautete: »Gott würfelt nicht!« (Er hieß Albert Einstein.)

Keines der grundlegenden Probleme ist bis heute zur allgemeinen Zufriedenheit gelöst, aber es gab bis heute auch noch kein Experiment, dessen Ergebnis im Widerspruch zu diesem faszinierenden Rechenschema gewesen wäre. Und so gewöhnte man sich schließlich an die neuen Methoden.

Ein weiterer Weltkrieg erschütterte die Völker und das Selbstverständnis der Physiker. Die Forschung hatte ihre »Unschuld« verloren. Bau und Einsatz der Atombombe stellten eine gewaltige Zäsur dar, für das Bild der Naturwissenschaftler in den Augen der Öffentlichkeit ebenso wie für das Selbstbild der kritischen Forscher. Von wegen wertfreie Suche nach der Wahrheit und selbstlose Diener der Erkenntnis! Man war wohl gut beraten, sich auch über die möglichen Folgen des eigenen Handelns und Forschens Gedanken zu machen. Impliziert ist aber bei solchen Überlegungen immer die Überzeugung, daß der Mensch die Freiheit hat, über sein Tun zu entscheiden. Diese Willensfreiheit kann weder aus der Quantenmechanik noch aus der statistischen Physik und schon gar nicht aus der klassischen Physik oder der Relativitätstheorie hergeleitet werden.

Eine der Folgen der »verlorenen Unschuld« war, daß Staatsführungen die Forschung mit enormen finanziellen Mitteln unterstützten. Wahrheit und Erkenntnis interessierten im politischen Geschäft nicht sonderlich; wenn es aber um Einfluß und Macht geht, dann darf man nichts unversucht lassen.

Eines der technischen Produkte, die in der Mitte dieses Jahrhunderts an das Licht der Öffentlichkeit traten, sind die digitalen elektronischen Rechenmaschinen, auf neudeutsch Computer genannt. Sie wurden natürlich zuerst für militärische Zwecke (was immer das im einzelnen sein mag) eingesetzt, spielten dann aber auch bei der Weltraumfahrt eine sehr wichtige Rolle.

Manche Leser werden sich noch erinnern: 1957 erster künstlicher Erdsatellit, 1962 erster Mensch umkreist in einer Raumkapsel die Erde, 1969 erste Landung von Menschen auf dem Mond.

Diese Meilensteine der Raumfahrt waren nur möglich, weil man neben der Raketentechnik auch eine immer perfektere Computertechnik entwickelt hatte. Die Apollo-Mission zum Mond etwa wäre mit der Rechentechnik von Strömgren für das Dreikörper-Problem völlig undurchführbar gewesen.

Auch bei der weiteren Entwicklung der Chaostheorie spielten Computer eine entscheidende Rolle. Hier hatte sich seit den Tagen Poincarés nicht allzuviel getan. Allerdings hatte Alexander Michailowitsch Ljapunov inzwischen einen wichtigen Beitrag zur Stabilitätsanalyse der Lösungsfunktionen von Differentialgleichungs-Systemen gemacht, und die Schule um Andrej Kolmogorov verallgemeinerte den Entropie-Begriff aus der Thermodynamik so, daß man ihn auf beliebige dynamische Systeme anwenden kann.

Doch nun begann das Computerzeitalter erst richtig. Edward Lorenz arbeitete am MIT *(Massachusetts Institute of Technology)* daran, die Wettervorhersage zu verbessern. Lorenz war Meteorologe, wollte aber ursprünglich Mathematiker werden, eine fruchtbare Kombination, wie sich zeigen sollte. Er hatte jedenfalls keine Scheu vor mathematischen Methoden und verwendete als einer der ersten Meteorologen auch Computer für seine Berechnungen. Er entwickelte ein »Primitivmodell« der Konvektion in der Erdatmosphäre. (Die Konvektion ist einer der wichtigsten Motoren, die unser Wettergeschehen antreiben.) Das Lorenzsche Modell besteht aus drei nichtlinear gekoppelten Differentialgleichungen. Mit Hilfe seines Computers konnte er dieses Gleichungssystem numerisch für alle möglichen Startwerte lösen.

Der Computer, den Lorenz verwendete, war nach heutigen Maßstäben vorsintflutlich und äußerst langsam. Wenn er langfristige Entwicklungen seines »Wettermodells« rechnen wollte, mußte er den Rechner viele Stunden laufenlassen. Das Ergebnis war dann eine lange Kolonne von Zahlen. Um Zeit zu sparen, ließ Lorenz öfters in Fortsetzungen rechnen. Er setzte eine Zahl vom letzten Lauf als Startwert für den neuen Lauf ein. Die Rechner waren zu dieser Zeit noch nicht sehr zuverlässig und Lorenz ein vorsichtiger Mann; daher setzte er nicht die letzte Zahl des vorherigen Laufs als neuen Startwert ein, sondern einen hinreichend früheren Wert, so daß er überprüfen konnte, ob der Rechner beide Male die gleichen Zahlenreihen lieferte.

Das tat der Rechner nicht. Zunächst stimmten die Zahlen zwar überein, bald aber waren die Abweichungen so groß, daß Lorenz einen Defekt im Rechner vermutete. Eine Überprüfung der Computerfunktionen ergab aber keinen Fehler. Also machte er sich an eine Wiederholung des Spiels. Mit demselben Ergebnis wie zuvor. Wenn er den gleichen Startwert eintippte, erhielt er auch identische Zahlenkolonnen. Tippte er jedoch einen Wert aus seiner Ergebnisreihe als Startwert ein, ergaben sich sehr bald völlig andere Werte als die in der ursprünglichen Reihe.

Lorenz kam schnell dahinter, was hier gespielt wurde. Die Genauigkeit, mit der der Rechner die Zahlen intern abspeicherte, war größer als die, mit der er sie ausdrucken ließ. Der Unterschied war zwar im Bereich von Bruchteilen von Promille, aber er genügte, um im Lorenz-Modell in kurzer Zeit zu einer vollkommen anderen Wetterentwicklung zu führen.

Daß die minimalsten Abweichungen zu langfristig total unterschiedlichen Verhalten führten, bezeichnete Lorenz als »Schmetterlingseffekt«: Wenn in Hamburg ein Schmetterling mit den Flügeln schlägt, kann das im Indischen Ozean einen Taifun auslösen. Man nennt ein solches Verhalten von Lösungen, leicht untertrieben, »empfindliche Abhängigkeit von den Anfangsbedingungen«. Im nächsten Kapitel kommen wir darauf noch zurück.

Wie gesagt, Lorenz war Meteorologe und veröffentlichte seine Ergebnisse daher im *Journal of the Atmospheric Sciences* (Zeitschrift für die Wissenschaften von der Atmosphäre), einer Zeitschrift, die weder von Physikern noch von Mathematikern gelesen wurde. Die Meteorologen hielten die Arbeit zum großen Teil für Unfug. Entweder sie mißtrauten Computern, oder sie hielten nichts von mathematischen Modellen. Oder sie wollten Geld für Großrechner, um die langfristige Wettervorhersage zu verbessern; dann aber paßten diese Ergebnisse erst recht nicht ins Konzept.

Und so ruhte auch diese wichtige Arbeit über 10 Jahre vergessen in den Archiven.

Zur selben Zeit untersuchte der französische Astronom Michel Hénon zusammen mit einem Studenten, Carl Heiles, die Bewegung von Sternen in einer Galaxie, und zwar von dynamischen Systemen, deren Verhalten von der Gesamtenergie des Systems abhängt. Im Gegensatz zu den Astronomen vor ihm und zu den meisten seiner Zeitgenossen verwendete er für die Rechnungen einen Computer.

Dies ermöglichte ihm, die Bewegungsgleichungen direkt numerisch zu lösen. Bisher hatte man stets einen störungstheoretischen Ansatz zur Lösung solcher Probleme verwendet. Man erwartete periodische oder quasiperiodische Lösungen und setzte daher eine Reihe mit periodischen Koeffizienten für die Lösung an und erhielt aus diesem Ansatz, o Wunder, stets auch die vermuteten quasiperiodischen Ergebnisse. Offenbar war die Welt der Störungsrechner in Ordnung.

Hénon und Heiles mit ihrer direkten Computermethode erhielten für niedrige Energien auch die erwarteten periodischen Lösungen. Mit zunehmender Gesamtenergie des Systems jedoch bekamen sie *nichtperiodische* Bahnen, unterbrochen von periodischen Bereichen, und schließlich völlig irreguläre, also chaotische Lösungen. Wohlgemerkt: aus den klassischen Bewegungsgleichungen. Der Unterschied zu den Störungsrechnungen war nur der, daß sie keine Vorurteile in den Ansatz gesteckt hatten.

Hénon und Heiles waren Astronomen, keine Mathematiker. Sie veröffentlichten die Ergebnisse ihrer Computerrechnungen ohne tiefere Analyse der mathematischen Grundlagen. Zwar gaben sie einige plausible Hinweise auf die dynamischen Prozesse, die diesem erstaunlichen Verhalten des untersuchten Systems zugrunde lagen, aber dabei ließen sie es dann bewenden.

Etwa 10 Jahre später kam der Durchbruch.

Plötzlich erkannten überall mehr und mehr Forscher, ein wie allgegenwärtiges Phänomen das deterministische Chaos darstellt. Überall, wo mehr als drei Freiheitsgrade, also eigenständige physikalische Größen, nichtlinear miteinander verkoppelt waren, konnte es auftreten; und meist tat es das auch.

Fast alle Systeme bestehen aus mehr als drei Elementen, und fast immer sind die Relationen zwischen den Elementen nichtlinear. Nur hatte man wegen der notorischen Unlösbarkeit der Gleichungssysteme (in geschlossener Form) meist eine lineare Näherung verwendet. Das hatte zwar den Vorteil, daß man das neue Problem nun lösen konnte, aber den Nachteil, daß oft das neue Problem mit dem ursprünglichen nichts mehr zu tun hatte. In der Mathematik ist nämlich eine exakte Lösung einer Näherung nicht gleich einer Näherungslösung des exakten Problems.

Jetzt, da man wußte, worauf man achten mußte, entdeckte man in vielen Bereichen chaotisches Verhalten, und manche Messung, die wegen »Unreproduzierbarkeit« im Papierkorb gelandet war, wurde unter dem neuen Aspekt wieder hervorgeholt.

Chaos ist überall. In der Konvektion unserer Atmosphäre, in den äußeren Schichten unserer Sonne, in Wirtschaft und Politik, im Schlagen unseres Herzens, aber auch in den Bewegungen der Körper unseres Sonnensystems.

Was deterministisches Chaos genau ist und einige Wege, wie es entstehen kann, wird der Leser in den Kapiteln dieses Buches erfahren. An dieser Stelle nur soviel:

Ein System, das chaotisch ist, verhält sich nicht zufällig. Es gehorcht festen Regeln, in denen der Zufall keine Rolle spielt. Man kann mit diesen Regeln das Verhalten des Systems für eine gewisse Zeit vorausberechnen. Diese Zeit ist um so länger, je genauer der Zustand des Systems am Anfang bekannt ist. Allerdings wachsen die Ungenauigkeiten exponentiell an, das bedeutet: Um eine Voraussage gleicher Genauigkeit über die doppelte Zeit zu machen, müssen die Anfangswerte eines Systems zum Beispiel 100mal genauer bekannt sein, für die dreifache Zeit 1000mal genauer, für die vierfache Zeit schon 10 000mal. Eine wirklich langfristige Vorausberechnung des Verhaltens ist bei chaotischen Systemen wegen dieses exponentiellen Anwachsens der Ungenauigkeiten also praktisch nicht möglich. Die Zeit, in der die Ungenauigkeit einer Meßgröße den Wert der Meßgröße selbst erreicht hat, limitiert die Vorhersagezeit.

Chaotische Systeme sind empfindlich gegen kleinste Änderungen in den Anfangsbedingungen. Der oben erwähnte Schmetterlingseffekt ist eine grobe Störung der Bewegungen in der Atmosphäre verglichen mit der Gravitationswirkung eines Elektrons am Rande des uns zugänglichen Universums. Aber dennoch reicht diese verschwindend kleine Störung aus, um den Lauf von (reibungsfreien) Billardkugeln nach 10 Minuten unvorhersagbar zu machen. Die Bewegung eines Sauerstoffmoleküls wird von ebendiesem 10 Milliarden Lichtjahre entfernten Elektron so stark beeinflußt, daß es nach 56 Zusammenstößen nicht mehr vorherberechenbare Bahnen einschlägt. Die Stoßraten sind aber viele Milliarden pro Sekunde, so daß die Korrelationszeit nur etwa eine Nanosekunde ist. Vorausgesetzt, das Sauerstoffmolekül wird nur durch das Elektron am Rande der Welt gestört.

Die Menschen beginnen zu begreifen, daß ein Blick in die Zukunft nicht möglich ist, weil es die Zukunft noch gar nicht gibt. Die zukünftige Entwicklung folgt zwar (im Sinne schwacher Kausalität) aus der Gegenwart, aber wir können sie noch beeinflussen. Sowohl das Individuum als auch die ganze Menschheit sind mit ihrem Handeln mitverantwortlich für künftige Ereignisse.

Wir sind *keine* willenlosen Automaten im Ablauf eines Uhrwerks, und wir sind auch nicht Spielbälle des Zufalls, sondern gestaltete und gestaltende Teilnehmer eines offenen dynamischen Systems: der Welt; unserer Welt, dem kompliziertesten System, das wir kennen.

Einen Schritt weiter gedacht, ergibt sich eine Frage, die wir hier zwar nicht beantworten können, die aber sicherlich des Nachdenkens wert ist: Warum eigentlich hat der Mensch ein Gedächtnis und ein Hirn, das immer neue Informationen aufzunehmen vermag und sie in Aktionen und Reaktionen umsetzt?

Wäre die Welt streng deterministisch (Korrelationszeit für alle Ereignisse = unendlich lang), müßte der Mensch nur mit den Grundgesetzen der Natur »programmiert« sein und wäre für alle Situationen, in die er kommen könnte, bestens präpariert.

Liefe das Weltgeschehen im Kleinen wie im Großen jedoch rein zufällig ab, wäre das Gedächtnis nutzlos; kein Ereignis hätte mit vorherigen etwas zu tun (Korrelationszeit für alle Ereignisse = null).

Kann es nicht sein, daß das menschliche Hirn gerade so ist, wie es ist, weil die Welt chaotisch ist?

II. Methoden der Chaosforschung

Welche meßbaren Größen beeinflussen unser tägliches Leben wohl mehr als Geld und Gesundheit. Und wer vermochte diese Binsenwahrheit besser auf den Punkt zu bringen als Dagobert Duck mit seinem unverwechselbaren Ausspruch: »Lieber reich und gesund als arm und krank.«

Wir haben uns für diesen Abschnitt nichts Geringeres vorgenommen, als einen möglichst leicht nachvollziehbaren und dabei wissenschaftlich vertretbaren Einstieg in die Methoden der Chaosforschung anzubieten. Und das anhand von Systemen, mit denen wir es alle, Physiker oder nicht, täglich zu tun haben. Was also läge da näher als Geld und Gesundheit.

Weite Felder.

Um nur kurz bei der Medizin zu bleiben: Hier hätten wir ebensogut neuere Forschungsergebnisse über die Messung von Hirnströmen, insbesondere im Zusammenhang mit dem Auftreten von Epilepsie behandeln können wie die Ausbreitung von Epidemien oder die körpereigene Abwehr von Viren und Bakterien. Wir hätten uns mit dem gesundheitlichen Auf und Ab bei chronischen Erkrankungen beschäftigen können oder mit der Überlebensfähigkeit von vererbbaren Mutationen. Auch Probleme der Gentechnologie würden sich haben erörtern lassen. Selbst die Entstehung des Lebens wäre es unter dem Gesichtspunkt der Fragen, die uns interessieren, wert gewesen, andiskutiert zu werden, wenn auch eher spekulativ. Chaos ist überall...

Anhand all dessen also wollen wir *nicht* beweisen, daß es funktioniert – und wie! – (womit wir zugleich jedem Streben nach Vollständigkeit den Garaus machen). Wir beschäftigen uns statt dessen mit dem Funktionieren des wichtigsten Organs im menschlichen Körper: dem Herzen.

Vorrangig haben wir uns für diesen Abschnitt vorgenommen, den ersten bedeutenden Gedankenschritt der Chaosforschung transparent zu machen: *Ein System, das nach den gängigen Gesetzen der Mathematik vorhersagbar (deterministisch) ist, muß deshalb noch lange nicht immer für Vorhersagen taugen.*

Womit wir endlich beim Geld wären.

Damit es nicht so weh tut, haben wir uns eine fiktive Steuerreform ausgedacht. Fiktiv, aber nicht weit hergeholt. Wir beschreiben, hart an den wirtschaftlichen Realitäten, wie verschiedene Finanzminister verschiedene Reformen implementieren, ohne sie zu verstehen... Und was dabei herauskommt.

Dieses Kapitel enthält für die mathematisch etwas versierteren Leser einige Ableitungen, anhand deren alle Ergebnisse leicht nachvollzogen werden können. Mathematisch weniger stark Angehauchte (rein statistisch sollen diese in der Überzahl sein) müssen uns an den entsprechenden Stellen ein bißchen Vertrauen entgegenbringen oder die zusätzlichen Erklärungen zu Rate ziehen, die in der rechten Spalte stehen.

Doch woran erkennt man eigentlich, ob sich ein System deterministisch chaotisch verhält? Oder anders gefragt: Wenn ja, wie behauptet, ein chaotisches System nicht vorhersagbar ist – wie kann man es dann von einem zufälligen unterscheiden? (Der Zufall ist doch, wie wir alle schmerzlich wissen, ebensowenig vorhersagbar.)

– Fragen, die die Chaosforschung von jeher beschäftigen. Bis heute.

Eines leuchtet unmittelbar ein: Es ist schwierig, zwei Dinge anhand dessen zu unterscheiden, was sie alles *nicht* sind. (Gewiß, *Alice im Wunderland* hat da einige durchaus nachahmenswerte Verfahren auf Lager...)

In der Chaosforschung geht es jedoch immer darum, *positive* Unterscheidungsmerkmale zu finden: etwas, was das eine ist und das andere nicht. Wie das geht, versuchen wir auch in diesem Abschnitt zu erläutern. Wir werden demonstrieren, wie man durch geeignete Datenanalyse zwischen zufälligen und chaotischen Signalen unterscheiden kann, selbst wenn man mit bloßem Auge – ohne die Hilfe des Computers – keinen Unterschied sieht. Soviel vorab: Wenn ein Unterschied da ist, findet man ihn auch. Man muß nur lange genug suchen...

Im vierten Teil dieses Abschnitts kommen wir dann zum Herzen, genauer: zu Herzrhythmusstörungen. In vielen Fällen führen sie zu plötzlichem Herztod, einer der wichtigsten Todesursachen. Ihr fallen etwa sechsmal so viele Menschen zum Opfer, wie bei Verkehrsunfällen sterben. Das genaue »Wie« und »Warum« hat sich den Forschern noch nicht offenbart. Aber eines deutet sich an: Hier kann die Chaosforschung von großem praktischem Nutzen zur *Rettung von Menschenleben* sein. Professor H. Blömer, Direktor der I. Medizinischen Klinik der Technischen Universität München, jedenfalls hält bereits die ersten, vorläufigen Ergebnisse für »faszinierend«. Herzrhythmusstörungen enthalten offenbar viel mehr Informationen, als man bisher für möglich gehalten hätte. Und die Methoden, die in der Chaosforschung entwickelt wurden, scheinen geeignet, sie zu entschlüsseln.

1. Lehrbeispiel: Wirtschaftsplanung durch Besteuerung · Eine Fiktion

Wir haben als Lehrbeispiel für die mögliche Entwicklung eines Systems, anhand dessen reguläres und chaotisches Verhalten untersucht werden kann, eine ganz besondere Steuerreform »erfunden«.

Zunächst wird der *Bedarf* für solch eine Reform geschildert und die gewünschten *Ziele* beschrieben, dann folgt der erste, *lineare* Lösungsansatz. Es wird gezeigt, daß diese einfache Lösung durchaus den gewünschten Erfolg hat, solange sich die wirtschaftlichen Eckdaten in einem bestimmten Rahmen halten. Nachdem sich anhand eines zweiten Beispiels herausstellt, daß der *lineare* Lösungsansatz dort nicht funktioniert, wird eine *nichtlineare* Modifikation des Lösungsansatzes eingeführt, bei der der »Fehler« beziehungsweise »Mißbrauch« des ersten Modells nicht auftreten kann.

Anhand dieser *nichtlinearen* Steuerreform, die übrigens einem ahnungslosen Finanzminister durchaus vernünftig erscheinen mag, wird dann gezeigt, wie die Wirtschaft des Landes in ein *periodisches Auf und Ab* oder sogar in eine *chaotische Entwicklung* getrieben werden kann – obwohl die Steuerreform eine ganz strikte, mathematisch deterministische Form hat.

Aber lassen wir der Geschichte ihren Lauf – sie hätte sich vielleicht sogar wirklich so abspielen können ...

Ausgangspunkte

Die »Wirtschaft« eines Landes ist klarerweise eine sehr komplizierte Angelegenheit.

Die wirtschaftliche Leistung setzt sich aus der Dynamik vieler verschiedener Wirtschaftszweige und deren Wechselwirkung untereinander zusammen, aus Innovationskraft, Investitionen, der Qualität der Forschung und Ausbildung, des Managements und natürlich der Motivation und des Einsatzes jedes einzelnen Mitarbeiters.

Die Wirtschaftswissenschaft versucht dieses sehr komplizierte System so gut wie möglich zu verstehen und zu beschreiben, um die Wirkung bestimmter Eingriffe – etwa Änderungen von Höhe und Form der Besteuerung – vorhersagen zu können. Der Erfolg ist in etwa mit der Wettervorhersage vergleichbar.

Für den normalen Bürger genügen ein paar Eckdaten, um sich über die Gesundheit (oder das Kränkeln) der Wirtschaft zu informieren. Am Sonntagnachmittag, nachdem man sich erfolgreich davon überzeugt hat, daß man bei dem üblichen Mistwetter weder im Garten werkeln noch spazierengehen kann, daß kein Fußballspiel im Fernsehen übertragen wird und sich auch sonst keine geistreiche und anregende Alternative abzeichnet, greift man unwillkürlich zum Wirtschaftsteil der Wochenendausgabe der Zeitung. Da liest man dann zum Beispiel:

...das Bruttosozialprodukt (immer schon eine unvorstellbar große Zahl) ist wieder gestiegen. Das ist gut!

...die Inflationsrate ist gestiegen. Das ist schlecht!

...aber, die Steigerung ist importiert. Das bedeutet, die anderen Länder haben mehr Inflation als wir – also sind wir besser, aber trotzdem schlecht!

...das Wirtschaftswachstum ist 5 Prozent. Das ist gut!

...inflationsbereinigt allerdings nur 1,5 Prozent. Das ist gar nicht gut! Die Japaner haben ja eine Wachstumsrate von 10 Prozent.

...die Kaufkraft der DM im Ausland – für DM 1000,– kann man im Libanon 837 kg Schafsfleisch kaufen. So viel will doch gar keiner, also was soll's.

...usw.

Nun, das sind die vom Statistischen Bundesamt ermittelten Werte. Als normale Bürger können wir sie lesen, darüber sprechen, schimpfen oder was wir wollen – nur beeinflussen können wir sie nicht.

Anders der Finanzminister. Er kann! Er sieht!! Er tut!!! Wir verfügen nur über unser eigenes Einkommen – winzig im Vergleich zum Bruttosozialprodukt. Er verfügt über unsere Steuern, die wir unwillig und zähneknirschend abgegeben haben, und das ist eine Menge Kies! Er kann die Steuern erhöhen und somit unsere Kaufkraft schröpfen. Das ist nicht populär und daher politisch ungeschickt. Er kann die Steuern reduzieren und damit dem Steuerzahler ein größeres Nettoeinkommen bescheren. Das ist sehr populär, politisch sehr geschickt, kann der Regierung aber Probleme bringen bei der Erfüllung ihrer Aufgaben – Rentenzahlungen, Schulen, Verkehr, Verteidigungsaufgaben usw. Er kann auch die Lohnsteuer reduzieren und dafür indirekte Steuern (wie die Mehrwertsteuer) erhöhen. Das ist teuflisch klug. Jeder freut sich über mehr Geld in der Lohntüte, und der Finanzminister bekommt trotzdem alles, was er will. Die Rentenerhöhung kann durchgeführt werden und befriedigt weitere 6 Millionen Bundesbürger – politisch sehr geschickt! Was bedeutet das schon, wenn die Steuererleichterung sofort auf dem Umweg über den Kaufladen wieder an den eigentlichen Bestimmungsort zurückgeführt wird: zum Finanzminister. Für eine gewisse Zeit hat man selber die Kontrolle über diesen Steuerbonus – und man könnte dem Finanzminister ja auch im Prinzip ein Schnippchen schlagen und mal einen Monat lang nichts konsumieren?

Konzentrieren wir uns auf eine bestimmte Problemstellung: die Steuerreform.

Wir betrachten hier die Besteuerung der Firmen, unter Voraussetzung bestimmter Regeln, die die Unternehmer einhalten. Natürlich gibt es so etwas wie »unternehmerische Freiheit«, und nicht alle Firmeninhaber werden im Gleichschritt immer dasselbe tun. Im Mittel gibt es jedoch ein paar Einschränkungen, welche erfüllt werden müssen, sonst geht die Firma bankrott und braucht nicht mehr berücksichtigt zu werden. Zumindest kann unser hypothetischer Finanzminister da keine Steuern mehr herausquetschen.

Wir alle wissen, wie das Balancieren von Einkommen und Ausgaben »im kleinen« funktioniert. Wir beziehen unser Gehalt. Davon bezahlen wir als erstes gleich die Steuern. Weiterhin hat jeder noch laufende Ausgaben, an denen nichts zu ändern ist – wie Krankenversicherung, Miete, Telefongrundgebühr usw. Dann gibt es eine Kategorie der laufenden notwendigen Ausgaben, wie Essen, Trinken, Kleidung, bei denen man sich bis zu einer Minimalschwelle hin einschränken, aber auch beliebig viel mehr ausgeben kann. Die letzten beiden verbleibenden Kategorien sind »Investitionen« und »Ersparnisse«. Ersparnisse können im Prinzip auch »negativ« sein, dann nennt man sie »Kredite«. Es ist einleuchtend, daß man kurzzeitig über seine Verhältnisse leben kann, um seinen Lebensstandard »auf Pump« zu erhöhen, längerfristig ist diese Methode jedoch nicht empfehlenswert. Meistens werden Kredite für größere Investitionen aufgenommen, »Hauskauf« als klassisches Beispiel. Da die Kreditinstitute hier eine Sicherheit (das Objekt selbst) als Gegenwert haben, funktioniert dieses System, solange die Zinsen und Tilgungszahlungen getätigt werden. Für normale »Investitionen« – wie Möbel, Teppiche, Auto usw., an denen man sich viele Jahre erfreut oder auch nicht, wird der normale Bürger in der Regel seine Ersparnisse aufbringen.

Zurück zum Finanzminister. Er kann uns manipulieren, und er tut es auch ganz unverfroren. Durch Steuererleichterungen für bestimmte Dinge weckt er unseren Appetit und beeinflußt unser Verhalten. Die Erleichterung beim Kauf von Wohnungseigentum ist ein klassisches Beispiel, welches als zusätzliche Komponente noch das Ankurbeln der Bautätigkeit mit sich bringt.

Aber das Ankurbeln der gesamten Wirtschaft ist ja die primäre Aufgabe des Finanzministers – nicht, wie fälschlicherweise öfters angenommen wird, das Eintreiben der Gelder für das prall gefüllte Staatssäckel! Diesem hehren Ziel soll und muß er seine ganze Energie widmen. Diesem hehren Ziel müssen sich auch die anderen Minister unterwerfen, weshalb der Finanzminister auch der mächtigste unter dieser erlauchten Gruppe ist.

Das Zustandekommen des Haushalts ist ein geheimnisumwobener Prozeß, und deshalb möchten wir hier auch nichts Enthüllendes preisgeben. Man kann es sich aber in etwa so vorstellen:

»Guten Morgen, lieber Kollege Finanzminister. Hier sind die Kostenvoranschläge für mein Ressort für das nächste Jahr, pünktlich wie immer!«

»Und?«

»Ja, wissen Sie, verehrter Herr Kollege, wir haben mit extremer Sorgfalt alles mehrfach überprüft, und mein ganzer Mitarbeiterstab hat, wo es ging, gestri . . .«

»Und?«

»Ja, trotz allem, die Inflation, lieber verehrter Kollege – nicht daß ich etwa Ihnen hiermit einen Vorwurf, nein, nein ...«

»Sie kriegen das gleiche wie letztes Jahr und halten sich schön zurück – sonst werden Sie beim Nachtragshaushalt nicht berücksichtigt.«

»Oh, vielen Dank, lieber Herr Kollege Finanzminister, dann darf ich ja noch hoffen, wo ich doch so großartige Zukunftsperspektiven sehe für meinen wichti ...«

»Zehn Prozent bleiben bis auf weiteres eingefroren.«

»Aber das ist ja fürchterlich, wieso ...«

»Der Nächste!«

»Guten Morgen, lieber Kollege Finanzminister, schönes Wetter heute – da sehen Sie mal wieder, daß die Forschungsförderung der Meteorologie ...«

»Setzen!«

»O ja, vielen Dank, verehrter Kollege, ich darf mich sogar setzen, das wird übrigens bei den Verhaltensforschern auch untersu ...«

»Haushaltsvoranschlag.«

»Ach so, ja, sehen Sie, die Forschung ist nicht vorprogrammierbar, aber wenn Sie weiterhin all die Nobelpreise haben wollen, dann brauche ich mehr Geld.«

»Wieviel?«

»Also für die Max-Planck-Gesellschaft hätte ich gerne 10 Prozent mehr.«

»Ja, die Max-Planck-Gesellschaft – ich erinnere mich, daß ich mal in einem Max-Planck-Institut bei einem Vortrag sehr gut geschlafen habe – ist genehmigt.«

»Vielen, vielen Dank, o Herr, Sie werden diese Großzügigkeit nicht bereuen, das verspreche ich – übrigens, ich habe auch mal in einem Max-Planck-Institut gut geschlafen.«

»Und jetzt die Kürzungen!«

»Kürzungen?«

»Ja natürlich, Sie kennen doch das Spielchen, 10 Prozent mehr an einer Stelle bedeutet 10 Prozent weniger anderswo.«

»Ach so, ja, was machen wir denn?«

»Machen Sie den Airbus 10 Prozent kürzer, der Nächste ...«

usw.

Der Leser wird aus diesen Phantasiedialogen zum Zustandekommen unseres Haushalts bemerkt haben, wie wichtig der »Status quo« und das »Nullsummenspiel« ist. Aber jetzt geht es weiter. Bei diesem Tempo der Haushaltsverhandlungen liegen die finanziellen »Eckdaten« für den Finanzminister bald vor, und er kann sich um wichtigere Dinge kümmern. Zum Beispiel macht er sich Sorgen um das träge Investitionsgehabe der Industrie.

Nichtsahnend schlafen, essen, spielen und vergnügen sich 60 Millionen Bundesbürger, beziehungsweise mittlerweile sogar fast 80 Millionen Bürger. Nur der Finanzminister macht sich Sorgen.

Die Kollegen Abgeordneten halten Ansprachen, stopfen Festessen in sich hinein oder sind auf »Fact-finding-Reisen«. Letzteres ist eine Neuerung – übersetzt vom Neudeutschen in klassisches Deutsch heißt das »Tatsachenfindung« – im Gegensatz zur -erfindung, die man ja nur benötigt, wenn Probleme wie Spendenaffären oder dergleichen anstehen. Diese »Tatsachenfindung« erlaubt den Abgeordneten zum Beispiel das Studium des U-Bahn-Baus auf den Osterinseln, die vergleichende Überprüfung der französischen Küche in Paris und auf der Karibikinsel Guadeloupe – dieses zwecks Implementierung in der Bundeshauskantine, versteht sich. Obwohl diese »Fact-finding-Reisen« sehr zeitraubend sind, opfern sich doch Jahr für Jahr sehr viele Abgeordnete für das Wohl der Allgemeinheit und suchen diesen »Fact« an allen Enden der Welt. – Nur der Finanzminister macht sich Sorgen.

Er macht sich so große Sorgen, daß er anfängt, zu denken und zu rechnen. Eigentlich hätte er beides nicht nötig. Er kann längst rechnen und auch denken lassen, aber Notsituationen erfordern oftmals ganz unkonventionelle Methoden.

Intensivstes Denken bringt auch gleich die überzeugende Schlußfolgerung, die vor unbestechlicher Kausalität nur so strotzt:

Wenn die Industrie nicht genug investiert, hat sie bald nicht die modernsten Maschinen. Dann können die Produkte bald nicht mehr in der effizientesten und billigsten Weise hergestellt werden. Die Preise sind dann zwangsläufig höher als die der Konkurrenten, es gibt Absatzschwierigkeiten, und der Umsatz fällt. Das Geschäft geht zurück. Abgesehen von den zwangsläufigen Nebenerscheinungen wie Massenarbeitslosigkeit, Inflation, Hungersnöte, bedeutet dies –

»Steuermindereinnahmen«. Erschreckt durch dieses Ergebnis seines intensiven Nachdenkens trommelt der Finanzminister seine Experten, den sogenannten »Think-tank« (etwas liberal übersetzt den »Denk-Tresor«), von den umliegenden Golfplätzen zusammen und ordnet eine »Steuerreform« an. Diese Steuerreform hat das Ziel, die Industrie dazu zu verleiten, höhere Investitionen zu tätigen.

Steuerreform, zum ersten ...

Nur wenige Monate später überreicht der Think-tank-Vorsitzende seinem Finanzminister das Ergebnis der Beratungen. Es handelt sich um eine steuerpolitisch revolutionäre Analyse, ein wahrhaft historisches Dokument. Die Experten sind sich dessen wohl bewußt, wie sich schon aus dem Begleitbrief entnehmen läßt:

Witzenhausen, den ......

Sehr geehrter Herr Minister,

in der Anlage erhalten Sie die von Ihnen in Auftrag gegebene Analyse. Zu behaupten, daß es sich hierbei um eine der üblichen Routineaufgaben gehandelt habe, wäre eine gewaltige Untertreibung. Unsere Analyse und die daran anknüpfende Empfehlung, die »Moderne Investitions-Steuerungs-Steuer« zu implementieren, zählt – mit aller Bescheidenheit bemerkt, zusammen mit Bretton Woods zu dem wichtigsten wirtschaftswissenschaftlichen Durchbruch dieses Jahrhunderts.

Bitte überweisen Sie das übliche Honorar... usw. usw.

der »Think-tank«

Zum besseren Verständnis haben wir dieses Lehrbeispiel, als *Einführung in das deterministische Chaos,* auf zwei Ebenen beschrieben. Der

Bericht mit seinen bewußt einfach gehaltenen mathematischen Ableitungen und Entwicklungen füllt die linke Spalte, Kommentare und Erklärungen sind in der rechten Spalte zu finden. Auf diese Weise ist sowohl der mathematisch versierte Leser als auch derjenige, der sich nur mit Schaudern an seine Mathe-Pauker erinnert, in der Lage, diese Einführung in den wesentlichen Zügen mit nachzuvollziehen.

Moderne Investitions-Steuerungs-Steuer
Implementierungsland: Deutschland
Patentrechte: Finanzministerium
Gliederung:

I. Einleitung

Der Auftrag des Finanzministeriums lautete, eine Analyse des Markts zu erstellen, die wesentlichen Faktoren, die das Verhalten der Wirtschaft beeinflussen, zu analysieren und einen Vorschlag zur Verbesserung der Investitionstätigkeit zu erarbeiten, der sich durch fiskale Maßnahmen im Bereich der Körperschaftssteuer realisieren läßt.

Jn einem zentral bewirtschafteten Lande würde man z. B. eine Jnvestitionserhöhung anordnen, die Produktionsquoten erhöhen, so daß man dafür bezahlen kann, und damit wäre die Planung »per definitionem« schon beendet.

Die in diesem Bericht angesprochene Steuerreform ist speziell darauf abgestellt, die Investitionstätigkeit im Lande in einer genau vorhersagbaren Form zu steuern. Der letzte große Erfolg der Steuerplanung war die Einführung der Mehrwertsteuer, davor die Benzinsteuer, die ja, wie es den Bürgern politisch sehr geschickt plausibel

Jn einer freien Wirtschaft geht das nicht so leicht. Die freien Marktkräfte müssen zuerst genau bekannt sein und dann von den Steuerplanern ausgenutzt werden. Dies geht im allgemeinen eine Zeitlang gut, bis die Wirtschaftsstrategen ihrer-

gemacht wurde, den Straßenbau fördern sollte.

seits festgestellt haben, wie sie das System ausnutzen können.

Wir, die Unterzeichneten, sind der Meinung, daß dieses Dokument ein neuer Meilenstein in der Geschichte der Steuerplanung sein wird, und empfehlen sofortige Implementierung.

II. Definitionen und Marktregeln

Zuerst müssen die entscheidenden betrieblichen Finanzgrößen sowie die hauptsächlichen treibenden Marktkräfte definiert werden. Die hier benutzten Regeln sind bewußt einfach gehalten, da sie politisch interpretierbar und somit auch allgemein verständlich sein sollen.

In Abbildung 1.II.1 sind die wichtigsten Finanzgrößen definiert und für einen typischen Betrieb in Form eines Tortendiagramms aufgezeichnet. Der gesamte »Kuchen« ist das »Einkommen« der (repräsentativen) Firma. Die Ausgaben bestehen aus den sogenannten »Betriebskosten«, den »Investitionen«, dann müssen »Steuern« entrichtet werden, und übrig bleibt der »Profit«, der an die Aktionäre ausgeschüttet wird. Der Profit ist hier netto, nach Steuerabzug, angegeben.

In den Betriebsausgaben sind Titel enthalten, wie zum Beispiel Gehälter, Mieten, Telefonkosten, Stromkosten, Wartungskosten, Zinsen für Kredite. Investitionen sind zum Beispiel neue Fertigungsmaschinen, Industrieroboter, die Errichtung eines neuen Werkes, Dienstfahrzeuge.

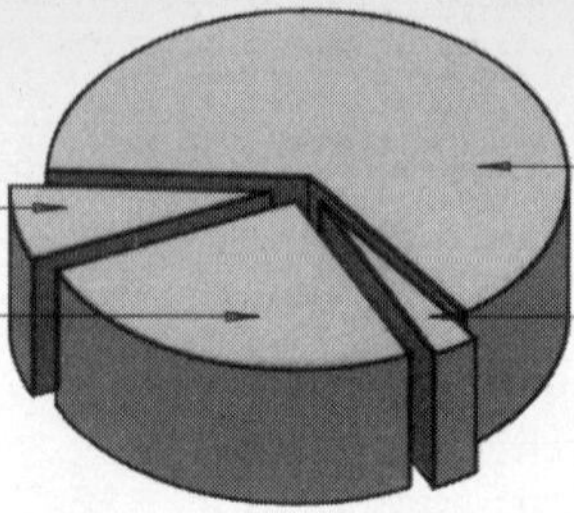

Abb. 1.II.1

Aufteilung des Einkommens einer Firma in die verschiedenen Ausgabenbereiche.

Der Einfachheit halber definieren wir das Einkommen der repräsentativen Firma in einem Jahr mit E_i.
Die jährliche Firmenbilanz lautet dann (wir ignorieren Kreditaufnahmen, Abschreibungen usw.):

$$E_i = B_i + I_i + P_i + S_i \quad (1.II.1)$$

E steht für Einkommen, das Subscriptum i für das Jahr. Im ersten Jahr nach der Einführung der Steuerreform ist $i = 1$, also Einkommen E_1, im zweiten Jahr ist $i = 2$ und das Einkommen E_2 usw. Weiterhin definieren wir:
Betriebsausgaben = B_i
Investitionen = I_i
Profit (netto) = P_i
Steuern = S_i.

Der Steuersatz wird von der Regierung festgelegt und vom Parlament bestätigt. Nehmen wir ein einfaches Beispiel einer konstanten Besteuerung des Bruttoprofits (BP).

Bei der Einkommensteuer bzw. Lohnsteuer haben wir einen variablen »Steuersatz«. Bürger mit geringem Einkommen verlieren einen kleineren Prozentsatz an Steuerabgaben als Bürger mit höheren Einkommen. Zum Beispiel, nach dem

Splittingtarif (1990) entrichtet ein Steuerzahler mit jährlichem Einkommen von DM 20 000,– Steuern in Höhe von DM 1672,– (8,36 %). Hat er aber ein monatliches Einkommen von DM 20 000,–, so entrichtet er monatlich Steuern in Höhe von DM 6792,– (33,96 %). Im Gegensatz zu der Steuerprogression bei der Lohn-/Einkommensteuer bedeutet ein konstanter Steuersatz, daß immer der gleiche Bruchteil des Bruttoprofits an den Staat abgeführt wird. Der Bruttoprofit ist alles das, was unserer Firma nach Abzug der Betriebs- und Investitionskosten noch übrigbleibt.

$$BP_i = E_i - B_i - I_i \quad (1.II.2)$$

Der Bruttoprofit ist, in Worten ausgedrückt, das Einkommen abzüglich der Betriebs- und Investitionskosten.

Also ergibt sich für die Steuerberechnung bei einem Steuersatz α ganz einfach:

$$S_i = \alpha \cdot BP_i \quad (1.II.3)$$

Die Höhe der Steuer S_i im Jahre i beträgt also Steuersatz α multipliziert mit der Höhe des Bruttoprofits in diesem Jahr.

oder, unter Benutzung des Ausdrucks (1.II.2):

$$S_i = \alpha \cdot (E_i - B_i - I_i) \quad (1.II.4)$$

Zum Beispiel würde bei einem Steuersatz von 50 %

genau die Hälfte des Bruttoprofits abgegeben, also ist in diesem Fall $\alpha = 1/2$. Bei einem Steuersatz von 25 % wäre $\alpha = 1/4$ usw.

Um die Auswirkung einer Steuerveränderung im komplizierten Gefüge und Wechselspiel der Marktkräfte vorhersagen zu können, muß eine mathematische, an vielen Beispielen ausgetestete Beschreibung des Marktes (der Wirtschaft) existieren. Das heißt, eine relevante »Marktregel« wird benötigt, die letztlich unser Wirtschaftssystem beschreibt. Diese Marktregel bestimmt das Finanzverhalten der Firmenmanager in gewisser Weise, trotz vielschichtiger unternehmerischer Freiheit. Es existiert eine Art Balance der Kräfte, die es (volkswirtschaftlich) erlaubt, einfache Regelmechanismen mathematisch zu beschreiben.

Im Mittel kann man folgende Beziehung zwischen Einkommen und Nettoprofit als »typisch« und »vernünftig« voraussetzen:

Eine kurze Erläuterung scheint hier angebracht:

$$P_i = g \cdot (E_i - B_i) \qquad (1.II.5)$$

Der größte Teil der Wirtschaft besteht aus Firmen, die sich irgendwann öffentliches Kapital zum Wachstum besorgt haben und dafür Anteile in Form von Aktien an die Geldanleger verkaufen mußten. Diese Geldanleger haben über ihre Anteile (Aktien) auch einen anteiligen Anspruch auf die Gewinne der Firmen. Das ist einer der Hauptgründe (ein anderer ist Kursspekulation), weshalb Aktien gekauft werden – man kann damit regelmäßig Geld verdienen, solange die Firma profitabel ist. Das ist also der springende Punkt. Die Firma muß einen Nettoprofit erwirtschaften, den sie an die Aktionäre ausschüttet. Jst der Profit zu gering, werden die Aktien verkauft und die Gelder anderswo investiert. Die Konsequenz – der Aktienpreis fällt, das Vertrauen in die Firmenleitung schwindet, personelle Konsequenzen, Firmenübernahmen usw. Wenn die Firma einen mittleren Gewinn erwirtschaftet, werden im allgemeinen einige Aktienbesitzer unzufrieden sein und nach etwas Gewinnträchtigerem suchen, dafür werden andere, denen es mit ihren Jnvestitionen schlechter ging, ganz froh sein, die Aktien aufzukaufen. Die Firma »schwimmt« praktisch im allgemeinen Strom der konjunkturellen Entwicklung mit.

Diese Beziehung besagt, daß der Nettoprofit immer ein konstanter Bruchteil, g, der Gesamteinkünfte, abzüglich der Betriebsmittel, ausmachen soll.

Beispiel: Bei einer 10%igen Ausschüttung ist g = 0,1, bei einer 20%igen Ausschüttung wäre g = 0,2 usw.
Für den interessierten Leser auch hier eine Erklärung für die »Marktregel« 1.II.5:
Die Betriebsmittel sind also eng an die konjunkturelle Entwicklung gekoppelt.
Die Entscheidungsfreiheit der Geschäftsleitung besteht darin, abzuwägen, wie viele Investitionen sich die Firma leisten kann, ohne die Aktionäre zu verärgern, beziehungsweise, wie viele sie sich leisten muß, um konkurrenzfähig zu bleiben.

Aus den Beziehungen (1.II.1) und (1.II.5) sowie aus dem Steuergesetz (1.II.4) kann man jetzt berechnen, welches Investitionsvolumen die Firmen im Durchschnitt haben werden.
Zur Verfügung steht maximal die Summe $I_i^{Max} = E_i - B_i$. Das wäre der Fall, wenn alles verfügbare Geld investiert wird: kein Profit, keine Dividende für die Aktionäre, aber auch keine Steuern.
Wir erhalten dann aus den Marktregeln und dem Steuergesetz:

$$\frac{I_i}{I_i^{Max}} = 1 - \frac{g}{1-\alpha} \qquad (1.II.6)$$

Der Ausdruck gibt an, welchen Bruchteil der maximal möglichen Summe in einem Jahr tatsächlich investiert wird. Man kann dies als relative Investitionstätigkeit bezeichnen.

Aus dieser Beziehung sieht man sofort eine Reihe von bemerkenswerten Eigenschaften, die für unsere Empfehlungen von entscheidender Bedeutung sind:

a) Ohne den Druck der Aktionäre würde immer der maximal zur Verfügung stehende Betrag investiert.

Wenn die Aktionäre sich ohne Dividende – also eine Geldausschüttung von 0 %, d. h. g = 0 – zufriedengeben würden, dann würden die Geschäftsführer versuchen, den Betrieb so konkurrenzfähig (und damit überlebensfähig) wie möglich zu machen und gleichzeitig keine Steuern abführen.

b) Da die Aktionäre aber eine Gewinnausschüttung erwarten und verlangen, darf g nicht 0 sein. Dann sieht man sofort – je höher der Steuersatz α, desto weniger kann investiert werden.

Die Steuern schöpfen das verfügbare Geld ab. Die Alternative für die Firmenleitung lautet dann: entweder die Dividende senken (g kleiner) und weiter investieren, oder die Dividende nicht senken (g bleibt gleich), dafür weniger investieren.

c) Im Mittel ist das Verhältnis I_i/I_i^{Max} von Jahr zu Jahr konstant, so lange der Steuersatz, α, konstant bleibt und die Dividendenausschüttung, g, sich auch nicht ändert.

Dem Finanzminister bleibt nur das Mittel der Änderung der Besteuerung, um »marktkorrigierend« eingreifen zu können.

III. Investitionsförderung

Das Ziel ist es, eine Steuerung der Investitionstätigkeit der Firmen durch fiskale Maßnahmen zu erreichen. Insbesondere soll die Besteuerung so geregelt werden, daß ein Anreiz für höhere Investitionen besteht. Ein einfacher Weg, dieses zu erreichen, geht über eine Investitionszulage. Die Form dieser Zulage wird so gewählt, daß die Firma eine Steuerrückzahlung, R_i, bekommt, und zwar in Abhängigkeit von der Investitionstätigkeit des Vorjahres:

$$R_i = \beta I_{i-1} \qquad (1.III.1)$$

Eine 10%ige Rückzahlung bedeutet $\beta = 0{,}1$, eine 50%ige Rückzahlung $\beta = 0{,}5$ und so weiter.

Wir empfehlen also eine *lineare* Investitionszulage. Die Höhe dieser Rückzahlung beträgt einen Bruchteil β der letztjährigen Investitionen, wobei β vom Finanzminister entsprechend der wirtschaftlichen Notwendigkeiten bestimmt wird. Das Steuergesetz lautet dann, mit Investitionszulage

$$S_i = \alpha \cdot (E_i - B_i - I_i) - \beta I_{i-1} \qquad (1.III.2)$$

Um die Konsequenzen solch einer Steuerveränderung genau vorhersagen zu

Die Steuerlast einer Firma, die im Vorjahr Investitionen

können, muß das wirtschaftliche Umfeld bekannt sein. Es macht einen Unterschied, ob Anreize zur Investition während eines wirtschaftlichen Aufschwungs geschaffen werden oder während einer Rezession. Das bedeutet, für unsere Vorhersagen brauchen wir noch eine Marktregel, die die langfristige Entwicklung des Weltmarkts – etwa Wachstum, Nullwachstum, Rezession – berücksichtigt.

von der Höhe I_{i-1} getätigt hat, verringert sich also um den Rückzahlungsbetrag $\beta \cdot I_{i-1}$.

Die langfristige Entwicklung ist dadurch gekennzeichnet, daß sie im allgemeinen langsam verläuft, so daß wir über kürzere Zeiträume konstante Änderungsraten annehmen können.
Mathematisch ausgedrückt steigt das gesamte Einkommen wie

$$E_i = r \cdot E_{i-1} \qquad (1.III.3)$$

Bei 5 % Wachstum pro Jahr ist $r = 1{,}05$, bei 1 % Wachstum ist $r = 1{,}01$, bei Nullwachstum $r = 1{,}0$ und bei 3 % Rezession $r = 0{,}97$.

Ähnlich entwickeln sich auch die Betriebsausgaben, also

$$B_i = r \cdot B_{i-1} \qquad (1.III.4)$$

Dies ist nur bedingt richtig, weil hier doch immer Verzögerungen auftreten, die wir aber im folgenden nicht zu berücksichtigen brauchen.

Zusammenfassend erhalten wir von den Ausdrücken (1.III.3) und (1.III.4)

$$E_i - B_i = r \cdot (E_{i-1} - B_{i-1}) \qquad (1.III.5)$$

als weitere »Marktregel«, die die allgemeine Weltwirtschaftslage, natürlich sehr grob, beschreiben soll.
Unter Berücksichtigung aller Marktregeln, der Bilanz (1.II.1), des Verhaltens der Aktionäre (1.II.5) und der allgemeinen Wirtschaftslage (1.III.5) können wir nun unter Einbeziehung der Investitionsförderung im Steuergesetz (1.III.2) wieder das mittlere Investitionsverhalten der Industrie berechnen und in diesem Fall sogar vorhersagen, wie es sich entwickeln wird! Für die Vorhersage erhalten wir die Beziehung:

$$\frac{I_i}{I_i^{Max}} = \left(1 - \frac{g}{1-\alpha}\right) + \left(\frac{\beta}{r\,[1-\alpha]}\right) \frac{I_{i-1}}{I_{i-1}^{Max}} \qquad (1.III.6)$$

Der erste Teil dieses Ausdrucks entspricht der Gleichung (1.II.6). *Im zweiten Teil wird der Einfluß der Steuerrückzahlung (Investitionszulage) auf die relative Investitionstätigkeit berücksichtigt. Für $\beta = 0$ (also keine Investitionszulage) erhält man wieder Gleichung* (1.II.6).
Das Anwachsen der Investitionstätigkeit wird um so schneller erfolgen, je höher die Zulage ist, also je größer β gewählt wird.

IV. Marktanalytische Vorhersagen

Die Vorhersagen der Investitionsentwicklung wird in den sogenannten »Wirtschaftsgraphiken« festgehalten. Die Prognosen können dann jedes Jahr mit den wirklichen Industriedaten verglichen werden, und der Finanzminister kann sich dann vergewissern, wie gut das Wirtschaftsmodell ist und ob die Steuerreform zu den gewünschten Ergebnissen führt.

In Abbildung 1.IV.1 wird solch eine Vorhersage des Modells gezeigt. In vertikaler Richtung ist die relative Investitionstätigkeit $i_i = I_i/I_i^{Max}$ des Jahres i aufgetragen, in horizontaler Richtung die des Vorjahres, d. h. $i_{i-1} = I_{i-1}/I_{i-1}^{Max}$. Die Investitionstätigkeit im Jahre vor Einführung der Steuerreform hat die Bezeichnung $i_{-1} = I_{-1}/I_{-1}^{Max}$, das Finanzjahr der Einführung wurde als das Jahr »0« bezeichnet. Die anfängliche Investitionstätigkeit vor der Steuerreform war sehr niedrig, bei etwa 20 Prozent der maximal möglichen Investitionsmenge.

Diese Form der Darstellung ist eine sogenannte »iterative« Darstellung (vom lat. iterare = wiederholen). Sie bedeutet eine Wiederholung des gleichen Prozesses. Hier wird jeweils die Investitionstätigkeit gegen die des Vorjahres aufgetragen, vorwärtshangelnd von einem Jahr bis zum nächsten usw.

Die gestrichelte Linie ist die geometrische Darstellung des Ausdrucks (1.III.6), eine Gerade mit Steigung $\frac{\beta}{r(1-\alpha)}$, die die vertikale Achse in dem Punkt $1 - \frac{g}{1-\alpha}$ schneidet.

Für den vorgegebenen bekannten Wert der relativen Investitionstätigkeit des Jahres −1 (oder 1 vor Steuerreform)

Graphisch erhält man i_0, indem man von i_{-1} den Balken vertikal nach oben entlang-

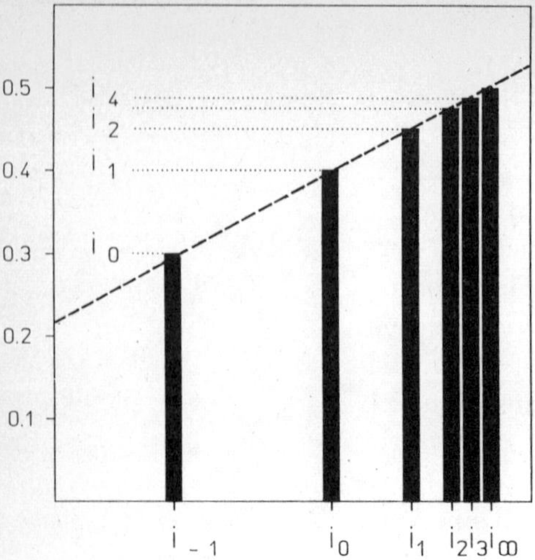

Abb. 1.IV.1

Anstieg der jährlichen Investitionstätigkeit nach Einführung der Steuerreform.

kann man nach dem Ausdruck (1.III.6) die relative Investitionstätigkeit i_0 im Jahre 0 berechnen, da g und r aus den allgemeinen Wirtschaftsdaten bekannt sind und α und β vom Finanzminister selbst festgelegt wurden.

fährt, bis dieser die gestrichelte Linie des Ausdrucks (1.III.6) *schneidet. Dieses ist die erste »Iteration«. Der Schnittpunkt, auf der senkrechten Skala abgelesen, ergibt die neue Investitionstätigkeit im Jahre 0, also* i_0.
Um jetzt den Verlauf weiter zu extrapolieren, braucht man $i_1, i_2 \ldots$ *für die folgenden Jahre. Wie dieses gefunden wird, ist leicht zu ersehen: Für* i_1 *ist die Vorjahres-Investitionstätigkeit* i_0, *für* i_2

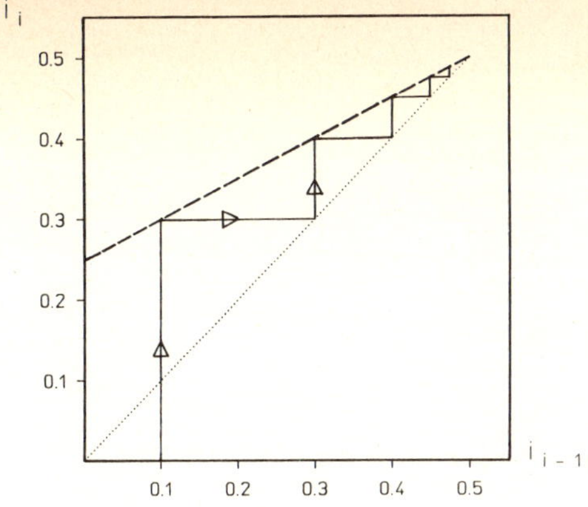

Abb. 1.IV.2

Iterative Darstellung der Investitionsbelebung nach Einführung der Steuerreform.

ist es i_1 usw., ähnlich wie es für i_0 der Wert i_{-1} war. Nun haben wir aber i_0 schon berechnet. Wir müssen jetzt nur noch i_0 auf der horizontalen Skala auftragen (der i_{i-1} Skala), wiederum der durchgezogenen Linie vertikal nach oben folgen, bis sie die gestrichelte Linie schneidet und den Schnittpunkt wieder auf der vertikalen Skala ablesen. Das gibt jetzt, mit i_0 als »Vorjahreswert«, die neue Jteration i_1. Wenn wir diesen Wert wiederum auf der horizontalen Skala auftragen und dann im Sinne von »same procedure as every year« wieder den vertikalen Schnitt mit der gepunkteten Linie bestimmen, so erhalten wir i_2 usw.

In Abbildung 1.IV.2 zeigen wir eine andere Möglichkeit, diese »iterative Abbildung« zu erzeugen. Wir haben wieder die gestrichelte Linie, die den Ausdruck (1.III.6) beschreibt, und die Iterationen von Abbildung 1.IV.1. Zusätzlich haben wir die Winkelhalbierende $i_i = i_{i-1}$ als gepunktete Linie eingezeichnet.

Wir sehen aus diesen Darstellungen, daß die Investitionstätigkeit mit diesem Instrument der Investitionszulage innerhalb weniger Jahre auf ein be-

Die iterativen Lösungen erhält man durch fortgesetzte Reflektionen in Pfeilrichtung an den zwei Geraden. Na-

stimmtes Niveau getrieben werden kann – den Schnittpunkt der zwei Geraden.
Der Grenzwert ist gegeben, wenn in dem Ausdruck (1.III.6) $i_i = i_{i-1}$ eingesetzt wird (wobei $i_i = I_i/I_i^{Max}$ und $i_{i-1} = I_{i-1}/I_{i-1}^{Max}$ definiert ist).

türlich werden die schrittweisen Erhöhungen des relativen Investitionsvolumens zum Schluß immer kleiner, man spricht davon, daß der Verlauf »asymptotisch« auf den Grenzwert zu verläuft.

Man erhält dann

$$i_i = \frac{1 - \frac{g}{1-\alpha}}{1 - \frac{\beta}{r(1-\alpha)}} \qquad (1.IV.1)$$

Der Zähler beschreibt die mittlere Investitionstätigkeit, die sich in der Wirtschaft vor Einführung der Steuerreform eingependelt hatte, also $i_{i-1} = 1 - \frac{g}{1-\alpha}$ *(siehe Gleichung* 1.II.6). *Der Nenner ist der Korrekturterm, nachdem die Steuerreform ihre Wirkung erzielt hat.*

In Abbildung 1.IV.3 ist der zeitliche Verlauf der Investitionstätigkeit für verschiedene Ansätze für die Investitionszulage β aufgetragen. Die »Marktwerte« g und r wurden in diesen Beispielen vorgegeben, r = 1 (Nullwachstum) und g = 0,3 – eine relativ hohe Gewinnausschüttung an die Aktionäre. Der Steuersatz für die Körperschaftssteuer, α, wurde auf 50 Prozent festgelegt ($\alpha = 0{,}5$).

Aus Abb. 1.IV.3 *ersieht man, daß z. B. eine 5%ige Investitionszulage einen 11%igen Anstieg der Investitionstätigkeit bewirken sollte, eine 10%ige Zulage einen 25%igen Anstieg und eine 15%ige Zulage sogar einen 43%igen Anstieg.*

Es ist also möglich, mit einem relativ bescheidenen Anstoß die Eigendynamik der Industrie in Gang zu bringen und die Investitionstätigkeit innerhalb weniger Jahre signifikant zu erhöhen.

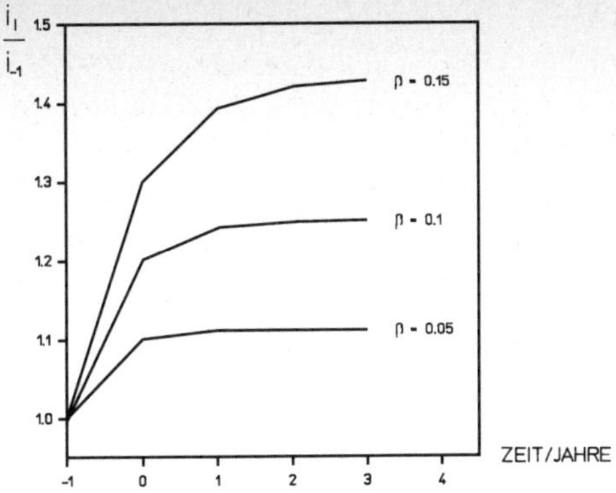

Abb. 1.IV.3

Auswirkung einer Investitionszulage »β« (= 5 %, 10 %, 15 %) auf die Zunahme der jährlichen Investitionstätigkeit.

V. Zusammenfassung und Empfehlungen

Zusammenfassend kann man feststellen, daß die Einführung einer Investitionszulage, basierend auf der Investitionstätigkeit des Vorjahres, als leicht erfaßbare Bemessungsgrundlage dem Finanzminister ein hervorragendes Werkzeug zur Anregung der Investitionstätigkeit gibt. Wir empfehlen deshalb die Einführung der Steuerreform auf der hier skizzierten Basis zum frühestmöglichen Zeitpunkt.

gez. der Think-tank

Dieser Bericht flattert per Eilboten auf den Schreibtisch des Finanzministers, der liest ihn und ist begeistert. Bei der nächsten Kabinettssitzung stellt er diesen genialen Plan den Kollegen vor. Natürlich kostet die Steuerreform zunächst einmal Geld – aber das kann man sich getrost über einen neuen Kredit finanzieren. Denn, so ist ja die Theorie, die Investitionen bringen Aufschwung, mehr Wirtschaftswachstum und dadurch mehr Steuern – mit denen der Kredit locker wieder zurückgezahlt werden kann. Hervorragend! Selbst der Bundeskanzler ist beeindruckt und hört auf, seine Brille zu putzen. Die Steuerreform wird gebilligt, aber der Bericht des »Think-tanks« wird weiterhin geheimgehalten, um die Experten aus der Opposition zu verwirren und im unklaren zu lassen.

Der gewünschte wirtschaftliche Aufschwung kommt. Er kommt sogar rechtzeitig zum Wahljahr, und auf einer Woge der Sympathie wird die erfolgreiche Regierung wieder gewählt. Der Held der Stunde ist der Finanzminister, der dieses alles möglich gemacht hat – möglich gemacht durch seine weise Steuerreform!

Nun, das weitere Schicksal solch eines Helden sollte uns hier eigentlich nicht besonders interessieren. In der Politik wird so jemand, allen eigenen Beteuerungen zum Trotz, zwangsläufig Herausforderer und Kronprinz für das höchste Amt. Derjenige, der dieses Amt aber schon besetzt hält, kann so etwas nicht dulden. Klare, weitsichtige, staatsmännische Entscheidungen müssen jetzt gefällt werden – der Held wird in ein anderes, weniger wichtiges, vielleicht sogar problematisches Ressort verbannt, damit sein strahlendes Image endlich angekratzt wird. So ist der Lauf der Dinge.

Steuerreform, zum zweiten ...

Aber was passiert jetzt mit der Steuerreform weiter? Die Bundesregierung entscheidet sich, dieses Erfolgskonzept auch auf die Europäische Gemeinschaft (EG) auszudehnen. In geheimen Verhandlungen mit den Partnerstaaten wird ein Modell zur Sanierung der EG-Finanzen aufgebaut. Die Vorstellung auch hier: Zuschüsse, ähnlich wie bei der Investitionszulage, zu gewähren, um dann die erhöhte Dynamik und den resultierenden Aufschwung zu nutzen, um die Kosten durch Eigenfinanzierung zu decken.

Schon lange haben sich die Bürger Europas über die hohen Kosten der zentralen EG-Aktivitäten (z. B. Agrarwirtschaft, Diäten der vielen Abgeordneten, Kosten der Eurobürokratie) geärgert. Ein politischer Vorstoß, hier etwas zu tun, ist also sehr populär und bringt Wählerstimmen – *das* entscheidende Argument für rasche Handlungen schlechthin!

Der italienische Ministerpräsident ist beeindruckt, murmelt »sì, sì« und sinniert weiter vor sich hin, wie lange er sein Amt noch bekleiden wird – bzw. ob er überhaupt noch seine Stellung bis zur Unterschrift halten kann. Monsieur le président der »grande nation« ist skeptisch, er glaubt, daß die Deutschen wieder mal einen Vorstoß machen wollen, die Vorherrschaft in Europa zu erringen. Er stimmt dem Plan schließlich zu – mit dem Vorbehalt, dieses »Wundermittel« zunächst *nur im Agrarbereich* anzuwenden. The prime minister of Great Britain and the United Kingdom konnte wegen der Eröffnung eines von der Kirche unterstützten Flohmarktes nicht an dieser EG-Sitzung teilnehmen und schickte statt dessen einen mit allen Vollmachten, dafür um so weniger Gehirn ausgestatteten Vertreter, der dem Plan auch zustimmt. Die übrigen Staaten, überwältigt von soviel Einheit, waren dann schließlich auch dafür.

In einem feierlichen Akt wird der Vertrag schließlich unterschrieben und an einen »Expertenkreis« aus der EG-Kommission übergeben, der die Implementierung und Feinabstimmung durchführt. Lang tobt dort der Kampf – soll der Agrarmarkt schnell saniert werden oder langsamer, vorsichtiger? Zum Schluß setzt sich die Meinung durch, daß man versuchen soll, die landwirtschaftlichen Investitionen schnellstmöglich zu fördern, die Effektivität der Agrarbetriebe dadurch zu steigern und die »Selbstsanierung« möglichst schnell in Gang zu bringen. Das bedeutet hohe Subventionen, und man entscheidet sich für eine Investitionszulage von 50 Prozent, d. h. $\beta = 0{,}5$. Mit einem mittleren Steuersatz in der EG von 60 Prozent für die Körperschaftssteuer (d. h. $\alpha = 0{,}6$) und einem geringen, von der OECD vorhergesagten wirtschaftlichen Aufschwung von 2 Prozent (d. h. r = 1,02) konnte der »Expertenkreis« von der Zauberformel (1.III.6) einen raschen Anstieg vorhersagen.

Alle Eingeweihten warten voller Spannung auf die wirtschaftliche Entwicklung des Agrarmarkts. Wird die Reform auch hier funktionieren? Wird der Agrarmarkt saniert?

Natürlich muß man ein paar Jahre warten, ehe man den Vergleich zwischen Theorie und Praxis herstellen kann. Der italienische Ministerpräsident ist schon mindestens dreimal wieder gewählt worden (nach zwischenzeitlichen Zwangspausen), aber sein Interesse an der Sache ist ungebrochen. Der deutsche Bundeskanzler hat mittlerweile eine neue Brille bekommen. Sie macht ihn attraktiver, dynamischer und intelligenter aussehend, so zumindest versprechen die Marktanalysen dieses Produkts. Die alte Brille ist sowieso durchgescheuert vom vielen Putzen.

Endlich – die Ergebnisse liegen vor. Sie werden von den Eurokraten aufbereitet und den Staatsoberhäuptern vorgelegt – siehe Abbildung II.1.1.

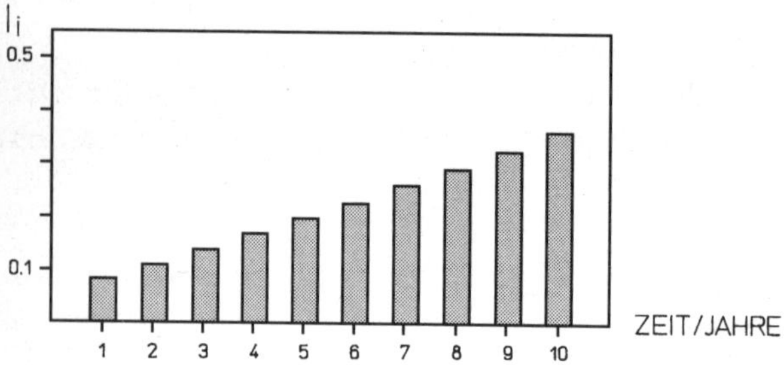

Abb. II.1.1

Zunahme der Investitionstätigkeit im EG-Agrarbereich nach Einführung der Investitions-Steuerungs-Steuer.

Die Begeisterung ist riesig. Die Investitionstätigkeit im Agrarbereich (z. B. landwirtschaftliche Maschinen, Getreidesilos, Kühlhäuser für Butter, Überschußvernichtungsanlagen) ist wie vorhergesagt ganz rasant angestiegen, und man kann jetzt straffere, effizientere und konkurrenzfähigere Betriebe erwarten.

Doch schon bei der zweiten Graphik (Abbildung II.1.2) macht die Euphorie einem leichten Unwohlsein Platz.

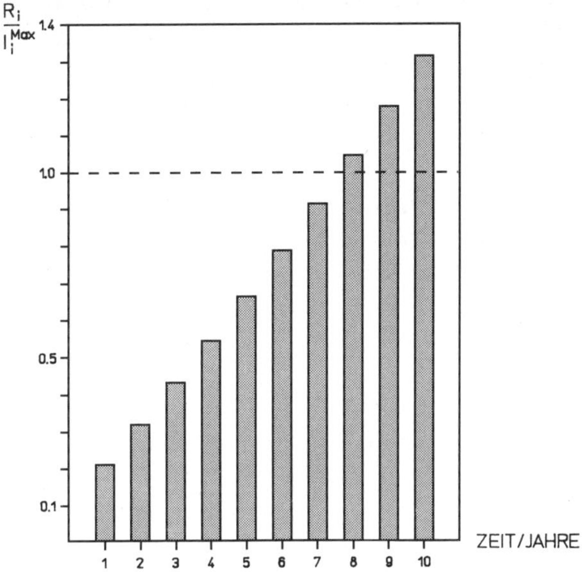

Abb. II.1.2

Anstieg der Subventionen im EG-Agrarbereich während desselben Zeitraums.

Diese Graphik zeigt nämlich den Anstieg der Subventionen im zeitlichen Verlauf, und das unangenehm Überraschende war die Tatsache, daß die Rückzahlungen (R_i) größer wurden als I_i^{Max}. Nun ist ja $I_i^{Max} = E_i - B_i$ (siehe die Diskussion um Gleichung 1.II.6), also die Differenz zwischen den Einnahmen (E_i) und den Betriebsausgaben (B_i). In anderen Worten, I_i^{Max} ist das maximale Investitionsvolumen. Wie konnte es dann passieren, daß höhere Subventionen gezahlt wurden, als diesem Maximalwert entsprachen?

Unter den Experten und Staatsoberhäuptern regiert allgemeine Sprachlosigkeit. Keiner kann die Entwicklung verstehen. Wie sollte man auch – die »Wunderformel« basiert auf der sogenannten »linearen Investitionszulage«, wie sie in Gleichung (1.III.1) festgelegt ist, also

$$R_i = \beta\, I_{i-1}.$$

Die Experten der EG hatten doch ausdrücklich $\beta = 0{,}5$ festgelegt, also können die Rückzahlungen gar nicht größer werden als I_i^{Max}. Welcher Trottel hat da Mist gebaut?

Natürlich bekommt auch die Presse »Wind« von dieser Entwicklung. Eine Verdreifachung der Subventionen in zehn Jahren, obwohl immer noch nur annähernd die gleiche Anzahl von Menschen ernährt werden müssen, ist ein gefundenes Fressen für Nörgler und Meckerer.

Schon lange haben sich die Bürger Europas über die immer schneller steigenden Kosten der Agrarpolitik geärgert, auch diejenigen, denen dadurch Vorteile erwachsen sollten, die Bauern. Ein repräsentativer Zeitungsbericht (*Süddeutsche Zeitung*, 2./3. Februar 1991) verdeutlicht dies in eindrucksvoller Weise und ist hier auszugsweise abgedruckt.

Der politische Druck, etwas zu tun, staatsmännisch und weitblikkend zu wirken, steigt. Die Stühle der Regierungschefs wackeln!

In dieser Notlage wurde der ursprüngliche Think-tank wieder zusammengerufen, um diese unvorhergesehene, ungewollte und vor allem teure Entwicklung zu erklären und Abhilfe zu schaffen.

Steuerreform, zum dritten ...

Der Think-tank nahm auch sofort seine Arbeit auf und erstellte einen zweiten Bericht:

Süddeutsche Zeitung Nr. 28 / Seite 33

„Perverse“ Agrarpolitik

Brüssel hat Angst vor der schmerzhaften Operation

(SZ) *Eine Agrarpolitik, deren Kosten sich binnen zehn Jahren verdreifachen, ohne daß sich das Durchschnittseinkommen der Bauern auch nur im mindesten erhöht, ist pervers. Das schreibt die EG-Kommission. Sie sollte hinzufügen, daß die Zahl der Landwirte in der EG in dieser Zeit sogar weiter abgenommen hat. Perversität aber ist offenbar noch kein ausreichender Anlaß zur Korrektur. Es muß Schlimmeres drohen. Ohne eine Reform, so warnt der zuständige Kommissar Ray MacSharry, steuern die Agrarmärkte auf den Kollaps zu. Preisverfall würde womöglich die meisten Höfe um ihre Existenz bringen.*

VON WINFRIED MÜNSTER

Brüssel, 1. Februar – Klappern gehört zum Handwerk. Die Bauern verstehen sich selbst darauf. Tatsächlich aber standen die Landwirtschaftsminister noch nie so stark unter Druck. Zum ersten: Die Agrarsubventionen der EG werden allein in diesem Jahr um ein Viertel steigen, von umgerechnet 53 auf etwa 67 Milliarden DM. Für 1992 erwartet MacSharry einen Ausgabenanstieg um weitere 12,5 Prozent, und zweistellige Zuwachsraten wären vermutlich auch in den folgenden Jahren nicht die Ausnahme. Der Dollarkurs beeinflußt den Etatzuwachs mehr als die jährlichen Preisbeschlüsse der Minister. Ist die US-Währung stark, so lassen sich Exportsubventionen sparen. Sinkt sie, so sind zusätzliche Milliarden fällig. Der Ministerrat ist in Wahrheit hilflos.

Schwelle zum Handelskrieg

Zum zweiten: Die heutige Agrarpolitik belohnt denjenigen Landwirt, der das Letzte aus seinem Land herausholt, für den

nicht Millionen pleite? Blieben am Ende nur die ganz kleinen übrig sowie die ganz großen, die in der „perversen“ Agrarpolitik ohnehin keine Subventionen benötigten, tatsächlich aber die meisten bekommen? Es überrascht mithin nicht, daß die Ideen der Abteilung MacSharry eine aufgeregte Diskussion ausgelöst haben, noch bevor sie sich zu einem offiziellen Vorschlag der Kommission verdichten. Ausgerechnet dann, wenn die Agrarpolitik in die Sackgasse geraten ist, und ihr gar nichts anderes übrig bleibt, als umzukehren, tun die Kritiker so, als müsse sie neu erfunden werden. Allenthalben wird die Frage gestellt, was sie denn sein solle. Ist sie künftig ein Teil der Wirtschaftspolitik, also darauf ausgerichtet, Europa mit leistungs- und konkurrenzfähigen Bauernhöfen auszustatten? Oder wird sie auf eine Art Sozialfonds zurückgeschnitten, der Naturfreunden hilft, eine ökologische Wochenend-Landwirtschaft aufzuziehen, die amerikanischen Touristen die Photos vom lieblichen

Abb. II.1.3

Fiktion und wirkliche Wirtschaftspolitik …

Das EG-Agrarmodell

Implementierung: EG
Patentrechte: Finanzministerium
Gliederung:

I. Einleitung
II. Vergleich zwischen Theorie und Praxis
III. Erklärung des Ergebnisses
IV. Lösungsvorschlag
V. Zusammenfassung und Empfehlungen

I. Einleitung

Die Anwendung der Steuerreform in Deutschland war sehr erfolgreich. Die beabsichtigte Erhöhung des Investitionsvolumens ist voll durch die von uns vorgeschlagene Investitionszulage erreicht worden. Das hat einen erheblichen wirtschaftlichen Aufschwung zur Folge gehabt, wodurch sich insgesamt die Wettbewerbsfähigkeit auf den internationalen Märkten verbessert hat.
Anwendung des gleichen Modells im Bereich der EG-Agrarwirtschaft hat offensichtlich nicht den gleichen durchschlagenden Erfolg gehabt. Aufgabe dieses Berichts ist es, die Ursachen zu ergründen und eine praktikable Lösung vorzuschlagen.

II. Vergleich zwischen Theorie und Praxis

Zunächst gilt es zu prüfen, ob die Theorie in der Anwendung auf die EG-Agrarwirtschaft funktioniert hat oder ob sie aus irgendeinem Grund versagt hat. Dazu vergleichen wir die gemessenen Werte mit denen, die aus den Modellgleichungen des ersten Berichts abgeleitet wurden, insbesondere die Ausdrücke (1.III.1) und (1.III.6) des letzten Berichts. In den Abbildungen 2.II.1 und 2.II.2 dieses Berichts sind die prinzipiellen statistischen Daten, die wir schon früher beschrieben hatten, mit den theoretischen Modellrechnungen verglichen.

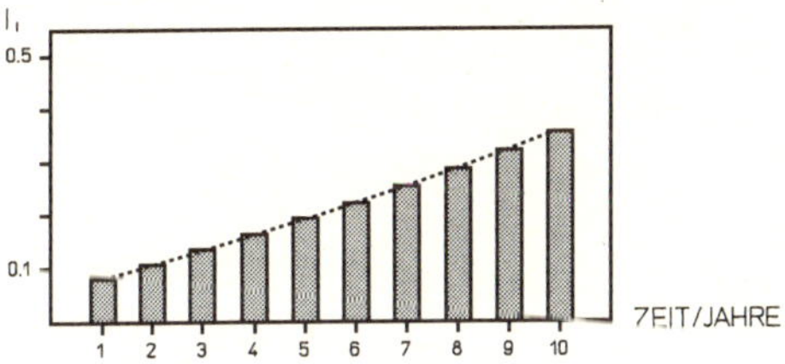

Abbildung (2.II.1) zeigt den zeitlichen Anstieg der Investitionen nach Einführung der Steuerreform, zusammen mit der Vorhersage (gepunktete Kurve).

Abb. 2.II.1

Zunahme der Investitionstätigkeit im EG-Agrarbereich nach Einführung der Investitions-Steuerungs-Steuer. Vergleich mit den theoretischen Berechnungen (gepunktete Linie).

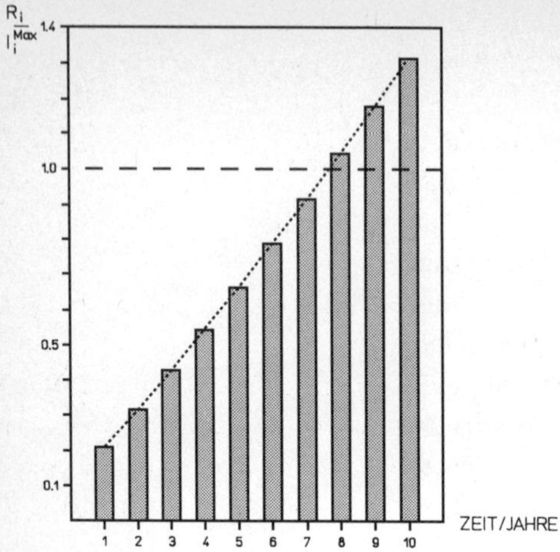

Abbildung (2.II.2) zeigt den zeitlichen Anstieg der Subventionen. Innerhalb von ca. 7–8 Jahren haben sich die Subventionen verdreifacht, sie überschreiten sogar den zulässigen Maximalwert, der durch die gestrichelte Linie gekennzeichnet wird. Allerdings folgt die Entwicklung auch hier den Modellvorhersagen (gepunktete Linie).

Abb. 2.II.2

Anstieg der Subventionen im EG-Agrarbereich während desselben Zeitraums. Vergleich mit den theoretischen Berechnungen (gepunktete Linie).

Es stellt sich heraus, daß die Theorie den Verlauf der Entwicklung gut beschreibt. Der Grund, weshalb das Ergebnis für die EG-Agrarwirtschaft so anders ausfällt als vorher das Ergebnis der Steuerreform in Deutschland, liegt lediglich an der Wahl der Parameter. Dieses ist in Abbildung 2.II.3 gegenübergestellt.

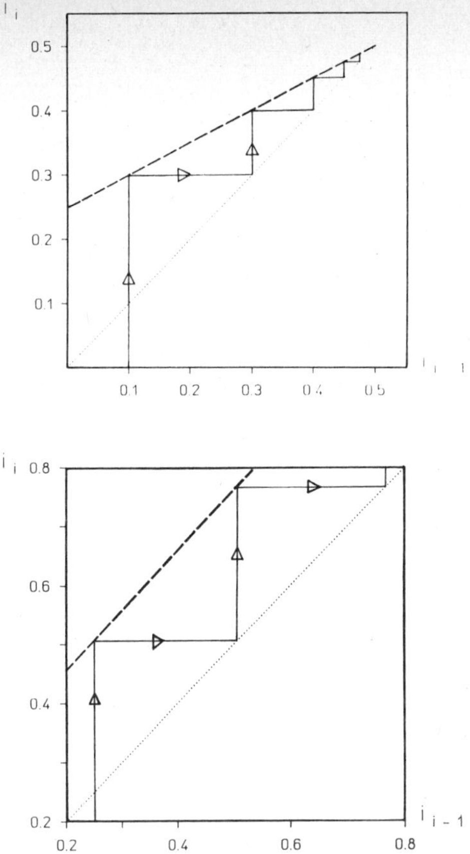

Abb. 2.II.3

Iterative Darstellung der Investitionsbelebung nach Einführung der Steuerreform: oben: Parameterwahl wie in Abb. 1.IV.2, unten: EG-Parameterwahl.

Jst die Steigung der gestrichelten Linie kleiner als 1, so schneidet sie die Winkelhalbierende (Steigung 1), und die Jteration konvergiert. Sie läuft auf den Schnittpunkt zu, und die Jnvestitionstätigkeit bleibt dann konstant ($i_i = i_{i-1}$).
Ein solcher Punkt heißt Fixpunkt, weil die Jteration einen festen Wert annimmt. Dieser Wert wird unabhängig vom Startwert erreicht.
Für den Fall, daß die Steigung der gestrichelten Linie größer ist als die der Winkelhalbierenden, laufen die Linien immer weiter auseinander. Die Jteration divergiert.

Man sieht in der iterativen Abbildung, daß im ersteren Fall die Entwicklung asymptotisch zu einem Fixpunkt geht, im zweiten Fall (EG) entwickelt sich das System mit den gewählten Parametern immer weiter fort bis nach unendlich.

III. Erklärung des Ergebnisses

Die Erklärung für dieses zunächst paradox anmutende Ergebnis liegt darin, daß die Steigung der Geraden aus Gleichung (1.III.6) mit den für die EG gewählten Parametern größer als 1 ist. Diese Steigung ist

$$\frac{\beta}{r\,(1-\alpha)} \qquad (2.III.I)$$

Die Investitionen steigen von Jahr zu Jahr immer schneller an. Damit müssen auch die Investitionszulagen von Jahr zu Jahr immer schneller ansteigen, weil das im Steuergesetz so festgeschrieben worden ist. Dieses führt zu einem Mißbrauch. (Rein juristisch ist es natürlich kein »Mißbrauch«, weil die Betriebe lediglich die erlaubten Freiheiten des Systems ausnutzen.)

und die von der Expertengruppe zum Zwecke einer schnellen »Selbstsanierung« gewählten Werte waren $\beta = 0{,}5$, $r = 1{,}02$ und $\alpha = 0{,}6$. Die Steigung hat somit einen Wert von 1,2255, deutlich steiler als die Winkelhalbierende (Steigung = 1), und die Iteration muß daher divergieren.

Ein allzu massiver Eingriff in die Gesetzmäßigkeiten der freien Marktwirtschaft, so wie er hier versucht wurde, kann also verheerende negative Folgen haben und, so wie hier vorexerziert, zu einer »Subvention der Subventionen« führen.

IV. Lösungsvorschlag

Ein Lösungsvorschlag wäre, nur kleine Adjustierungen vorzunehmen, also den Wert des Parameters »β«, der die Höhe der Investitionszulage reguliert, immer nur »klein« zu wählen. Solch ein Vorschlag ist für praktische Anwendungen nicht sehr befriedigend.

Die Regierung hätte keine »Wunderformel« mehr, sondern müßte im voraus schon recht genau wissen, wie sich die wirtschaftlichen Eckdaten entwickeln. Der Erfolg der Steuerreform in der BRD ist letztendlich nur der konservativen Haltung der Bundesbank und des (damaligen) Finanzministers zu verdanken.

Ein weiterer Lösungsvorschlag ist, die Formel für die Investitionszulage so abzuändern, daß ein Mißbrauch nicht mehr stattfinden kann. Das bedeutet, daß die Divergenz, die in Abbildung 2.II.3 verdeutlicht wird, nicht mehr auftreten darf.
Dazu schlagen wir die folgende Änderung des alten Steuergesetzes vor:

Die Divergenz, die für die »Subventionierung der Subventionen« verantwortlich ist, kann auftreten, weil ein »linearer Ansatz« gewählt wurde. In diesem Fall ist die begrenzende Kurve für die Iteration eine Gerade. Das Verhalten des Systems wird durch die Steigung dieser Geraden bestimmt.

$$S_i = \alpha\,(E_i - B_i - I_i) - \beta I_{i-1}\left(1 - \frac{I_{i-1}}{I_{i-1}^{Max}}\right) \quad (2.IV.1)$$

Das alte »lineare« Steuergesetz lautete
$S_i = \alpha\,(E_i - B_i - I_i) - \beta\, I_{i-1}$

Nach wie vor wird der Brutto-Profit des Jahres »i« (also Einnahmen abzüglich Betriebs- und Investitionsausgaben) mit dem Faktor α versteuert. Die Höhe der Investitionszulage variiert jetzt wie in Abbildung 2.IV.1 gezeigt.

Bei dem neuen Steuergesetz hängt die Investitionszulage nicht mehr »linear« von der Investitionstätigkeit des Vorjahres ab (früher: $\beta\, I_{i-1}$), sondern wird »nichtlinear«

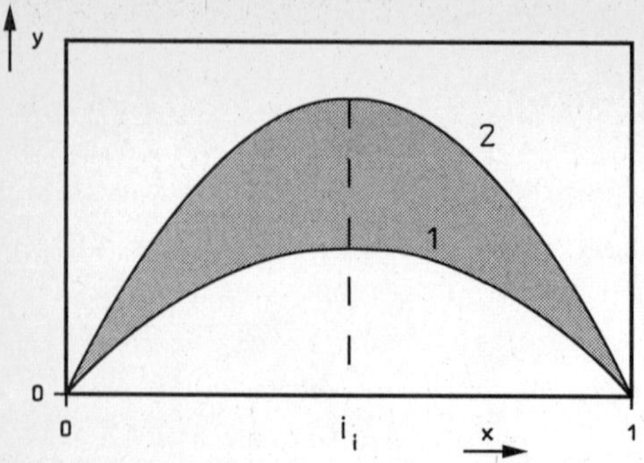

Abb. 2.IV.1

Nichtlineare Investitionszulage. Geringe Zulagen erhalten diejenigen, die zu wenig (oder auch zu viel) investieren.

abgeändert, und zwar durch den zweiten Term in der Klammer, I_{i-1}/I_{i-1}^{Max}. Wenn wir die Klammer ausmultiplizieren, erhalten wir einen Term proportional $(I_{i-1})^2$, also einen »quadratischen Term«. Dieser Term beinhaltet die »nichtlineare«, da quadratische, Modifikation.

Die begrenzende Kurve für die Jteration ist jetzt eine Parabel.

Die Investitionszulage hat somit ein Maximum bei $I_{i-1} = \frac{1}{2} I_{i-1}^{Max}$. Der Wert dieses Maximums beträgt

$$\frac{\beta}{2} I_{i-1}^{Max} \qquad (2.IV.2)$$

Wenn ein Betrieb im Vorjahr alles verfügbare Geld investiert hat,

$$I_{i-1} = I_{i-1}^{Max} = E_{i-1} - B_{i-1},$$

erhält er nach dem modifizierten Steuergesetz (2.IV.1) keine Investitionszulage im nächsten Jahr, ähnlich wie ein Betrieb, der gar nichts investiert hat.

Mit den üblichen Randbedingungen, also den Marktregeln, die auch in unserem ersten Bericht zugrunde gelegt wurden,

Dieses soll die Betriebe »sanft« dahin bringen, ihre Jnvestitionstätigkeit zwar anzukurbeln, aber die Sache nicht zu übertreiben – wie das beim EG-Agrarmarkt der Fall war.

Bei diesem »nichtlinearen« Steuergesetz gilt, wie auch bei dem »linearen« Gesetz, daß wenig Jnvestition gleichzusetzen ist mit wenig Zulage. Abweichend vom alten Modell gilt nach

1. Gewinnausschüttung (siehe Ausdruck 1.II.5),
2. langfristige Wirtschaftsentwicklung (siehe Ausdruck 1.III.3),
3. Handelsbilanz (siehe Ausdruck 1.II.1)
ergibt sich mit dem neuen »nichtlinearen« Steuergesetz (1.IV.1) der Ausdruck:

(2.IV.1) *auch, daß für überhöhte Investitionen ebenfalls wenig Zulagen gezahlt werden.*

$$\frac{I_i}{I_i^{Max}} = \left(1 - \frac{g}{1-\alpha}\right) + \frac{\beta}{r\,(1-\alpha)} \frac{I_{i-1}}{I_{i-1}^{Max}} \left(1 - \frac{I_{i-1}}{I_{i-1}^{Max}}\right) \qquad (2.IV.3)$$

Das Funktionieren dieses »nichtlinearen« Systems zeigen wir wieder anhand einiger Diagramme. In Abbildung 2.IV.2 ist die Vorhersage für die zeitliche Entwicklung der Investitionstätigkeit gezeigt, falls das von uns vorgeschlagene System implementiert wird. Als Beispiel haben wir folgende Parameterwerte benutzt:

Diese Beziehung zwischen der Investitionstätigkeit des Jahres »i« *im Vergleich zum Vorjahr* »i−1« *sollte mit der »linearen« Beziehung* (1.III.6) *des vorherigen Berichts verglichen werden. Der Unterschied liegt, ähnlich wie auch im »nichtlinearen« Steuergesetz, in dem zweiten Term:*

$$\left(1 - \frac{I_{i-1}}{I_{i-1}^{Max}}\right)$$

Wenn wir diese »Nichtlinearität« streichen, erhalten wir natürlich das alte Ergebnis mit all seinen Konsequenzen wieder.

$$C_1 = 1 - \frac{g}{1-\alpha} = 0{,}1 \qquad (2.IV.4)$$

Der Parameter C_1 *ist die relative Investitionstätigkeit ohne Investitionszulage* (1.II.6 *im ersten Bericht*).

$$C_2 = \frac{\beta}{r\,(1-\alpha)} = 1{,}0 \qquad (2.IV.5)$$

C_2 ist die Steigung der Geraden im linearen Modell.

$$\frac{I_{-1}}{I_{-1}^{Max}} = 0{,}1 \qquad (2.IV.6)$$

I_{-1}/I_{-1}^{Max} ist die relative Investitionstätigkeit im Jahr vor Inkrafttreten der Steuerungsmaßnahme.

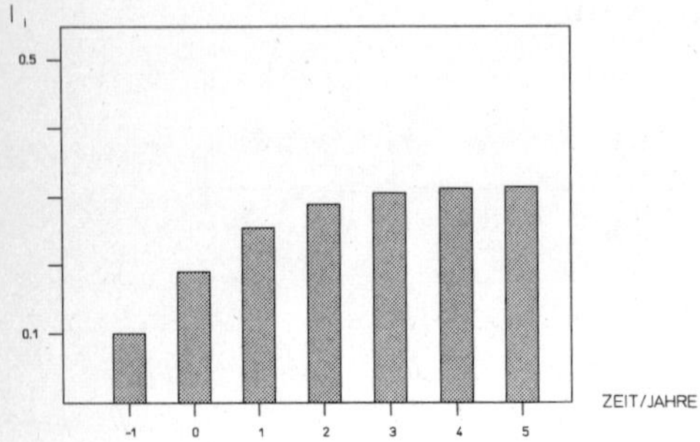

Abb. 2.IV.2

Vorausberechnete zeitliche Entwicklung der Investitionstätigkeit nach Einführung der neuen, »nichtlinearen« Steuerreform (Parameter: $C_1 = 0{,}1$; $C_2 = 1{,}0$)

Man sieht, daß die Investitionstätigkeit asymptotisch von anfänglich 0,1 auf 0,3 ansteigt, der gewünschte Effekt der Belebung der Investitionstätigkeit ist klar ersichtlich. In der entsprechenden iterativen Abbildung 2.IV.3 ist diese Entwicklung noch einmal dargestellt.

Die Kurve, die die Iteration begrenzt, ist im nichtlinearen, quadratischen Fall eine Parabel. Die Krümmung der Parabel führt auch bei einer Anfangssteigung von $C_2 = 1$

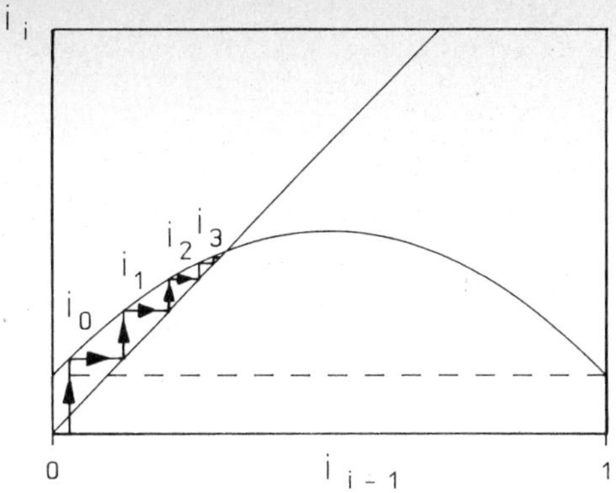

zu einem Schnittpunkt mit den Winkelhalbierenden und somit zur Konvergenz der Iteration.

Abb. 2.IV.3

Iterative Darstellung der Investitionsbelebung nach Einführung der »nichtlinearen« Steuerreform (Parameter: $C_1 = 0{,}1$; $C_2 = 1{,}0$).

Wir hatten für dieses Beispiel den Wert $C_2 = \frac{\beta}{r(1-\alpha)} = 1{,}0$ gewählt, weil dies bei dem linearen Modell Probleme gebracht hätte. In einem linearen Modell wäre die Steigung der Iterationskurve gleich der Steigung der Winkelhalbierenden gewesen (= 1), also keine Konvergenz.

Beim EG-Agrarmodell war der Wert $C_2 = 1{,}2255$ *sogar größer als 1 mit dem bekannten Problem der »Subventionierung der Subventionen«.*

Das neue, nun von uns vorgeschlagene »nichtlineare« Modell hat da keine Probleme. Selbst bei $C_2 = 2{,}0$, ein Wert sehr viel größer als derjenige, der sich bei der EG-Agrarwirtschaft zufällig ergeben hatte, zeigt das neue Modell hervorragende Eigenschaften.

In Abbildung (2.IV.4) ist wieder die Vorhersage für den zeitlichen Verlauf der Investitionstätigkeit dargestellt.

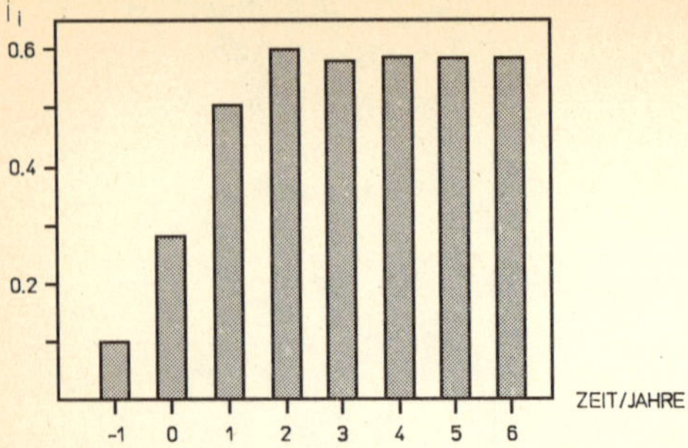

Abb. 2.IV.4

Vorausberechnete zeitliche Entwicklung der Investitionstätigkeit nach Einführung der »nichtlinearen« Steuerreform. Die Parameterwahl ist hier so extrem, daß bei dem alten Steuermodell die Wirtschaft kollabiert wäre ($C_1 = 0{,}1$; $C_2 = 2{,}0$).

Man sieht, daß bei einem Parameter $C_2 = 2{,}0$ (statt 1,0) die Investitionstätigkeit noch stärker angekurbelt wird. Die nichtlineare iterative Abbildung 2.IV.5 verdeutlicht diese Erkenntnis.

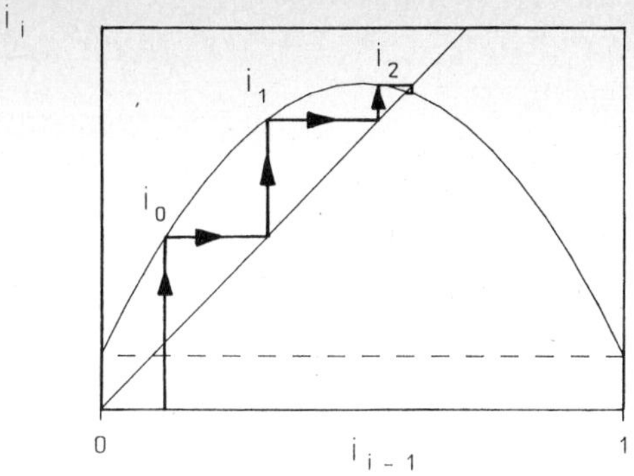

Abb. 2.IV.5

Iterative Darstellung der Investitionsbelebung (wie Abb. 2.IV.3, nur für $C_1 = 0{,}1$; $C_2 = 2{,}0$).

Auch die leichten »Überschwinger« über das asymptotische Ergebnis von 0,586 hinaus (vor allem im zweiten Jahr nach Einführung dieses Systems), die schon in Abbildung 2.IV.4 auffielen, sind erklärbar: Die Iteration führt zu dem Fixpunkt, an dem sich die iterative Kurve mit der Winkelhalbierenden schneidet. Auf dem Weg zum Fixpunkt wird dieser einige Male umlaufen, was die »Überschwinger« erklärt. Dieses Phänomen halten wir für unwichtig.

Dieses Phänomen ist natürlich nicht unwichtig – es ist ein erster Indikator, daß das System sich bei anderen Parametern möglicherweise etwas weniger »kooperativ« verhalten kann. Der »Thinktank« war an dieser Stelle nicht gründlich genug!

V. Zusammenfassung und Empfehlungen

Zusammenfassend möchte wir folgendes festhalten:
Wir haben das Problem der EG-Agrarwirtschaft analysiert und festgestellt, daß durch eine unglückliche Wahl der Ausgangsparameter, insbesondere durch den Wunsch einer allzu raschen Sanierung, ein System erzeugt wurde, in welchem die Subventionen subventioniert beziehungsweise die Subventionen der Subventionen... usw.... subventioniert wurden. Ohne eine politische Würdigung dieses Phänomens zu diskutieren (dieses stünde uns auch nicht zu), können wir jedoch festhalten, daß dieses System wirtschaftlich auf lange Sicht nicht tragbar ist.
Aus diesem Grund haben wir eine neue Steuerreform erarbeitet, welche solch eine Entwicklung nicht zur Folge haben kann.
Wir empfehlen, aufgrund intensiver Tests und Untersuchungen, das Steuergesetz mit einer »nichtlinearen« Investitionszulage zu versehen. Mit dieser »nichtlinearen« Zulage können alle marktwirtschaftlich wichtigen Steuerungen vorgenommen werden, ohne den Nachteil einer divergierenden Entwicklung in Kauf nehmen zu müssen.

gez. Der Think-tank

Dieser Bericht wurde vom neuen deutschen Finanzminister schweren Herzens an die EG weitergeleitet. Er war sich bewußt, daß er damit einen möglicherweise wichtigen Vorteil im internationalen wirtschaftlichen Konkurrenzkampf preisgeben mußte. Auf der anderen Seite, was bringt es, wenn die eigene Wirtschaft floriert, die Steuereinnahmen steigen, aber die EG-Subventionen schneller steigen?

Nun, der italienische Staatschef konnte die ersten zwei Seiten und die Empfehlungen lesen – dazwischen war er für kurze Zeit abgewählt worden. Der französische Präsident las den Bericht nicht, er wollte erst eine Übersetzung, die aber mangels eines funktionierenden Text-Editors vor seinem Sommerurlaub nicht fertig wurde. Der britische Premier las den Bericht und verhing sofort eine der berüchtigten »D-notices«. (Dieses bedeutet eine Pressestille zu dem Thema, mit Androhung von Strafen, falls die Presse sich nicht daran hält.) Dadurch erhoffte er bei den widerspenstigen Herausgebern, insbesondere der Boulevardpresse, eine maximale »publicity« für diesen Bericht zu erwirken. Die daraus resultierende öffentliche Debatte wollte er dann politisch verwenden, um aus der EG auszutreten, denn ihm waren die Subventionen mittlerweile auch auf den Geist gegangen. Leider ging die Presse auf diesen plumpen Versuch nicht ein. Ein Kätzchen war in Ipswich auf einen Baum geklettert und fand allein nicht mehr herunter. Unter Einsatz von drei Feuerwehrautos und einer halben Infanteriebrigade konnte es schließlich unversehrt geborgen werden. Diese Nachricht bewegte die Medien und machte die Schlagzeilen – Zeugnis dafür, daß die Briten ihre Prioritäten kennen und kleine Kätzchen sehr gerne haben.

Der Druck der Öffentlichkeit, die Proteste gegen die europäische Agrarpolitik, die Sorgen der Bürger über die steigenden Subventionen nahmen zu, wie der hier auszugsweise abgedruckte Zeitungsbericht (*Süddeutsche Zeitung* vom 13.7.1991) verdeutlicht.

Der Titel dieses Berichts wurde anscheinend mit hellseherischen Eingaben gewählt – wie wir bald sehen werden.

Für die EG wird sich bei dem bekannt langsamen Entwicklungstempo und den vielen Streitereien auf Nebenschauplätzen vermutlich in den nächsten Jahrzehnten nicht viel tun. Die Subventionen werden weiter steigen – und jetzt weiß man sogar warum!

Süddeutsche Zeitung Nr. 160 / Seite 33

Der Entwurf zur Agrarreform:

Die Alternative heißt Chaos

Aber die Brüsseler Pläne überzeugen auch nicht voll

(SZ) *Die Reform der europäischen Agrarpolitik ist nicht die Spielwiese Brüsseler Technokraten. Großprojekte wie die laufenden Konferenzen der zwölf EG-Staaten über Verträge zur Politischen Union sowie Wirtschafts- und Währungsunion können glauben machen, die Agrarreform sei nur die Reparatur der inzwischen etwas veralteten technischen Installationen der EG-Hauptverwaltung. Dieser Eindruck täuscht. Wenn die Reform scheitert, bleibt das europäische Einigungswerk stehen. Der Agrarmarkt, der mehr als die Hälfte aller Mittel der Gemeinschaft beansprucht, bräche zusammen. Dies bewies, daß der EG keine neuen Aufgaben übertragen werden dürften.*

VON WINFRIED MÜNSTER

Brüssel, 12. Juli – Weil die europäische Sparpolitik von zentraler Bedeutung ist, ist ihre Reform das Schlüsselereignis in der Gemeinschaft. Scheitert sie, so werden Verträge über die Polit... Währungsunion ... lichkeit entwe... schrieben ...

cherheit keinem Mi... einfallen wird al... on. Die Z...

Abb. II.1.4

Fiktion und wirkliche Wirtschaftspolitik, die zweite ...

Aber schauen wir uns doch mal um, was in verschiedenen Ländern so passieren könnte. Wir haben bisher gesehen, wie ein Finanzminister unter Kenntnis einfacher Marktregeln und unter Ausnutzung der treibenden Wirtschaftskräfte, selbst in einem Land der »freien Marktwirtschaft« korrigierend und steuernd eingreifen kann. Wir haben gesehen, daß solche »Eingriffe« manchmal auch ungewollte Konsequenzen haben können, wie sie im Fall der (natürlich nur hypothetischen) EG-Agrarfinanzierung auftraten. Wir haben auch gesehen, wie ein einfacher »Kunstgriff«, eine »nichtlineare Korrektur«, diese Problematik wieder beseitigen konnte.

Alles wäre schön und gut, wenn die Wunderformel – natürlich die neue Wunderformel (2.IV.3) – nicht so überzeugend und damit für die Genossenschaft der erfolgheischenden Finanzminister so verlokkend gewesen wäre. Jeder Finanzminister träumt vom »großen Erfolg«, er träumt davon, beliebt und geachtet, statt beleibt und geächtet zu sein, er träumt vom Nobelpreis der Wirtschaftswissenschaft, von seinem Platz in der Geschichte. Die Erfahrungen seiner erfolgreichen Amtskollegen ignoriert er, er sucht den Ruhm und glaubt daran, vielleicht doch irgendwann das höchste politische Ziel erreichen zu können!

Und so kam es, daß die »Wunderformel« in vielen Ländern ihre Anwendung fand.

Wirtschaftschaos: gezielt gesteuert

In Norwegen zum Beispiel hatte der Finanzminister – übrigens ein echter Nachfahre der Wikinger – nach einer durchzechten Nacht, in der er sich zusammen mit zwei Kollegen fünf Flaschen Aquavit hinter die kollektive Binde gegossen hatte, einen Geistesblitz. Schon seit längerer Zeit hatte er festgestellt, daß die Investitionstätigkeit in seinem Land träge geworden war. Es gab da einen unfehlbaren Indikator: Der Aquavit wurde immer teurer, weil es immer weniger gab – was nach den Gesetzen von Angebot und Nachfrage eine Preissteigerung unumgänglich machte. Der Grund für die Abnahme des Aquavitbestands lag darin, daß es weniger Schiffe gab, die das edle Getränk auf die Weltumsegelung mitnehmen konnten, ohne die kein Aquavit ein echter norwegischer Aquavit sein kann. Also ist der Aquavitpreis ein direktes Maß für die Investition im Schiffsbau, nach wie vor einer der wichtigsten Industriezweige des Landes.

Der Finanzminister hatte also einen Geistesblitz. Er hätte zwar wieder mal die Abgeordnetendiäten heraufsetzen können, um den Preisanstieg des Aquavits damit aufzufangen. Aber als dritte Erhöhung des Jahres, und das bereits im Februar, hätte dies bei den Wählern sicherlich Unverständnis hervorgerufen. Nein, der Geistesblitz

beschwor ihn, das Übel an der Wurzel zu packen, die Investitionen anzukurbeln, damit den Schiffsbau zu fördern und den Preis des Aquavits wieder auf natürliche Weise zu senken – phänomenal. Er sprang aus seinem »Gummibøt« (in dem er sich irrtümlicherweise schlafen gelegt hatte) und telefonierte die Information gleich an seine Sachbearbeiter durch, damit alles sofort in die Wege geleitet werden sollte. Um den Aquavitpreis möglichst schnell herabzusetzen, befahl er eine Investitionszulage von 60 Prozent, also $\beta = 0{,}6$.
Nun ist die Körperschaftssteuer in Norwegen recht hoch, 80 Prozent, bzw. $\alpha = 0{,}8$. Mit einem nur geringen Wirtschaftswachstum, also praktisch $r = 1$, ergibt dies

$$C_2 = \frac{\beta}{r\,(1-\alpha)} = 3$$

Mit einer für Norwegen typischen Gewinnausschüttung von $g = 0{,}18$ (d. h. 18 Prozent der Nettoeinkünfte) erhalten wir für den anderen Parameter der Wunderformel (2.IV.3)

$$C_1 = 1 - \frac{g}{1-\alpha} = 0{,}1$$

Der Erfolg stellte sich rasch ein. Das Ergebnis der ersten vier Jahre ist in Abb. II.1.5 dargestellt.

Die Investitionen zogen ruckartig an, um das fast Achtfache innerhalb von zwei Jahren. Sie waren mit $i_{-1} = 0{,}1$ allerdings auch extrem niedrig gewesen. Der Aquavitpreis bröckelte auch schon – natürlich gab es da eine Zeitverzögerung, Schiffsbau dauert nun mal ein Weilchen, und so eine Reise um die Welt braucht auch ein Jahr –, aber die Entwicklung schien prächtig! Zufrieden rechnete der Finanzminister für sich aus, wieviel mehr Aquavit er sich demnächst für das gleiche Geld würde leisten können. Er gab eine Dauerbestellung beim Großhändler auf und telefonierte dann mit seinem Amtskollegen und Freund, Sir Cyril Dram, seines Zeichens Finanzminister in »Her Majesty's Government«.

Sir Cyril wurde von einem ganz ähnlichen Problem geplagt. Der

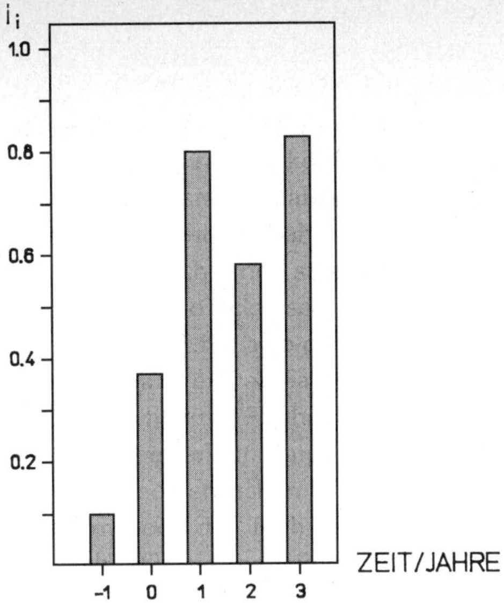

Abb. II.1.5.

Investitionszunahme in Norwegen nach Einführung der »nichtlinearen« Steuerreform.

Whiskypreis war in den letzten Jahren trotz Zurückhaltung bei der Bemessung der Getränkesteuer unaufhörlich gestiegen. Er war diesem Phänomen schon aus gesundem Eigeninteresse – es ging hier schließlich um eine substantiellen Teil seiner monatlichen Bezüge – nachgegangen und hatte ermittelt, daß auch hier das Angebot mangels Investitionen bei den Destillieranlagen hinter der Nachfrage zurückgeblieben war. Die Situation war beängstigend!

Die Kunde von der erfolgreichen Anwendung der neuen »nichtlinearen« Investitions-Steuerungs-Steuer in Norwegen, bei einem doch recht ähnlich gelagerten Problem, war da natürlich sehr willkommen.

Mit einem Seufzer der Erleichterung erinnerte er sich nun daran, daß der Versuch, diese Steuer in Mißkredit zu bringen, wegen des süßen kleinen Kätzchens fehlgeschlagen war. Mit fieberhafter Eile wühlte er die alte, staubige und schon vergilbte Ablage durch, bis er schließlich – war es ein Zufall? ein Wunder? Vorsehung? – den Bericht des »Think-tanks« fand.

Sofort ordnete er die Implementierung an. Die »Treasury« lief auf

Hochtouren, selbst die den Engländern so heilige Teepause (teabreak) wurde auf eine Stunde verkürzt, sehr zum Unmut der Mitarbeiter und der Gewerkschaften.

Die Investitionszulage, für die sich Sir Cyril entschied, war 52,5 Prozent, also $\beta = 0{,}525$. Er wählte diesen Wert aus keinem anderen Grund als dem, daß er 52½ Jahre alt war – möglicherweise etwas spleenig, aber als Argument nicht von der Hand zu weisen.

Nun, die Körperschaftssteuer in England ist noch etwas höher als die in Norwegen, 85 Prozent, also $\alpha = 0{,}85$. Das bedeutet für die Parameter der Wunderformel, daß

$$C_2 = \frac{\beta}{r\,(1-\alpha)} = 3{,}5,$$

wobei wiederum praktisch kein Wirtschaftswachstum angenommen wurde ($r = 1$).

In England ist die typische Gewinnausschüttung etwas geringer als in Norwegen, sie liegt bei 13,5 Prozent ($g = 0{,}135$). Interessanterweise (und natürlich rein zufällig) ist damit der andere Parameter der Wunderformel (2.IV.3) wiederum

$$C_1 = 1 - \frac{g}{1-\alpha} = 0{,}1$$

(Diese Übereinstimmung spielt übrigens für das prinzipielle Ergebnis, das wir jetzt kommentieren werden, keine Rolle. Sie spielt allerdings eine Rolle, um aufzuzeichnen, mit welch geringer Abweichung der Parameter qualitativ verschiedene Lösungen erhalten werden.)

In England hatten die Investitionen im Jahr vor Einführung der »Modern Investment Steering Tax« bei $i_{-1} = 0{,}25$ gelegen. Der Finanzminister stellte mit Genugtuung fest, daß die Investitionen nach Einführung der neuen Investitions-Steuerungs-Steuer sofort auf das Dreifache anstiegen und dann auf diesem hohen Niveau verharrten. (Siehe Abbildung II.1.6). Das ist wirtschaftspolitisch sehr wichtig, denn es gilt ja, über eine längere Zeitspanne das Versäumte nachzuholen. Natürlich fiel auch bald der Whiskypreis, weil sich die

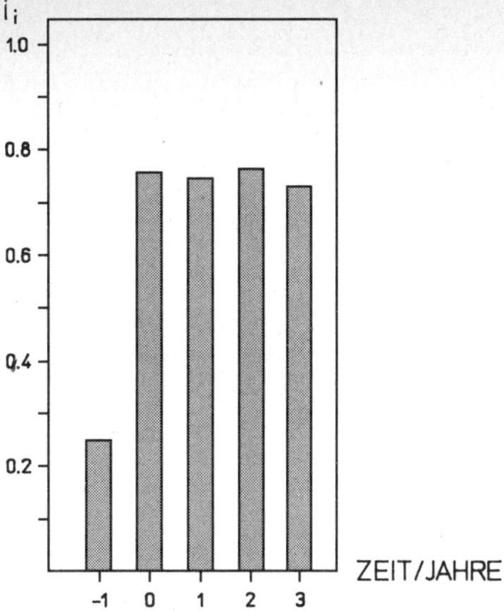

Abb. II.1.6

Investitionszunahme in Großbritannien nach Einführung der »nichtlinearen« Steuerreform.

erhöhte Effizienz durch die Investitionen in moderne Destillieranlagen, Lagerhaltungen und Eichenfässer auszuzahlen begannen.

Nun, sowohl die Norweger als auch die Briten sollten noch ihr »blaues Wunder« erleben. Damit meinen wir nicht die zwei Finanzminister, die mittlerweile fröhlich vor sich hinlallend genau das genießen, was sie eigentlich mit ihren Aktionen bezweckt hatten – billigeren Alkohol! Nein, während die Minister sich in der Sonne ihres Erfolges aalen, während sie in dem Glauben, ausgesorgt zu haben, schon Erholungsurlaube planen, während sie die Wirtschaft ihres Landes endlich geregelt und gesichert wähnen, während dieser Zeit bahnt sich eine böse Überraschung an.

Schauen wir uns doch die weitere Entwicklung der Investitionstätigkeit in Norwegen an. Dies ist in Abbildung II.1.7 gezeigt.

Wir sehen, daß die Investitionstätigkeit nach der ursprünglichen Anfangssteigerung plötzlich ein ganz merkwürdiges Verhalten zeigt. In einem Jahr ist sie hoch, dafür im nächsten Jahr wieder gering – und so schaukelt sie hin und her, hin und her! In einem Jahr gibt es also Hochkonjunktur und im nächsten Niedrigkonjunktur usw.? Für

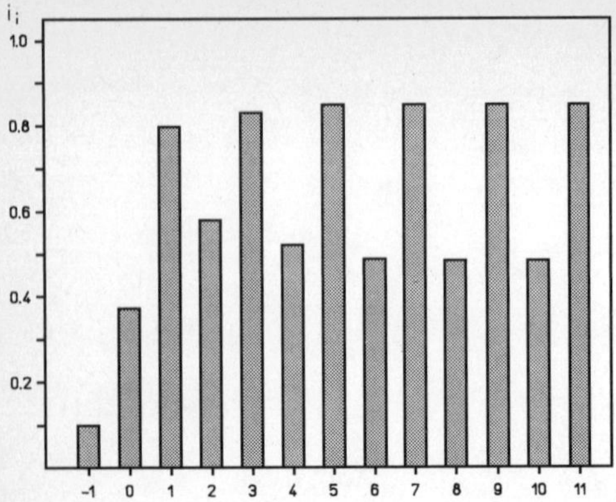

Abb. II.1.7

Weitere Entwicklung der Investitionstätigkeit in Norwegen – jährliche Oszillationen!

einen Finanzminister, der zuweilen sowieso alles doppelt sieht, ist das nicht so schlimm. Er gewöhnt sich daran, daß die Steuereinnahmen etwas »merkwürdig« sind – sie sind ja noch vorhersehbar! Es kann leicht nachgerechnet werden, daß die Steuereinnahmen (als Bruchteil der maximal möglichen Einnahmen) durch folgenden Ausdruck gegeben sind:

$$s_i = \frac{S_i}{I_i^{Max}} = 1 - g - i_i$$

Zum Zeitpunkt, in dem die Wirtschaft Norwegens in die »Schunkelphase« eingetreten ist, sind die Steuereinnahmen von den Firmen beachtliche 33,6 Prozent der maximal möglichen Einnahmen in einem Jahr, dafür muß der Finanzminister im darauffolgenden Jahr mit −3 Prozent leicht draufzahlen.

Es ist natürlich für eine Regierung auf die Dauer etwas mißlich, wenn sie immer nur in ungeraden (oder geraden) Jahren flüssig ist. Man stelle sich die Auswirkungen auf Straßenbau, Brückenbau, Rentenzahlungen oder Gesundheitswesen vor! Da heißt es: »Tut mir leid, Muttchen, aber sie wissen doch, dies ist ein gerades Jahr, haben Sie nicht Freunde im Ausland, die Ihnen noch einmal unter die Arme greifen können?« – oder – »Ich weiß auch nicht, wie viele Blutkonserven wir im nächsten Jahr brauchen, ich weiß nur, daß wir sie schon dieses Jahr bestellen müssen« – oder, noch schlimmer – »Der Herr Minister muß unbedingt zu einer Krisensitzung reisen, von der wir im letzten Jahr noch nichts wußten – besorgen Sie ihm bitte ein Flugticket – auf Pump!«

Es sei am Rande bemerkt, daß dieser (natürlich hypothetische) norwegische Finanzminister mittlerweile, des Amtes enthoben, vermutlich eine kleine illegale Schnapsbrennerei irgendwo in der Gegend von Skibotn betreibt. Er ist glücklich . . .

Aber wenden wir den Blick vom nördlichen Eismeer südwestwärts zu den Briten. Auch hier ereignete sich etwas gänzlich Unerwartetes. Die Investitionen begannen ganz merkwürdig und völlig unvorhersehbar zu schwanken. Mal waren sie hoch, mal niedrig! Abbildung II.1.8 zeigt den zeitlichen Verlauf.

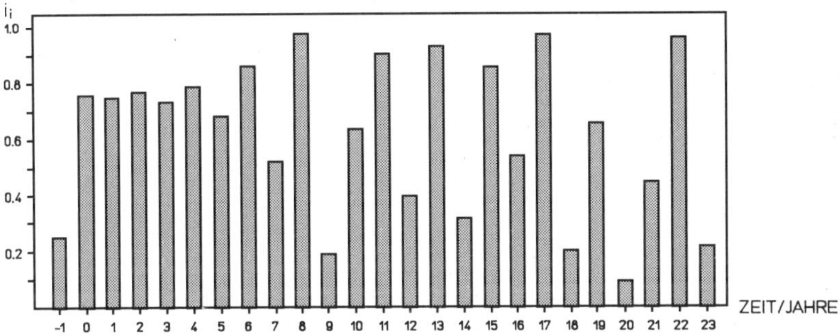

Abb. II.1.8

Weitere Entwicklung der Investitionstätigkeit in Großbritannien – unbeschreibliches Chaos!

Dachte man am Anfang noch, man hätte einen schönen Anstieg der Investitionstätigkeit erwirkt, so zeigte sich doch alsbald, daß dieser Schein trog. Plötzlich sackt das Investitionsniveau nach einem Rekordhoch auf ein neues Rekordtief ab – völlig ohne Grund! Überhaupt, nichts ist mehr vorhersehbar, die Investitionstätigkeit nicht und, was noch viel schlimmer ist, auch die Steuereinnahmen nicht.

Es ist in diesem Zusammenhang, daß das Wort »Wirtschaftschaos« zum erstenmal auftaucht.

Die Einnahmen aus der Körperschaftssteuer sind in Abbildung II.1.9 gezeigt – berechnet streng nach dem Ausdruck von s_i und der Wunderformel (2.IV.3) mit der nichtlinearen Investitionszulage.

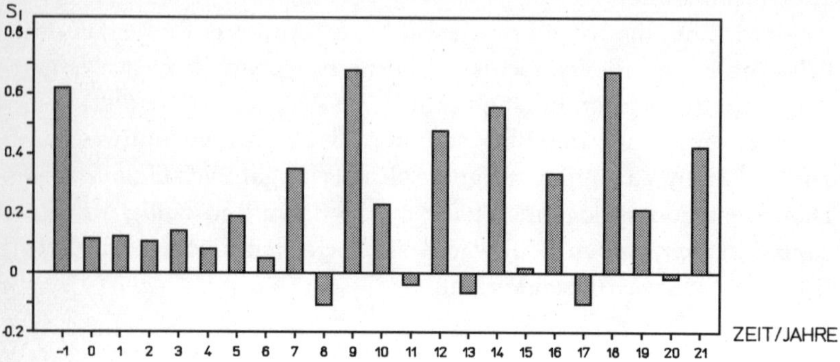

Abb. II.1.9

Steuereinnahmen in Großbritannien, nach Einführung der »nichtlinearen« Steuerreform.

Es gibt Jahre mit ordentlichen Steuereinnahmen, gefolgt von Jahren mit nur geringfügigen Einnahmen oder sogar Mehrausgaben! Das alles ohne ein erkennbares System – chaotisch.

Zumindest hatten die Norweger bei ihrer Anwendung der »Nichtlinearen Investitions-Steuerungs-Steuer« ein regelmäßiges »Auf und Ab«. Die armen Briten erzielten statt dessen ein völlig chaotisches Wirtschaftsverhalten – mit der gleichen Methode!

Für die Regierung macht dies jegliche Planung unwirklich und überflüssig, aber die Bevölkerung nimmt das alles gelassen zur Kenntnis. Im Gegenteil, die bekannte Wettleidenschaft der Briten hat wieder mal neue Ziele gefunden, zum Beispiel:

- Gibt es im nächsten Jahr Hochkonjunktur oder Niedrigkonjunktur?
- Nimmt die Regierung im nächsten Jahr Steuern ein oder nicht?
- Wird der Finanzminister gefeuert oder nicht?
- Muß der Premierminister seinen Hut nehmen?

Die Wettbüros haben Hochkonjunktur, doch für die Wirtschaft und im täglichen Leben fängt der Zustand langsam, aber sicher an, unerträglich zu werden. Eine gewisse Zeit ist das »erfrischend Neue« natürlich ganz lustig und unterhaltsam – solange man erfindungsreich und anpassungsfähig ist. Auf die Dauer wirkt die ewige Unsicherheit allerdings lästig und belastend.

Im Kabinett wurden verschiedene Lösungen diskutiert. Eine davon war, 10 Prozent der Steuereinnahmen darauf zu verwetten, daß im nächsten Jahr keine Steuereinnahmen kommen. Das hätte den Vorteil, daß im Schadensfall wenigstens die Wettgewinne ins Staatssäckel fließen und so für einen gewissen Ausgleich sorgen. Dieser Vorschlag hatte eine Reihe von Befürwortern, wie man sich denken kann, denn jedes ökonomische Neuland ist interessant. Er wurde dann aber doch nach heftigen Debatten niedergekämpft und verworfen.

Die Konsequenzen einer chaotischen Wirtschaftsführung war insgesamt gesehen doch nicht so befriedigend. Es häuften sich unersprießliche Nachrichten wie diese:

»Hier ist die BBC mit den 8.00-Uhr-Nachrichten. (Eigentlich sind es die 20.00-Uhr-Nachrichten, aber daran mögen sich die Engländer nicht gewöhnen.) Nach neuesten Meldungen aus No. 10 Downing Street gab es im letzten Jahr aus den bekannten chaotischen Gründen wieder einmal keine Steuereinnahmen. Der Pressesprecher erklärte dazu, daß die Einkommen der Staatsbeamten durch eine Kreditaufnahme abgedeckt werden können. Leider sei es aber nicht möglich, die Rentenzahlungen des letzten Jahres in ähnlicher Weise abzusichern. Die Rentner werden deshalb gebeten, ihre Jahresrente innerhalb von 10 Tagen wieder zurückzuzahlen. In besonderen Notfällen gewährt die Regierung eine Stundung der Rückzahlung um eine weitere Woche. Wir melden uns wieder um 10.00 Uhr mit weiteren aktuellen Meldungen (wobei 10.00 Uhr aus den oben erwähnten Gründen eigentlich 22.00 Uhr ist).«

Natürlich ist auch dieser (hypothetische) Finanzminister längst entlassen. Er hat sich in Schottland ein kleines Haus in der Nähe einer Whisky destillery gekauft und versucht durch Präzisionshorizontalbohrungen die unterirdische Lagerhalle anzuzapfen. Er ist glücklich ...

2. Chaos aus Ordnung – deterministische Gleichungen: unvorhersehbare Ergebnisse

Wir haben anhand einer »Wirtschaftsplanung durch Besteuerung« gezeigt, wie unterschiedliche und unvorhergesehene Entwicklungen auftreten können, wenn man versucht, ein kompliziertes System in allen Situationen zu steuern. Die gar nicht so komplizierte mathematische Beschreibung des Systems war eine nichtlineare iterative Gleichung. Wir erinnern uns: »Iterativ« bedeutet, daß der nächste Schritt aufgrund der Kenntnisse über den letzten Schritt berechenbar ist. »Nichtlinear« bedeutet, daß neben dem linearen einfachen Proportionalterm auch noch eine quadratische Größe auftaucht: $(i_{i-1})^2$. Die Gleichung lautete:

$$i_i = C_1 + C_2 i_{i-1} (1 - i_{i-1}) \qquad \text{(II.2.1)}$$

Demzufolge kann man bei Kenntnis von i_{i-1} immer exakt den nächsten Wert i_i bestimmen, der wiederum benutzt werden kann, um i_{i+1} zu bestimmen, und so weiter. Man spricht von einem »deterministischen« System, also von einem vorherbestimmten System.

Im Prinzip mag das auch alles stimmen, in der Praxis kann man aber unter Umständen ganz schöne Überraschungen erleben. In Abbildung II.2.1 sind vier Zeitreihen gezeigt, die aus dieser iterativen Gleichung berechnet wurden. Der Unterschied zwischen den einzelnen Zeitreihen besteht nur in der Wahl des Parameters C_2.

Bei $C_2 = 2{,}0$ gerät das System in einen stationären Zustand, allerdings gibt es am Anfang ein paar »Überschwinger«.

Bei $C_2 = 3{,}0$ gerät das System in den schon bekannten Zustand der regelmäßigen Schwingungen. Es springt mit einer Periode zwischen zwei Werten hin und her.

Bei $C_2 = 3{,}2$ wird das System doppelt periodisch. Es springt regelmäßig zwischen vier verschiedenen Werten. (Eine Periodenverdoppelung ist eingetreten.)

Bei $C_2 = 3{,}5$ schließlich wird das System chaotisch; keine der Strukturen wiederholt sich.

Nun kann dagegengehalten werden, daß sich diese (letztere) Zeitreihe immer beliebig lang exakt ausrechnen läßt. Man muß nur den Anfangswert vorgeben, und alles andere folgt automatisch.

Im Prinzip ja. Aber es gibt praktische Beschränkungen. Herkömmliche Rechner haben nur eine begrenzte (wiewohl sehr hohe) Genauigkeit von vielleicht 1 in 10^{10} oder 1 in 10^{20} (= 0,000 000 000 000 000 000 01). Diese Ungenauigkeit reicht aus, um die Vorhersagen nach genügend vielen Schritten (= Iterationen) so weit voneinander abweichen zu lassen (bei zwei vergleichbaren Rechnungen), daß die Information über die ursprünglichen Werte völlig »im Nebel« verschwindet. Die Ungenauigkeit, oder die Abweichung, von zwei identischen Rechnungen steigt mit jedem Iterationsschritt an. Das ist in Abbildung II.2.2 gezeigt.

Es handelt sich hierbei um die Differenz von zwei Rechnungen, wobei die erste Rechnung exakt bis 10 Stellen hinter dem Komma durchgeführt wurde, die zweite Rechnung hingegen wurde »nur« exakt bis 5 Stellen hinter dem Komma durchgeführt. Ganz deutlich sieht man, wie der Unterschied zwischen den zwei Rechnungen wächst, weit größer wird als die Rechengenauigkeit, bis die zwei Rechnungen schließlich so weit voneinander abweichen, daß man auch beim besten Willen nicht mehr erkennen kann, wie der ursprüngliche Zusammenhang war. Schon nach 20 Schritten ist der Unterschied 1000mal größer als am Anfang.

Bei den ersten Iterationen, i, wächst der Abstand zwischen den zwei Rechnungen exponentiell an. Exponentielles Wachstum ist ein vertrauter Vorgang, etwa bei der Bevölkerungsexplosion. Man stelle sich vor, daß die Menschen ein bestimmtes Tierpärchen auf eine einsame Insel ausgesetzt haben, auf der es keine Feinde gibt und genügend Futter. Die Tiere fühlen sich wohl und bekommen jedes Jahr zwei Junge, die Jungtiere auch – sofern der Zufall den armen Lebewesen nicht immer nur Männchen beschert. Dann sind im Jahre »0« zwei Tierchen auf der Insel, im Jahr 1 sind es vier, im Jahr 2 sind es 8, im Jahr 3 sind es 16 usw. Nach 25 Jahren wimmelt es auf der Insel nur so mit mehr als 67 Millionen Tieren!

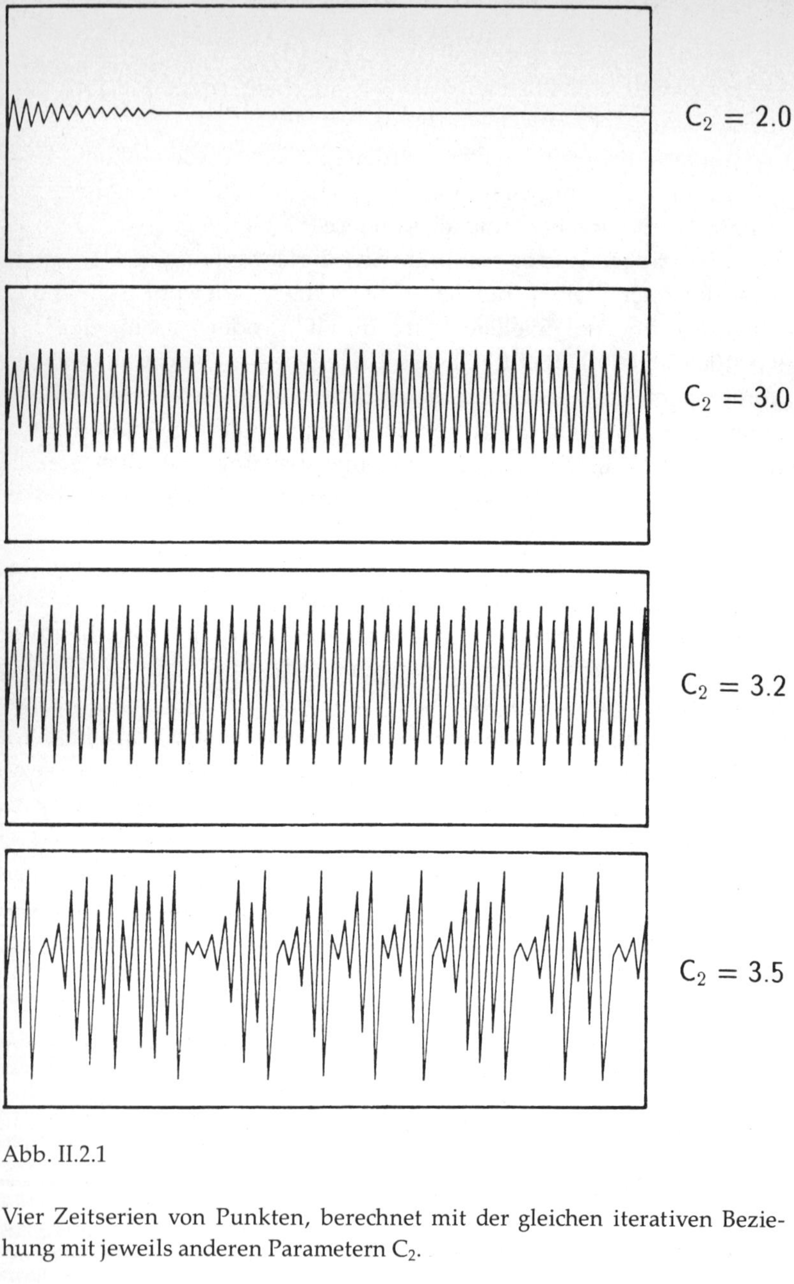

Abb. II.2.1

Vier Zeitserien von Punkten, berechnet mit der gleichen iterativen Beziehung mit jeweils anderen Parametern C_2.

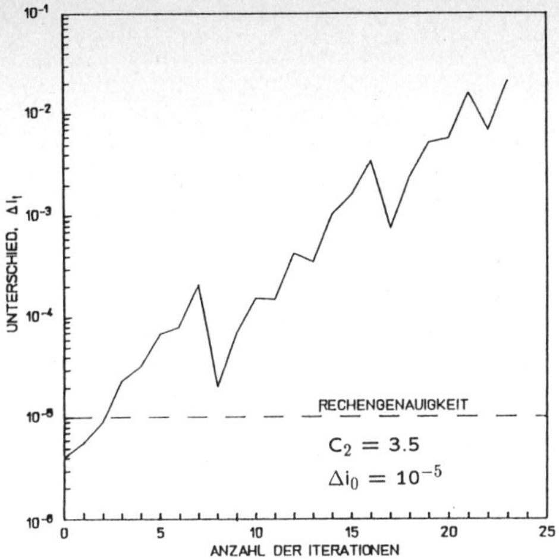

Abb. II.2.2

Unterschied zwischen zwei Berechnungen des nichtlinearen Steuergesetzes (mit $C_2 = 3{,}5$), die mit verschiedener Genauigkeit durchgeführt wurden (10 bzw. 5 Stellen hinter dem Komma). Die Abweichung ist nach 20 Rechenschritten 1000mal größer als die Rechengenauigkeit. Das kann nicht durch kumulative Addition von Rechengenauigkeiten erklärt werden.

Exponentielles Wachstum läßt sich auch anhand eines Wirtschaftsbeispiels sehr schön erklären: Im Jahre 1626 erwarb der in Holland geborene Peter Minuit den New Yorker Stadtteil Manhattan für eine kleine Menge »Krimskrams« – im Werte von 60 Gulden – von den Indianern. Aus heutiger Sicht würde man sagen: »das Geschäft seines Lebens«.

Aber ist das wirklich so? Ist Manhattan nicht vielleicht doch nur ein paar Hände voll »Krimskrams« wert? Es wäre zwar erstaunlich, aber exponentielles Wachstum macht's möglich.

Nehmen wir eine (durchaus realistische) Inflationsrate von 7 Prozent pro Jahr an. Bei dieser Inflationsrate halbiert sich der Geldwert ungefähr alle 10 Jahre. Das bedeutet, daß ein Gegenstand, der vor 10 Jahren 1 DM gekostet hat, heute 2 DM kostet, in weiteren 10 Jahren 4 DM usw. Wenn Manhattan also vor 365 Jahren für 60 Gulden erstanden wurde, beträgt der heutige Wert – eine gleichbleibende Inflationsrate von 7 Prozent pro Jahr vorausgesetzt – ganze 1274 Milliarden US-Dollar, ein durchaus fairer Preis für dieses Stückchen Land im Herzen New Yorks.

Den umgekehrten Schluß, ob der »Krimskrams« von damals heute auch über 1000 Milliarden US-$ wert ist, kann man allerdings nicht ziehen. Die Inflation verringert zwar den Geldwert, aber deshalb steigen nicht alle Sachwerte um den gleichen Prozentsatz – manche steigen schneller, manche langsamer, manche überhaupt nicht. Genau diese Tatsache bringt uns das wohlbekannte reizvolle Lustgefühl, das uns durchströmt, wenn wir unser Geld wieder mal mit untrügerischer Sicherheit in ein Verlustgeschäft investieren und dabei nicht exponentielles Wachstum, sondern exponentielle Schrumpfung erfahren.

Mathematisch ausgedrückt bedeutet exponentielles Wachstum in unserem Fall:

$$\Delta i_i = \Delta i_0 \, e^{\lambda \cdot i} \qquad \text{(II.2.2)}$$

wobei Δi_0 die Abweichung beim ersten Schritt und λ ein konstanter Wert ist. Das heißt, daß für $i = 0$, Δi_0 durch die rechnerische Anfangsungenauigkeit vorgegeben wird.

In der Analyse der Stabilität dynamischer Systeme wird λ »Ljapunov-Exponent« genannt und dient als Maß für das Auseinanderlaufen der Werte mit der Zeit. In Abbildung II.2.3 haben wir verschiedene Kurven mit unterschiedlichen Werten für λ gezeichnet, zusammen mit den Punkten aus Abbildung II.2.2, aus der dann hervorgeht, daß diese exponentielle Abweichung wirklich das Verhalten des Systems beschreibt. Auch für andere »Startwerte«, i_{-1}, gilt der gleiche Ljapunov-Exponent, λ. Eine Verdoppelung pro Iterationsschritt entspricht einem Ljapunov-Exponenten von $\lambda = 0{,}693$.

Der kluge Skeptiker wird natürlich jetzt eine Menge Fragen und Einwände parat haben. Zum Beispiel kann er bemängeln, daß der Kunstgriff mit den Rechenungenauigkeiten womöglich nur Augenwischerei ist, daß das Anwachsen der Abweichungen zwischen der genaueren und der etwas weniger genauen Rechnung vielleicht sogar immer auftritt. Die Antwort auf diesen Einwand ist durch ein paar einfache Rechnungen sehr leicht zu geben.

Wir wiederholen die Rechnung von Abbildung II.2.2, aber nicht für den »chaotischen Fall«, der den Wert $C_2 = 3{,}5$ hatte, sondern für zwei andere Fälle, die auch in der Abbildung II.2.1 gezeigt wurden – für $C_2 = 3{,}0$ (der regelmäßig oszillierende Fall) und für $C_2 = 2{,}0$ (einer der Fälle, der zu einem konstanten Wert führte).

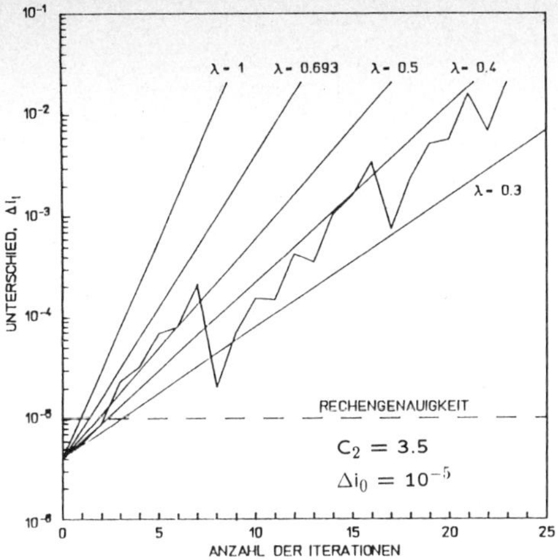

Abb. II.2.3.

Der berechneten Differenzenkurve von Abb. II.2.2. sind verschiedene exponentielle Wachstumsgesetze (in der logarithmisch/linearen Darstellung sind dies Geraden) überlagert. Der Wert $\lambda = 0{,}3$ bis 0,4 scheint das exponentielle Wachstum recht gut zu beschreiben.

Für den oszillierenden Fall ($C_2 = 3{,}0$) zeigen wir die Berechnung der Abweichungen Δi_i in Abbildung II.2.4.

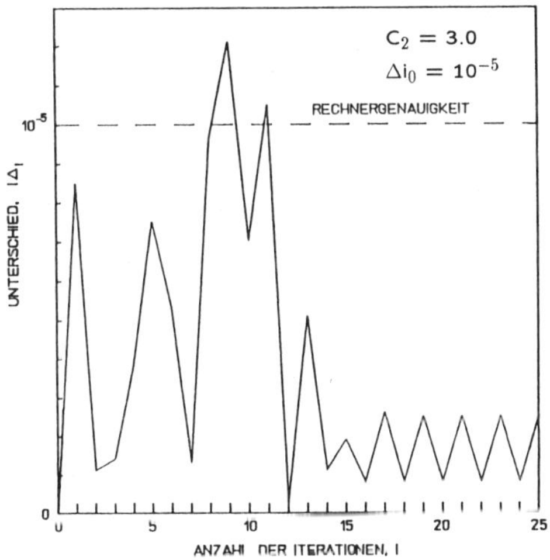

Abb. II.2.4.

Unterschied zwischen zwei Berechnungen des nichtlinearen Steuergesetzes (mit $C_2 = 3{,}0$), die wiederum mit verschiedenen Genauigkeiten durchgeführt wurden, wie in Abb.II.2.2. Im Gegensatz zu dieser vorherigen Rechnung bleibt die Differenz hier immer im Rahmen der Rechengenauigkeiten.

Für den konstanten Fall ($C_2 = 2{,}0$) zeigen wir die Berechnung der Abweichungen Δi_i in Abbildung II.2.5, allerdings für zwei Rechnungen mit der gleichen (10stelligen) Genauigkeit und einer Anfangsdifferenz von $\Delta i_0 = 10^{-6}$ (einem Millionstel) bzw. $\Delta i_0 = 0{,}1$.

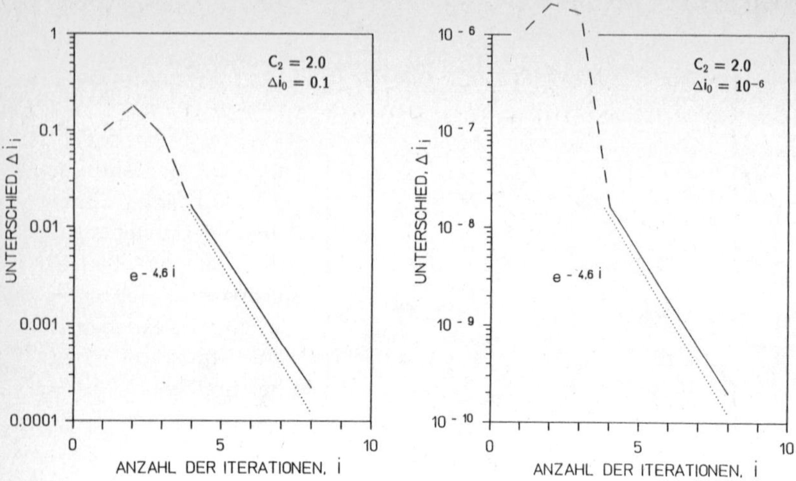

Abb. II.2.5

Unterschied zwischen zwei gleich genauen Berechnungen des nichtlinearen Steuergesetzes (mit $C_2 = 2{,}0$), auf 10 Stellen hinter dem Komma, bei denen kleine Anfangsabweichungen angenommen wurden. Man sieht, daß die Differenz nach einigen Iterationen immer geringer wird und exponentiell abnimmt. Der Wert für λ ist ungefähr $-4{,}6$ – unabhängig von den Anfangswerten.

Der kluge Skeptiker verstummt mit offenem Mund – er hatte soeben ein echtes »Aha-Erlebnis«. Nicht nur hat sich durch die neuerlichen Rechnungen herausgestellt, daß das exponentielle Wachstum der Abweichungen in diesen zwei Fällen nicht aufgetreten ist – das hätte er ja so halbwegs auch ohne »Beweis« geglaubt, denn welcher Autor behauptet schon in einem Buch etwas Falsches – nein, das Ergebnis ist noch viel sensationeller!

Für den regelmäßig oszillierenden Fall (C_2 = 3,0) schwankt Δi_i in einer Art »Einschwingphase« um Werte, die typischerweise ähnlich der rechnerischen Genauigkeit Δi_0 sind. Danach oszilliert die Abweichung, Δi_i, zwischen einem Viertel und einem Zehntel der Rechnergenauigkeit.

Für den zu einer Konstanten führenden Fall ($C_2 = 2{,}0$) wird Δi_i sogar mit zunehmenden Iterationen immer geringer, das heißt, die Abweichungen werden kleiner. Auch hier gilt das Gesetz $i_i \propto e^{\lambda i}$, wobei λ negativ ist und einen Wert von ungefähr $-4{,}6$ hat, und zwar für beide Fälle nach der ersten Einschwingphase. Das ist durch die etwas nach unten verschobene gepunktelte Linie verdeutlicht.

Mit dem Formalismus des Ljapunov-Exponenten bedeutet dieses Ergebnis für den oszillierenden Fall $\lambda = 0$, und für den konstanten Fall $\lambda < 0$ also negativ und unabhängig von der Anfangsungenauigkeit Δi_0! Wir haben also folgende Entdeckung gemacht (eigentlich gebührt dem klugen Skeptiker die Ehre, denn ohne ihn hätte sich vielleicht keiner die Mühe gemacht, so etwas nachzuprüfen):

- konstanter Fall, λ negativ
- oszillierender Fall, $\lambda = 0$
- chaotischer Fall, λ positiv

Wir haben also mit dem Ljapunov-Exponenten λ eine Fallunterscheidungsmöglichkeit entdeckt zwischen verschiedenartigen Verhaltensweisen ein und derselben mathematischen Beziehung – die sich letztlich nur durch den Wert des Parameters C_2 unterscheidet.

- konstanter Fall, $C_2 = 1{,}0$ und $2{,}0$
- oszillierender Fall, $C_2 = 3{,}0$
- chaotischer Fall, $C_2 = 3{,}5$

Wir sehen hier, daß das Verhalten des Systems, welches durch Gleichung II.2.1 beschrieben wurde, mit zunehmenden Werten für C_2 immer komplexer wird. In dem von uns gewählten Einführungsbeispiel in die komplexe Welt des Chaos, der »Steuerreform«, war

$$C_2 = \frac{\beta}{r\,(1-\alpha)}$$

wobei β die anteilige Investitionszulage war, r war ein Maß für die langfristige Entwicklung der Wirtschaft und α die anteilige Körperschaftssteuer. Wir sehen also, daß C_2 immer größer wird, je höher die Steuern werden (also je näher α an 1 herankommt). Es zeigt sich also auch hier wieder die segensreiche Politik der Steuerverringerungen. Je geringer die Steuern, desto geringer die Gefahr, daß die Wirtschaft oszilliert oder gar chaotisch wird. Natürlich haben wir die Regierungen von diesem wichtigen Befund längst informiert, und die Reaktionen ließen auch nicht lange auf sich warten, wie der Zeitungsausriß belegt. Kleinaktionäre, Großaktionäre, Firmenbesitzer, Vorstandsmitglieder

Reform der Unternehmensteuer muß kommen, aber schlanker

HH. **Bonn**

Der wirtschaftspolitische Sprecher der Bonner Unionsfraktion, Matthias Wissmann, plädiert für ein Festhalten an der Unternehmensteuerreform in der nächsten Legislaturperiode. Angesichts der Kosten der deutschen Einheit müsse die Entlastung allerdings schlanker ausfallen als ursprünglich mit 25 bis 40 Milliarden Mark diskutiert, erklärte er in einem Gespräch mit der WELT.

„Bei aller Beschäftigung mit der deutschen Einheit dürfen wir den internationalen Wettbewerb und da vor allem den Wettbewerb der Steuersysteme, der sich in den 90er Jahren verschärfen wird, auf keinen Fall aus dem Blick verlieren.“ Zur Beleuchtung der Situation: Großbritannien habe den Körperschaftsteuersatz auf 35 Prozent gesenkt, USA von 46 auf 34 Prozent und Japan den Steuersatz für ausgeschüttete Gewinne von 42 auf 37,5 Prozent.

Wissmanns Vorschläge zielen auf eine Beseitigung oder wenigstens Verminderung der steuerlichen Benachteiligung des Eigenkapitals sowie der ertragsunabhängigen Besteuerung. Während alle Welt eine höhere Eigenkapitalquote als wünschenswert ansehe, da sie die Unternehmen weniger krisenanfällig mache, werde Eigenkapital bei der Vermögen-, der Gewerbe- und der Körperschaftsteuer „wesentlich stärker belastet als Fremdkapital“. Es sei im Interesse aller Unternehmen, vor allem des Mittelstands, dies zu ändern. Wissmann sprach von einer „anomalen Situation“, daß in der Bundesrepublik noch ertragsunabhängige Steuern wie die Gewerbekapitalsteuer erhoben würden.

Zugleich sollten zur Gegenfinanzierung Vergünstigungen für Unternehmen reduziert oder beseitigt werden. Wissmann will hier der Diskussion nicht mit detaillierten Abbauvorschlägen vorgreifen. Er spricht allgemein vom Schließen der Schlupflöcher für Abschreibungskünstler und plädiert dafür, eine aus Steuerexperten der Parteien und der Wirtschaft zusammengesetzte Arbeitsgruppe zu berufen, die Vorschläge für die Koalitionsverhndlungen nach der Bundestagswahl im Dezember erarbeiten soll. Die baden-württembergische Landesregierung und die CDU dort arbeiteten bereits an einem entsprechenden Konzept.

Mit Blick auf den EG-Binnenmarkt '92 sollte auch die Steuerreform spätestens 1993/94 in Kraft treten. Angesichts der Belastungen könne man sich über eine Stufenlösung unterhalten, die im Gesetzblatt festgeschrieben werden sollte, um der Wirtschaft Dispositionssicherheit zu geben.

Die finanzpolitische Sprecherin der SPD-Bundestagsfraktion, Ingrid Matthäus-Maier, hat Finanzminister Theo Waigel aufgefordert, alle Einsparmöglichkeiten auszuschöpfen. Das Einsparpotential beziffert sie auf über 100 Milliarden Mark. Der Verteidigungshaushalt soll mittelfristig auf jährlich 25 Milliarden gekürzt und damit halbiert werden (1991: sechs Milliarden). Die von Waigel auf jährlich 40 Milliarden bezifferten Kosten der Teilung sollten so schnell wie möglich zur Finanzierung der Einheit umgeschichtet werden. Subventionen für Agrarproduktion, Kernenergie und Flugbenzin bezeichnet sie als „überflüssig und wirtschaftspolitisch verfehlt“ und plädiert für Abbau.

Abb. II.2.6

Welt der Wirtschaft: Fiktion und wirkliche Wirtschaftspolitik, die dritte ...

und Aufsichtsräte – alle können jetzt befreit aufatmen. Mit diesen Eckdaten für die Körperschaftssteuer ($\alpha = 0{,}3$ bis $0{,}4$) kann das Wirtschaftschaos nicht mehr vom System selbst erzeugt werden – es wird jetzt schon eine wirklich massive Anstrengung der Finanz- und Wirtschaftsminister erforderlich sein. Aber wer weiß ... Unsere Politiker sind bekannt dafür, daß sie sich zu allerlei Höchstleistungen aufraffen können!

3. Wann ist ein System chaotisch?

Wir haben anhand des Beispiels der Steuerreform gesehen, wie ein »System« (in diesem Fall das der Steuereinnahmen), das von festen Regeln bestimmt wird (in diesem Fall Marktregeln und Steuerfestlegung), trotzdem zu chaotischen, unvorhergesehenen Ergebnissen kommen kann.

Aus unserer Alltagserfahrung wissen wir aber ebenso, daß unvorhergesehene Ergebnisse auch anderweitig erzeugt werden: zufällig. Beispiele sind die berühmten »Entscheidungshilfen«, die man durch das Werfen einer Münze mit der Frage: »Kopf oder Zahl?« häufig heranzieht; die alljährliche Wahl des Urlaubsorts – wenn man ihn mit verbundenen Augen, einem rotierenden Globus und einer Stecknadel sucht (und dabei sehr oft feststellt, daß man 14 Tage in einem Schlauchboot im Pazifik zubringen muß); der Lauf der Kugel beim Roulett-Spiel; das Würfeln; ob auch Gerichtsurteile, wie manche behaupten, nach dem Zufallsprinzip zustandekommen, sei hier einmal dahingestellt.

Zufallsbestimmte Systeme kann man nur mit einer gewissen »Wahrscheinlichkeit« vorhersagen – zum Beispiel ist die Wahrscheinlichkeit, daß man beim Münzenwerfen beim nächsten Wurf »Kopf« erhält, 50 Prozent, trifft also in genau der Hälfte der Fälle zu. Die Wahrscheinlichkeit, zweimal hintereinander »Kopf« zu erhalten, liegt bei 25 Prozent, in drei Versuchen nur bei 12,5 Prozent. Bei vier aufeinander folgenden Würfen verringert sich die Wahrscheinlichkeit auf 6,25 Prozent. Man könnte dieses Beispiel beliebig ausweiten.

Wenn man jetzt umgekehrt eine Vorhersage des nächsten Ergebnisses (Kopf oder Zahl) machen möchte, liegt man in der Hälfte aller Fälle richtig (beziehungsweise falsch).

Auf der anderen Seite haben wir bei chaotischen Systemen, die ja nicht durch den Zufall, sondern von festen Regeln bestimmt werden, festgestellt, daß eine gewisse begrenzte Vorhersagbarkeit doch existiert. Die Vorhersagen, die möglich sind, erstrecken sich über eine charakteristische Zeit. Erst über solche Zeitskalen hinaus verschwindet die Vorhersagbarkeit. Die Wahrscheinlichkeit einer richtigen Voraussage wird um so geringer, je länger die Zeitspanne ist, über die man vorhersagt. Es ist einleuchtend, daß Physiker, Chemiker, Biologen, Mediziner, Wirtschaftswissenschaftler oder auch Soziologen gerne wissen möchten, ob ein bestimmtes System, von dem sie gerade die Meßdaten haben, ein Zufallsprodukt ist oder auf festen Gesetzen beruht.

Im ersteren Fall bleibt dem Wissenschaftler nur die Methode der statistischen Auswertung (und man möge sich an den berühmten Ausspruch eines bekannten englischen Politikers erinnern: »Es gibt Lügen, verdammte Lügen und Statistik«) –, im zweiten Fall besteht die berechtigte Hoffnung, die Zusammenhänge erfassen zu können und dann sehr viel mehr über das System und sein Verhalten in Erfahrung zu bringen.

Aus diesem Grunde sind auch die Anstrengungen erheblich, mathematische Verfahren zu entwickeln, mit deren Hilfe eine Meßdatenreihe untersucht werden kann, um über diese Fragen Aufschluß zu erhalten. Da das Arbeitsgebiet »Chaosforschung« relativ jung ist, werden natürlich viele weitere Verfahren entwickelt werden, um quantitative Eigenschaften der Systeme zu bestimmen (wie etwa der Ljapunov-Exponent eine darstellt).

Eine der wichtigen Fragen in diesem Zusammenhang ist: Wie »komplex« ist ein System?

Der Wissenschaftler mißt irgendeine »Eigenschaft« eines Systems, welches er betrachtet – etwa die Leuchtkraftvariation eines Sterns, die radioaktive Abstrahlung eines Isotops, die zeitliche Entwicklung des Aktienindexes oder des Goldpreises, das EKG eines Patienten oder die Strömungseigenschaften einer Flüssigkeit. Wenn er das System aufgrund der gemessenen »Eigenschaft« mathematisch beschreiben will, wird diese Beschreibung um so aufwendiger sein müssen, je komplizierter das System ist. Wenn die mathematische Beschreibung aber zu aufwendig wird – sprich: zu viele miteinander verkoppelte Gleichungen benötigt werden –, dann wird das Problem praktisch unlösbar und kann nur noch durch eine Computersimulation nachvollzogen werden, wobei sich nicht unbedingt das Verständnis des Systems verbessert.

Dies wird plausibel, wenn wir zum Beispiel ein Pendel betrachten. Wenn die Pendelbewegung (also die Position des Pendels zu verschiedenen Zeiten) gemessen wird, kann man die so entstandene Meßreihe analysieren und daraus ableiten, daß nur *eine* wichtige Größe die Eigenschaften des »Systems Pendel« bestimmt – die Schwingungsperiode. Es handelt sich also um sein sehr einfaches System, denn zu seiner vollständigen Bestimmung genügt *eine* Gleichung.

Komplizierter wird es, wenn die Länge des Pendels variiert. Tagsüber kann sich der Pendelstab, etwa wegen höherer Temperaturen, ausdehnen; in der Nacht, bei kühleren Temperaturen, kann er sich zusammenziehen. Dann ist die Pendelperiode tagsüber länger als nachts. Wenn die Meßreihe der Pendelbewegung analysiert wird, stellt man also *zwei* Perioden fest – die mittlere Pendelperiode und die 12-Stunden-Tag-Nacht-Variation – also gibt es in diesem Fall *zwei* Bestimmungsgleichungen, die sich aber zu *einer,* wenn auch komplizierten, Gleichung zusammenfassen lassen.

Man kann weitere Komplikationen berücksichtigen, wie etwa Reibung in der Luft und das Mitfedern der Aufhängung. Zur mathematischen Beschreibung all dieser Effekte benötigt man zusätzliche Bestimmungsgleichungen. Solange diese Effekte klein sind, entsprechen die Bestimmungsgleichungen nur relativ milden »Korrekturen« der Grundgleichung (zum Beispiel langsame Verringerung des Pendelausschlags durch Reibung), aber zweifelsohne wird das System und damit seine Beschreibung zwangsläufig komplizierter, je mehr Effekte berücksichtigt werden müssen.

Aber das ist noch längst nicht alles! Der Wissenschaftler möchte eine Meßreihe ja nicht nur beschreiben und Gesetzmäßigkeiten feststellen, sondern er sucht nach den tieferliegenden Zusammenhängen, nach einer Theorie, die das Gemessene erklärt und Vorhersagen für neue Messungen ermöglicht.

Die wissenschaftliche Methode ist also zunächst empirisch – das Erstellen von Messungen, gegebenenfalls durch Experimente oder durch direkte Beobachtung der Natur –, dann theoretisch – mathematische Beschreibung der Messungen durch die zugrundeliegenden

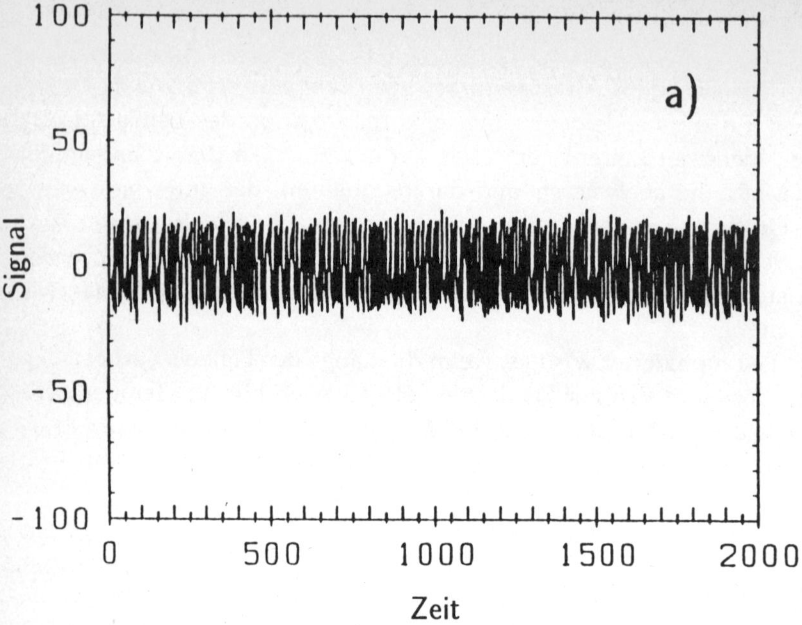

Abb. II.3.1

Zwei künstliche »Zeitserien« wurden numerisch mit dem Computer erzeugt. Abbildung a) zeigt das Signal eines chaotischen Systems (Lorenz-System). Abbildung b) zeigt das Signal eines zufälligen Systems. Beide Zeitserien haben vergleichbare Amplituden.

Naturgesetze (soweit bekannt), dann wieder empirisch, neue Beobachtungen zum Testen der Vorhersagen, dann wieder theoretisch, Verfeinerung der mathematischen Beschreibung. Meistens ist es ein Prozeß, der »vielen kleinen Schritte«, bis schließlich die Zeit für eine größere Entdeckung reif ist. Prominente Beispiele sind die Keplerschen Gesetze der Planetenbahnen und ihre Erklärung durch Sir Isaac Newton mit der Gravitationstheorie, die Messung des Emissionsspektrums eines strahlenden »schwarzen Körpers« und seine Deutung durch Max Planck mit der Quantentheorie, die Messung der

1 Gott mißt mit dem Zirkel die Welt aus. (© Österreichische Nationalbibliothek, Cod. 2554, fol. 1, verso)

2 Das Wettergeschehen auf der Erde ist sehr empfindlich von geringsten Störungen abhängig: »Der Flügelschlag eines Schmetterlings über Brasilien kann einen Wirbelsturm über Texas auslösen.« Dieser »Schmetterlingseffekt« wird hier durch einen Apollofalter über den Wolkenwirbeln in der Erdatmosphäre symbolisiert. (© NASA, Aufnahme von Apollo 17)

3 Die kraterübersäte Oberfläche des Planeten Merkur, aufgenommen von der Raumsonde Mariner 10 aus etwa 500000 Kilometer Entfernung. (© NASA)

4 Trickdarstellung der Raumsonde Voyager 1 und ihres Weges durch das Sonnensystem. Man erkennt die Sonne, die inneren Planeten Merkur und Venus mit ihren Bahnen, die blaue Erde, von der aus die Sonde gestartet wurde, den Planeten Mars und die beiden Gasriesen Jupiter und Saturn mit ihren Begleitern. (© NASA)

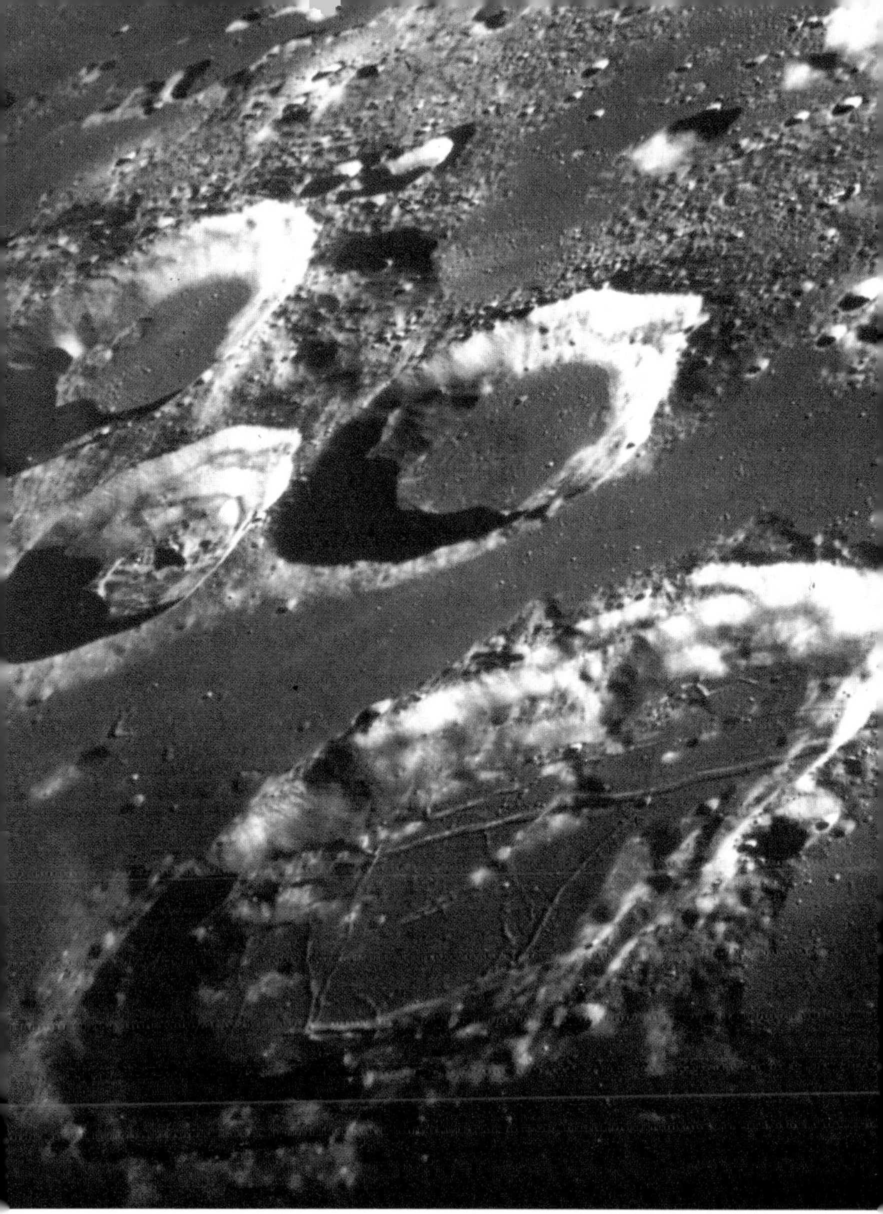

5 Einige Einschlagkrater auf der Oberfläche unseres Erdenmonds. (© NASA)

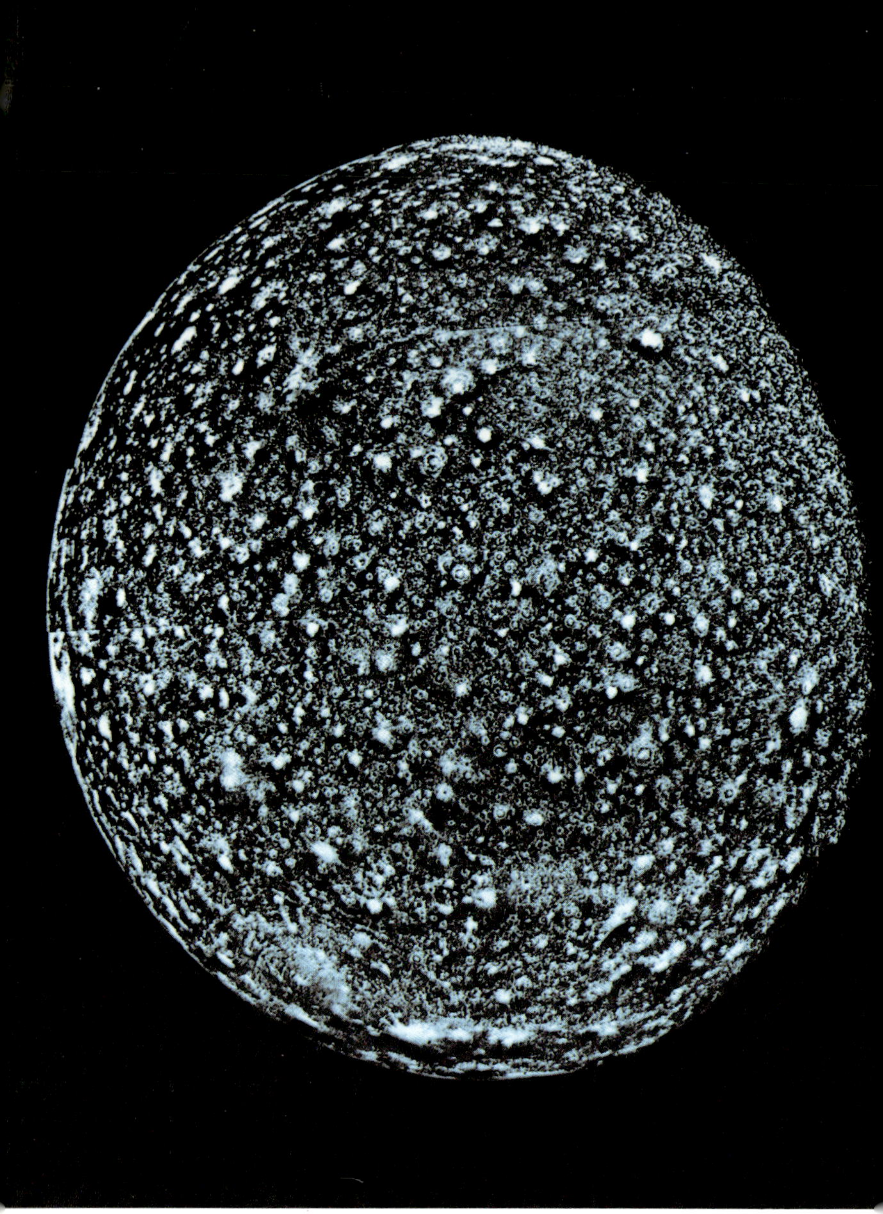

6 Der »pockennarbige« Jupitermond Kallisto, aufgenommen von Voyager 2. (© NASA)

7 Der Saturnmond Thetis, aufgenommen von Voyager 2. Die zahllosen Krater sprechen eine beredte Sprache über die relative Häufigkeit von kosmischen Zusammenstößen. (© NASA)

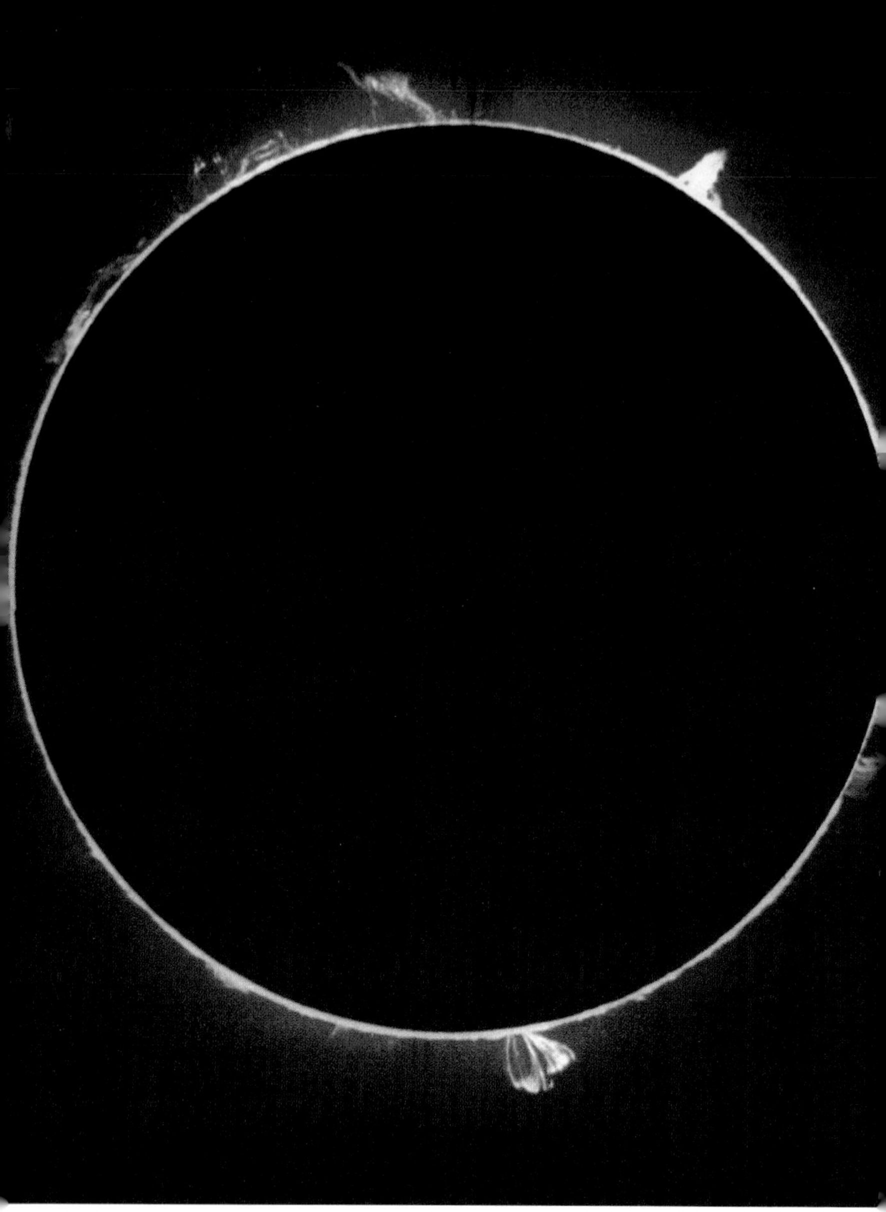

8 Protuberanzen auf der Sonnenoberfläche. (© Mount Wilson Observatories, 1929)

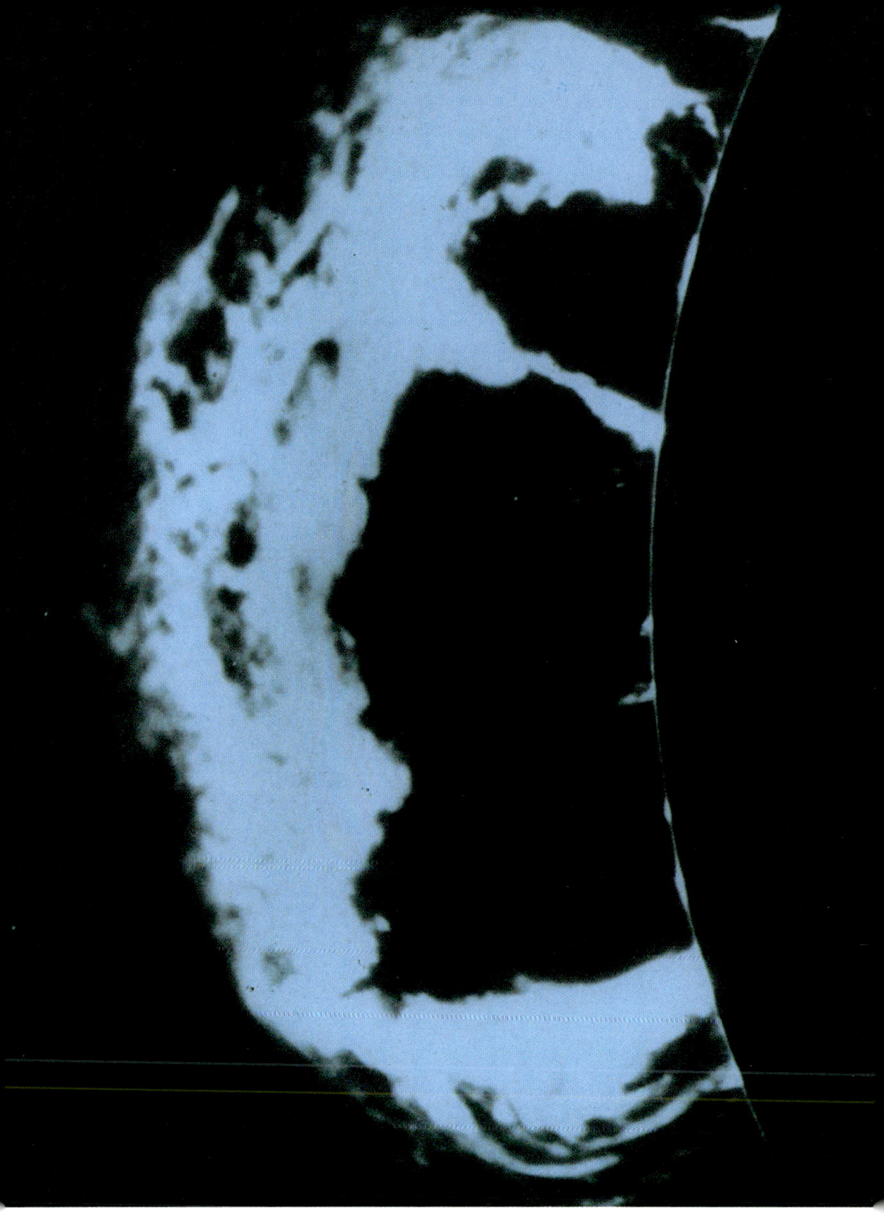

9 Die brodelnde Sonnenoberfläche. Diese Aufnahme wurde im Licht einer Spektrallinie des Wasserstoffs gemacht. (© Kitt Peak Observatory)

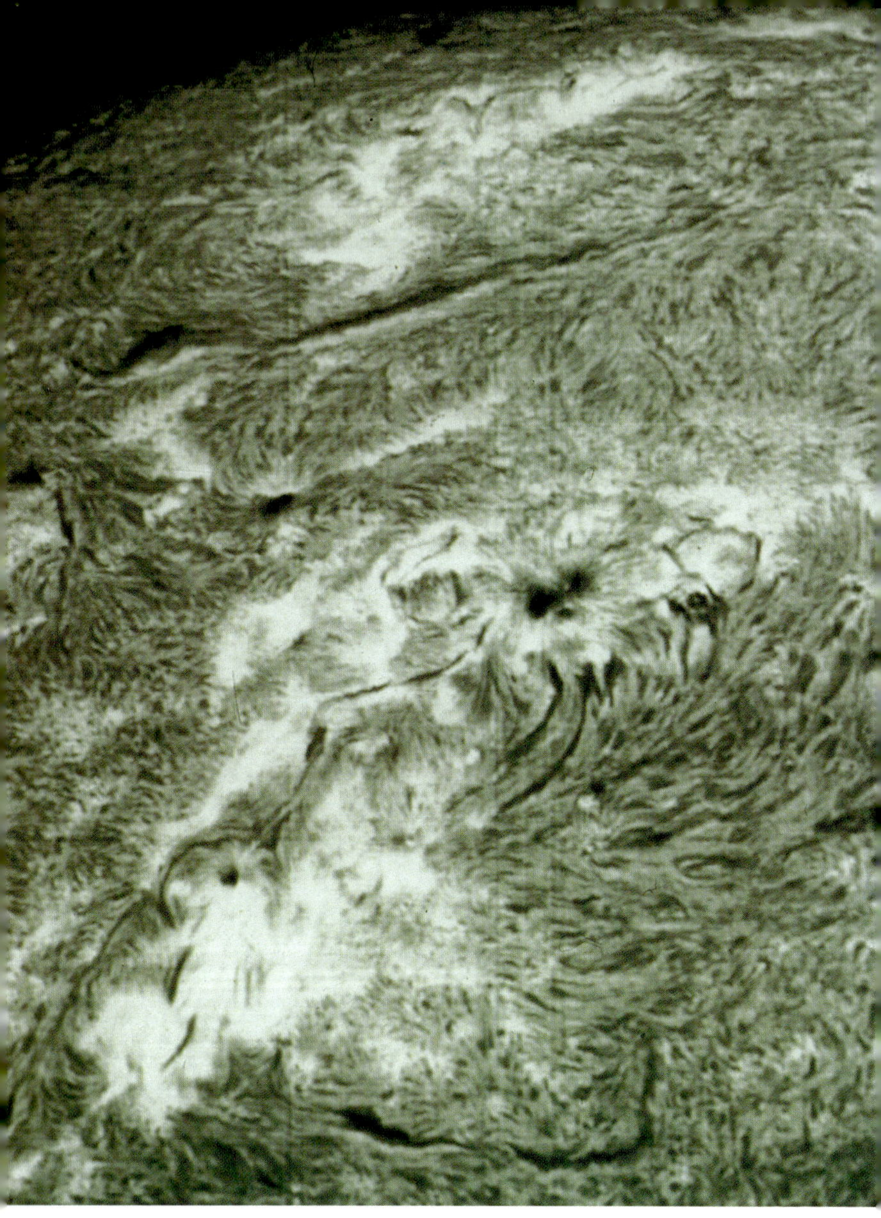

10 Foto der solaren Granula. © Big Bear Solar Observatory (Caltech).

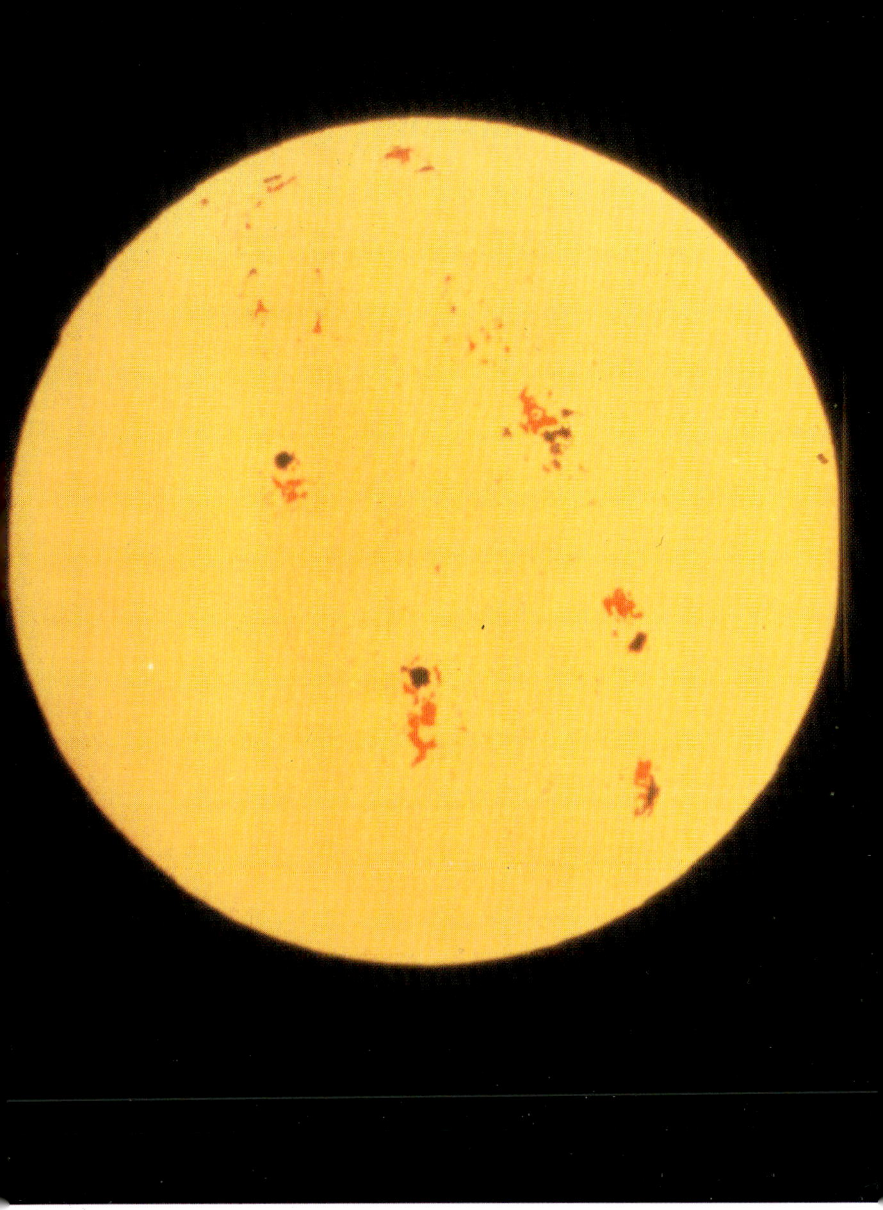

11 Die Sonnenscheibe mit einigen dunklen Sonnenflecken. Aus: Wilson, Vaughan und Mihalas: *Structure of the Sun*, New York 1983.

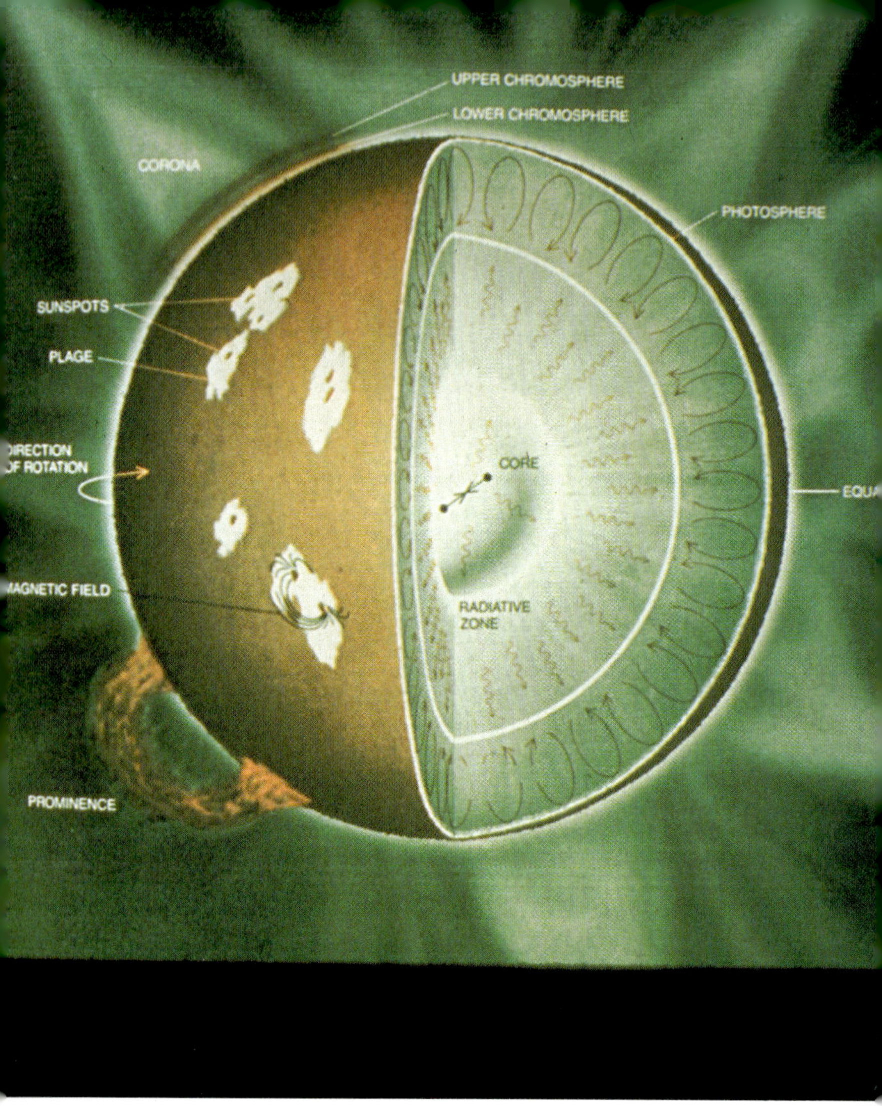

12 Die innere Struktur der Sonne und ausgewählte Oberflächenphänomene (Sonnenflecken, Protuberanzen, Korona usw.). Aus: Wilson, Vaughan und Mihalas: *Structure of the Sun*, New York 1983.

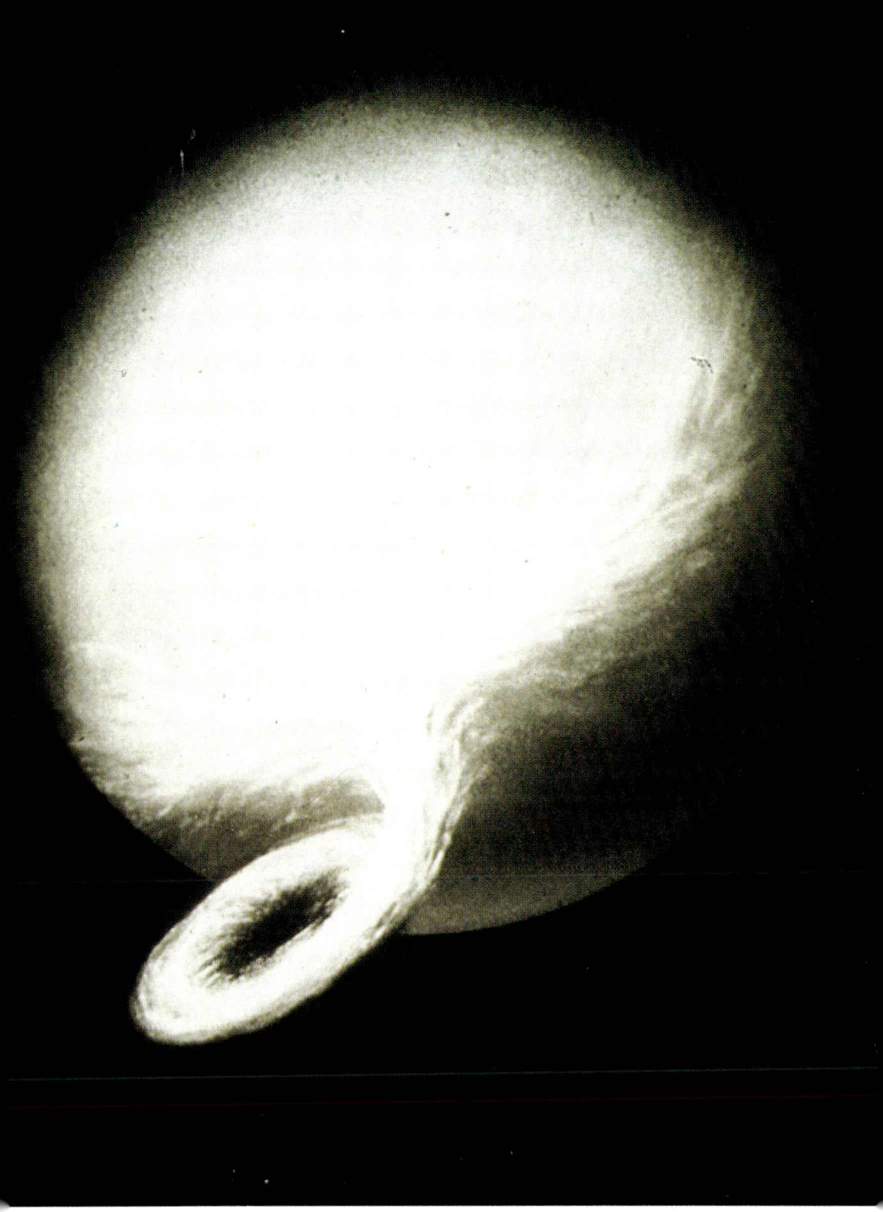

13 Zeichnerische Darstellung eines Röntgendoppelsterns ähnlich dem System HZ/Her-X1. Der (unsichtbare) Neutronenstern saugt Materie vom Hauptstern in die Akkretionsscheibe hinüber. Die intensive Röntgenstrahlung des Neutronensterns regt die Materie des Hauptsterns zu hellem Fluoreszenzleuchten an. (© ESO)

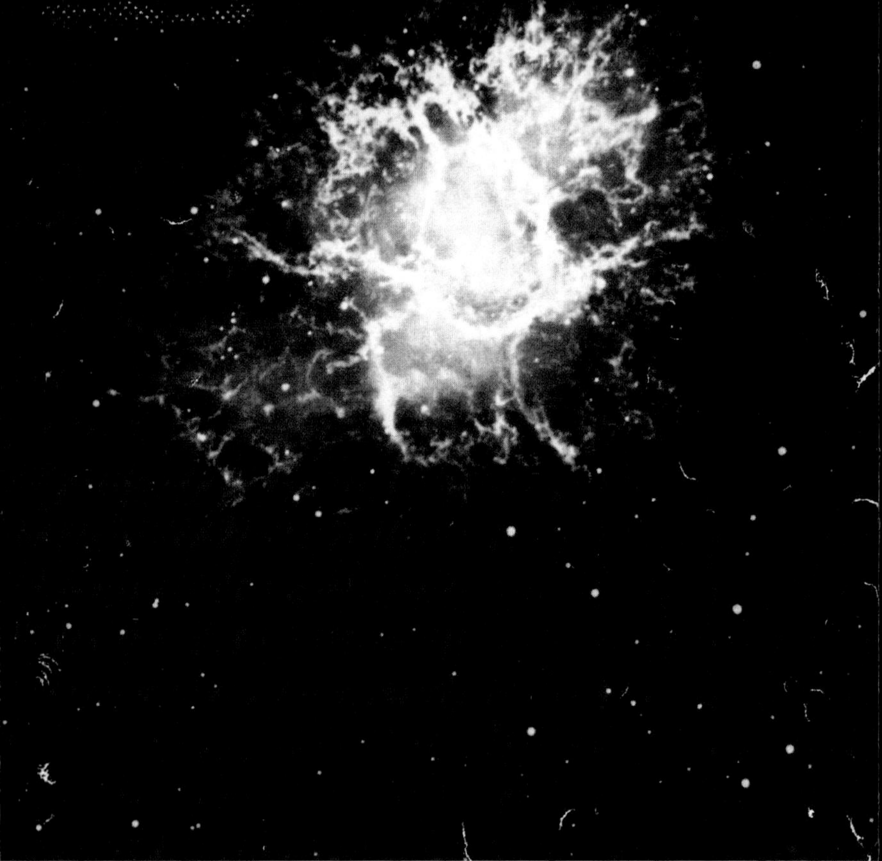

14 Der Krebsnebel, Überbleibsel einer Supernovaexplosion aus dem Jahre 1054. (© Lick Observatory)

15 Ausschnitt aus der zentralen Region des Virgo-Galaxienhaufens. (© Kitt Peak Observatory)

16 Verteilung der hellen Galaxien in der »näheren« Umgebung unserer Milchstraße. Jeder Punkt entspricht einer Galaxie. Die Entfernung der einzelnen Galaxien wurde über ihre Rotverschiebung bestimmt. (© MPE)

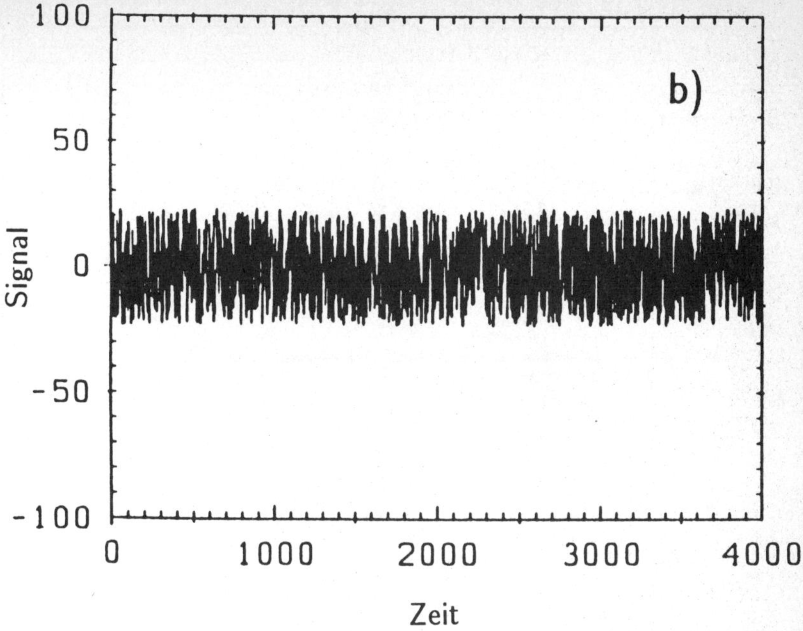

Konstanz der Lichtgeschwindigkeit und die Erklärung durch Albert Einstein mit der Relativitätstheorie.

Durch die Entdeckung des deterministischen Chaos – die Erkenntnis, daß selbst Systeme, die einfachen Regeln folgen, nicht notwendigerweise vorhersagbar sind – hat sich einiges geändert. Wir wissen jetzt, daß die Keplerschen Gesetze nie hätten aufgestellt werden können, wenn unser Sonnensystem so beschaffen wäre, daß sich die Planeten gegenseitig sehr viel stärker beeinflußten. Newton hätte seinen berühmten Apfel gegessen und sich gar nichts dabei gedacht, außer vielleicht, daß er ihm schmeckte.

Um so wichtiger ist es jetzt für die Wissenschaft geworden, überhaupt festzustellen, ob ein System aufgrund der vorliegenden Messungen einfachen Regeln gehorcht (selbst wenn es chaotisch ist), oder ob die beobachteten Schwankungen in den Meßreihen einer zufälligen Verteilung entsprechen.

In der Abbildung II.3.1 (a) und (b) zeigen wir zwei solcher Zeitreihen. Eine davon ist chaotisch (und gehorcht einfachen Regeln), die

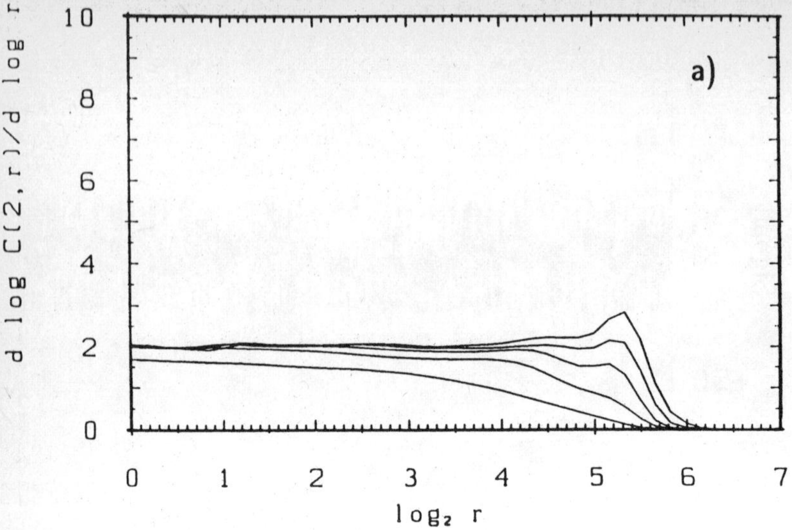

Abb. II.3.2

Unterscheidung eines »chaotischen« von einem »zufälligen« Signal. Die Analyse der *chaotischen* Zeitserie von Abb. II.3.1a ist hier in Abb. a) dargestellt, die Analyse der *zufälligen* Zeitserie von Abb. II.3.1b ist in Abbildung b) gezeigt. Die mit dem Auge nicht unterscheidbaren Zeitserien können durch die Analyse deutlich getrennt werden.

andere ist eine Zufallsverteilung, die Werte sind in ähnlicher Weise bestimmt worden wie die Lottozahlen.
Wenn es möglich wäre, die Messung, die Regeln gehorcht, zu identifizieren und die Komplexität der Regeln quantitativ zu erfassen, wäre man bei der Frage, wie man das System mathematisch beschreiben soll, einen schönen Schritt weitergekommen.

Solche Analyseverfahren existieren bereits. Sie basieren auf der Erkenntnis, daß Zufallssysteme total unkorreliert sind, während bei chaotischen Systemen, wie schon bemerkt, doch gewisse Zusammenhänge zwischen aufeinanderfolgenden Meßpunkten bestehen, selbst wenn sie für das Auge nicht erkennbar sind.

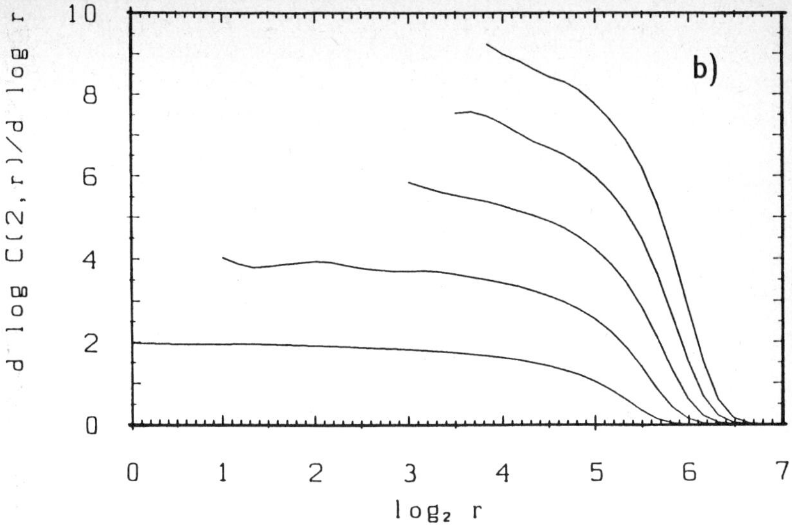

In Abbildung II.3.2 (a) und (b) sind die Ergebnisse des Analyseverfahrens für die zwei so ähnlichen Zeitreihen aus Abb. II.3.1 aufgetragen. *(Für angehende Experten: Was hier aufgetragen ist, ist der Logarithmus des Gradienten des Zwei-Punkt-Korrelationsintegrals für verschiedene Einbettungsdimensionen, 2, 4 ... 10, gegen den Logarithmus des variablen Skalierungsmaßes, r.)*

Ganz deutlich erkennt man den Unterschied zwischen den beiden Meßreihen. Die erste Meßreihe entspricht einem chaotischen System, die zweite enthält Zufallszahlen. Aber die Analyse der Daten liefert noch mehr Informationen: Die Kurven des chaotischen Systems zeigen ein Plateau bei einem Wert knapp über zwei (genauer bei 2,06 ...). Diese Zahl ist ein Maß für die Komplexität des Systems. (Der Ausdruck »Komplexität« hat mittlerweile auch mehrere wissenschaftliche Verwendungen, wir benutzen ihn hier in der umgangssprachlichen Bedeutung.) Die Zahl, bei der die Kurven ein gemeinsames Plateau haben, gibt eine untere Grenze dafür, wie viele unabhängige Gleichungen das System charakterisieren. In unserem Beispiel ist der Wert 2,06 ..., also kann das System mit drei Gleichungen (als nächsthöherer ganzer Zahl) vollständig beschrieben werden.

Im Gegensatz dazu verlaufen die Kurven des Zufallssystems deutlich gegeneinander versetzt, es gibt *kein* gemeinsames Plateau. Die genaue Erfassung der Punkte in dieser Meßreihe erfordert immer mehr beziehungsweise komplexere Gleichungen zur genaueren Beschreibung, weil es in einem Zufallssystem keine Gesetzmäßigkeit gibt.

Wir haben hier zwei idealisierte Fälle gezeigt, die auch ganz deutlich voneinander unterscheidbar sind. In der harten Wirklichkeit ist die Situation nie ganz so einfach. Zu den existierenden Gesetzmäßigkeiten addieren sich immer Meßfehler – durch die Ungenauigkeiten in der Apparatur, durch Hintergrundrauschen im Detektor oder sogar durch prinzipielle Grenzen der Meßgenauigkeit. Auch dieses kann die Analyse der Daten (innerhalb gewisser Grenzen) aufzeigen.

Als Beispiel haben wir in Abb. II.3.3 die Meßreihe von Abb. II.3.1(a) mit Zufallswerten überlagert, wobei dieses »Rauschen« 5 Prozent des eigentlichen Signals ausmacht. Aus der Analyse dieser

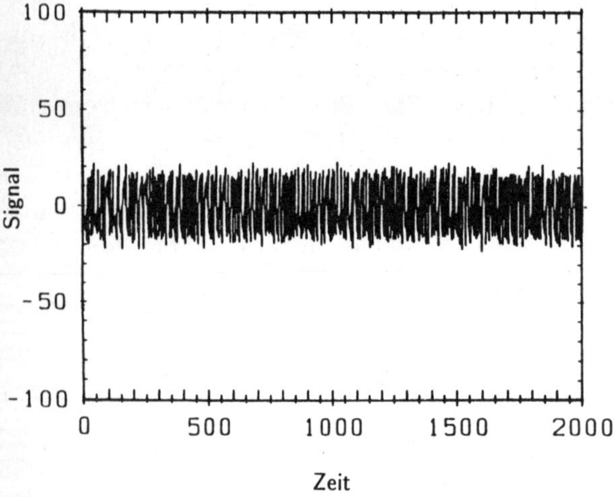

Abb. II.3.3

Die gleiche Zeitserie wie in Abb. II.3.1a ist hier gezeigt, überlagert mit kleinen zufälligen Fluktuationen.

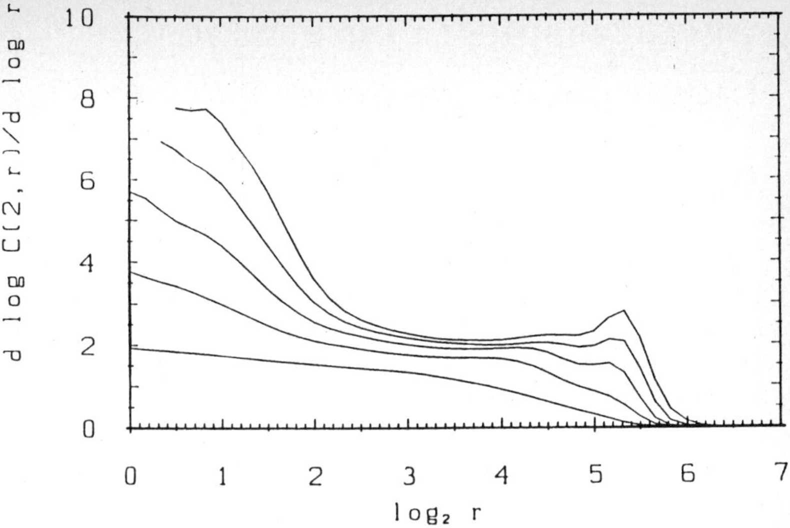

Abb. II.3.4

Die Analyse des »gemischten« (chaotischen plus zufälligen) Signals zeigt beide Eigenschaften der »reinen« Systeme – siehe Abb. II.3.2. Wiederum sind mit dem Auge nicht wahrnehmbare Unterschiede in der Datenanalyse deutlich sichtbar.

verrauschten Meßreihe, die sich optisch wirklich nur unwesentlich von der »ununterscheidet, erkennt man ganz deutlich die »chaotische Signatur« – das Plateau – und die »Zufallssignatur« – das gegenseitige Versetzen der Kurven – siehe Abbildung II.3.4.

Natürlich ist es für die Wissenschaft von großem Interesse, dieses »Werkzeug« – denn ein solches ist das Datenanalyseverfahren – auf Beobachtungen anzuwenden und so der Natur weitere Geheimnisse zu entlocken. In diesem Sinne ist die Entdeckung des deterministischen Chaos sehr vielversprechend. Wir können vielen Beobachtungen mehr Informationen entlocken und sie für die Menschheit nutzbringend einsetzen. Einige Versuche und die überraschenden Ergebnisse werden des weiteren beschrieben.

4. Lehrbeispiel Praxis: chaotische Rhythmen – gesundes Herz

Detaillierte Analysen von Herzrhythmusstörungen werden in vielen Laboratorien, aber seit einiger Zeit auch in Zusammenarbeit zwischen dem Max-Planck-Institut für extraterrestrische Physik und der I. Medizinischen Klinik der Technischen Universität München, durchgeführt. Nun wird sich jeder fragen, was die »extraterrestrische Physik« mit Herzrhythmusstörungen zu tun hat. Eine ehrliche Antwort ist: gar nichts, aber es gibt nun mal Zufälle und Unwägbarkeiten.

Diese Zufälle ergaben sich bei einem Fußballspiel der F-Jugend des FC Bogenhausen, bei dem zwei kleine Stöpsel mit mehr Eifer als Können hinter dem runden Leder herjagten und zwei Väter mit mehr Pflichtbewußtsein als Interesse versuchten, dem Gebolze zu folgen. Nun, besagte Stöpsel sind jetzt in der E-Jugend, der Eifer ist gewachsen, das Können noch mehr, die Mannschaft wurde Meister in ihrer Gruppe und hat sich sogar in einem Internationalen Turnier, nach Siegen über den FC Augsburg und 1860 München, im Endspiel gegen die starken Buben von Hannover 96 nur nach 8-Meter-Schießen geschlagen geben müssen. Besagter Zufall wäre jetzt nicht mehr möglich, weil die Väter sich zu begeisterten Fans entwickelt haben. Damals jedoch konnte man sich noch getrost über andere Dinge unterhalten, ohne allzu viel auf dem Spielfeld zu verpassen – und so kam es, daß der eine Vater von seiner Arbeit erzählte, dem ungelösten Problem der Identifizierung von gefährdeten Menschen im Zusammenhang mit dem Phänomen des plötzlichen Herztodes, und daß der andere Vater dann von den neuen Verfahren berichtete, die in seinem Forschungsinstitut zur Datenanalyse verwendet wurden – Verfahren, die ihren Ursprung in der Chaosforschung haben. Nach dem Spiel wurde dann auch gleich beschlossen, diese Analyseverfahren auf EKGs anzuwenden ...

Störungen in der normalen Herztätigkeit kommen praktisch bei jedem Menschen gelegentlich vor. Bei Gesunden haben sie keine Bedeutung, manchmal werden sie von den Betroffenen als »Herzstolpern« bemerkt. Bei Herzkranken jedoch können sie Vorwarnung sein, Ausdruck der Gefährdung, plötzlich – und unerwartet – zu versterben.

Besonders hoch ist das Risiko im Rahmen eines akuten Herzinfarkts; etwa die Hälfte der Patienten erleidet einen Herzstillstand noch bevor ein Arzt oder das Krankenhaus erreicht wird.

Die Bedeutung der Rhythmusstörungen wurde mit Einführung der kardiologischen Wachstationen vor etwa 30 Jahren deutlich, als es möglich wurde, Herzinfarktpatienten kontinuierlich elektrokardiographisch (also über die bekannten EKG-Messungen) zu überwachen. Dadurch konnten Herzrhythmusstörungen frühzeitig erkannt und behandelt werden, was zu einer signifikanten Verbesserung der Überlebenschancen der Betroffenen geführt hat. Die Erforschung der Rhythmusstörungen ist völlig zu Recht zu einem sehr wichtigen Arbeitsgebiet in der Kardiologie (Herzforschung) herangereift.

Natürlich drängt sich der Gedanke auf, daß die Herzrhythmusstörungen möglicherweise den Übergang von einem normal schlagenden Herzen hin zu einer chaotischen Verhaltensweise dieses Organs anzeigen könnten. Allein der Gedanke, daß unser Herz sich chaotisch verhalten könnte, läßt uns schaudern und treibt sowohl den Blutdruck als auch den Puls in die Höhe. Es mag sich aber sehr wohl aus den Forschungsergebnissen der nächsten Jahre ergeben, daß gerade diese besondere Form der Aktivitätssteuerung ein Lebensretter für viele Menschen ist. Die Früherkennung von Krankheiten könnte sich möglicherweise drastisch verbessern, wenn die medizinische Datenverarbeitung erst einmal in der Lage sein wird, die Signale des Herzens »richtig« auszuwerten und zu deuten.

Zum besseren Verständnis dieses Kapitels zeigen wir in Abbildung II.4.1 eine schematische Darstellung des menschlichen Herzens, wobei besondere Aufmerksamkeit dem Reizbildungs- und Leitungssystem gewidmet wird.

Die Impulse, die das Herz immer wieder zum Schlagen anregen, werden an bestimmten Stellen dieses Systems erzeugt und zur

Arbeitsmuskulatur weitergeleitet. Dieses wird später noch genauer beschrieben.

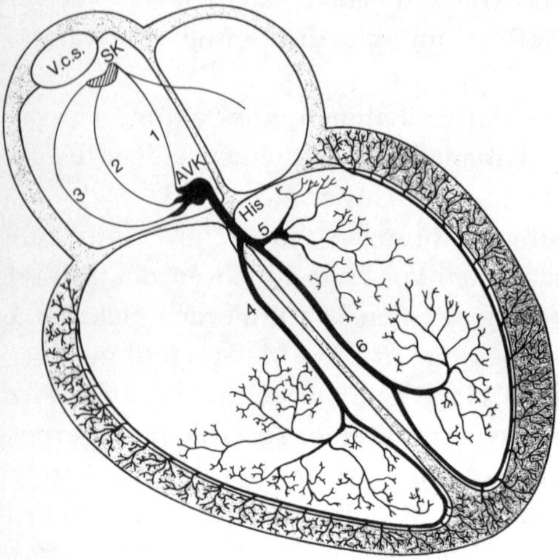

Abb. II.4.1

Das Reizbildungs- und Reizleitungssystem des menschlichen Herzens. Reizbildung findet im Sinusknoten (SK), im AV-Knoten (AVK) und im His-Purkinje-System (His) statt. Das Reizleitungssystem führt über die Internodalbündel (1–3) und die Faszikel (4–6) zu den Papillarmuskeln.

Das Herz hat vier Kammern. In der Abbildung haben wir oben links den rechten Vorhof, der über die Vena cava (V. c. s.) das gesamte, aus dem großen Körperkreislauf zurückfließende Blut aufnimmt. In unmittelbarer Nähe der Mündung befindet sich der Sinusknoten (SK), der das Herz unter normalen Bedingungen zur rhythmischen Schlagfolge anregt. Oben rechts in der Abbildung ist der linke Vorhof, und darunter sind die beiden Herzkammern, in denen die eigentliche Pumpleistung stattfindet. Weitere wichtige Teile des Erregungs- und Leitungssystems sind in der Bildunterschrift erwähnt.

Plötzlicher Herztod

Ein ungelöstes Problem, das eine der größten Herausforderungen an die moderne Kardiologie darstellt, ist das Phänomen des »plötzlichen

Herztodes«. Allein in den USA wird die Zahl dieser Todesfälle auf annähernd eine halbe Million pro Jahr geschätzt; in Deutschland liegt die Zahl in etwa bei 100 000 pro Jahr. Das sind etwa sechsmal mehr, als im Straßenverkehr umkommen.

»Prädiktiv«, also im Sinne der medizinischen Voraussagen, gibt es zwei grundsätzlich verschiedene Formen des plötzlichen Herztodes:

1. Im Rahmen des akuten Herzinfarkts, wenn das Gewebe dramatisch und möglicherweise in unkontrollierbarer Art gestört wird. Diese Situation ist schwer vorauszusehen, weil eine Signatur im EKG vorher kaum zu erwarten ist (und deswegen noch schwerer zu verhindern).
2. Bei chronischen Krankheitsbildern, beispielsweise bei Patienten, die einen Herzinfarkt überlebt haben. Das Herz mag dann durchaus »stabil« sein, aber unter dem Einfluß bestimmter Faktoren kann es trotzdem zum Kammerflimmern und zum plötzlichen Herztod kommen. Hier liegt meistens eine Signatur im EKG in Form von Rhythmusstörungen vor, und der Weg ins Kammerflimmern ist im Prinzip schon vorbereitet. Diese Situation sollte deshalb »rein prinzipiell« auch voraussehbar sein – allerdings setzt das voraus, daß wir in der Lage sind, diese Informationen den Herzrhythmusmessungen zuverlässig zu entnehmen. Abbildung II.4.2 zeigt einen Ausschnitt einer Langzeit-EKG-Aufzeichnung eines Patienten, in der der Übergang zum Kammerflimmern zu sehen ist.

Die Problematik der Rhythmusforschung im Zusammenhang mit dem Auftreten des plötzlichen Herztodes (im Falle chronischer koronarer Krankheiten) besteht aus zwei Hauptpunkten:

1. Zuverlässiges Erkennen potentiell gefährdeter Menschen, mithin eine funktionierende Diagnostik.
2. Prüfung, ob eine eingeleitete Therapiemaßnahme auch zuverlässig wirkt.

Trotz großer Fortschritte in den letzten zehn Jahren ist die medizinische Forschung von beiden Zielen noch sehr weit entfernt. Mit den heute zur Verfügung stehenden diagnostischen Möglichkeiten gelingt die Identifizierung der gefährdeten Patienten erst unzureichend. Nur eine Minderheit der Opfer ist aufgrund der klinischen Befunde eindeutig identifizierbar. Erschwert wird die Situation dadurch, daß diese Befunde wenig spezifisch sind und eine Reihe von

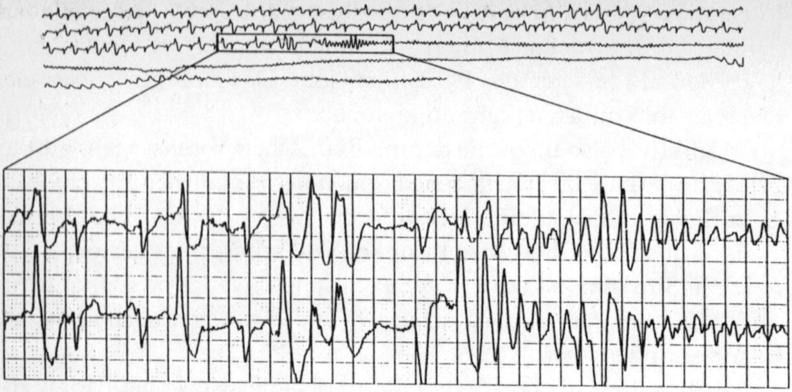

Abb. II.4.2

Auszug aus einem Oberflächen-EKG eines Patienten beim Übergang zum Kammerflimmern. Der Übergang ist vergrößert noch einmal dargestellt, inklusive einer zweiten Ableitung des EKGs.

nicht gefährdeten Patienten ein ähnliches Befundmuster aufweist. In der Sprache der medizinischen Statistik würde man sagen, daß sowohl die Sensitivität als auch der prädiktive Wert der diagnostischen Methoden gering ist.

Besonders deutlich wird dieses Dilemma, wenn man sich mit den Resultaten einer »antiarrhythmischen Behandlung« (also einer medikamentösen Behandlung, die das unregelmäßige – arrhythmische – Schlagen des Herzens behebt) auseinandersetzt. Bisher konnte in keiner einzigen Studie ein Nutzen der Behandlung gegenüber Placebopräparaten (= Nichtbehandlung) nachgewiesen werden. Kürzlich ergab eine internationale Multi-Center-Studie, daß antiarrhythmisch behandelte Patienten nach einem Herzinfarkt signifikant häufiger einen plötzlichen Herztod erlitten als Patienten aus der unbehandelten Kontrollgruppe (siehe Abbildung II.4.3).

Dieses Ergebnis läßt sich unter anderem durch die diagnostische Unschärfe der bisherigen Methoden erklären.

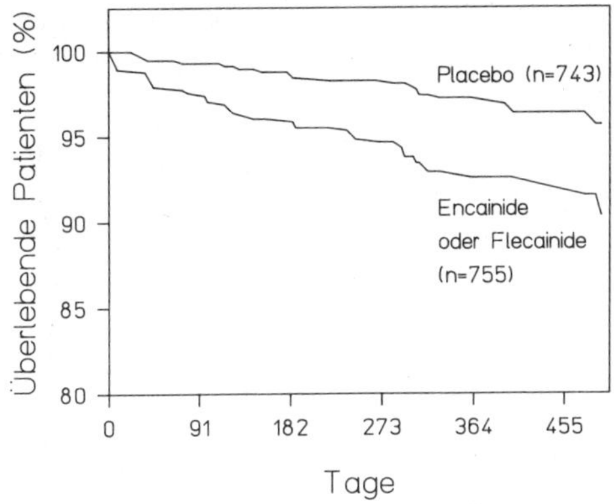

Abb. II.4.3

Ergebnisse einer multinationalen Studie über den »Erfolg« antiarrhythmischer Behandlungen. Die Überlebenschancen behandelter Patienten sind nach dieser Studie geringer als die der unbehandelten Kontrollgruppe.

Man muß fragen, woran es liegt, daß dieses wichtige medizinische Phänomen, von dem so viele Menschen Jahr für Jahr betroffen werden, bisher trotz aller Bemühungen der Wissenschaftler nicht frühzeitig erkannt wird und das Ausmaß des Risikos ebenfalls nicht definiert werden kann. Warum ist das so, obwohl die Natur (beziehungsweise das Herz) uns kontinuierlich mit Meßdaten versorgt, die wir problemlos mit Langzeit-EKGs dokumentieren und analysieren können?

Natürlich ist das Auftreten des Kammerflimmerns, wie schon aus Abbildung II.4.2 zu sehen, eine dramatische Veränderung der Funktionsweise des Herzens. Das bedeutet, wenn wir die Erfahrung aus anderen Bereichen der Naturwissenschaften einfließen lassen, daß der Zeitpunkt solch eines Übergangs vermutlich nie genau vorhersagbar sein wird. Aber die Andeutung, die Wahrscheinlichkeit, daß solch ein Übergang stattfinden könnte, müßte sich eigentlich schon vorher irgendwie abzeichnen. Risikopatienten müßten dann identifiziert werden können.

In anderen Bereichen der Naturwissenschaft sind solche Beispiele längst bekannt. Es sei hier an das Zerreißen eines Metalldrahtes erinnert, das über zunächst elastische Verformung, bei stärkerem Dehnen dann über plastische Verformung schließlich in die »Zweiteilung« mündet. Weder die Stelle noch der genaue Zeitpunkt des

Reißens sind exakt vorhersagbar, aber es gibt Zwischenstadien, die dem Beobachter Hinweise auf das bevorstehende Ereignis geben.

Ein anderes Beispiel ist die Entstehung von Turbulenz in einer Flüssigkeit. Auch hier erfolgt ein sequentieller Übergang von einem laminaren (gleichmäßigen) Strömungsverhalten über ein periodisch fluktuierendes Verhalten letztendlich in den turbulenten Zustand. Auch hier existiert wieder die Vorwarnung an den Beobachter. (Mehr davon im folgenden Kapitel.)

Nun, es gibt sicherlich eine Reihe von Gründen, weshalb das menschliche Herz anders betrachtet werden sollte als ein Stück Draht.

Zum einen werden mit den Patienten meist keine kontrollierten Versuche angestellt, insbesondere dann nicht, wenn das Experiment für den Gesundheitszustand des »Versuchsobjekts« fatal ausgehen könnte.

Es gibt in der modernen Kardiologie prinzipiell die Möglichkeit, unter den kontrollierten Bedingungen des elektrophysiologischen Labors beim Patienten mit Hilfe computergesteuerter Stimulatoren Herzrhythmusstörungen zu provozieren. Aber diese Prozeduren sind invasiv, also belastend für den Patienten. Außerdem ist diese Form der medizinischen und ärztlichen Betreuung sehr aufwendig, zeitintensiv und daher teuer. Aus all diesen Gründen können diese Prozeduren nur für eine zahlenmäßig relativ kleine Patientengruppe in Betracht gezogen werden. Will man das Problem des plötzlichen Herztodes auf breiter Basis lösen, ist man auf nicht-invasive Verfahren angewiesen, beispielsweise auf unaufwendige Schnappschüsse in Form von gelegentlichen Langzeit-EKGs.

Weiterhin sind Menschen, ihre Organe und deren Zusammenspiel sowohl physiologisch als auch psychologisch sehr unterschiedlich. Damit unterliegen die Messungen möglicherweise einer solchen objektbedingten Schwankungsbreite, daß eine Charakterisierung und Einordnung der Daten in gewisse Schemata nicht so einfach vollzogen werden kann wie etwa in der Physik oder Chemie.

Menschen sind und bleiben Individuen, Schemata haben deshalb nur statistischen Charakter im Sinne von Wahrscheinlichkeitsaussagen. Mehr ist auch hier gar nicht gefragt. Es geht bei der Identifizierung eines Risikos lediglich um eine Einstufung in den jeweiligen

Gefährdungsgrad – das aber natürlich möglichst genau, um kostenintensive und für den Patienten möglicherweise auch gefährliche weitere Untersuchungen und Therapieversuche möglichst nur dann zu empfehlen, wenn sie wirklich notwendig sind.

Letztendlich muß man eingestehen, daß die entscheidende(n) Eigenschaft(en) der Meßdaten, des EKGs, die Aufschluß über das Risiko des plötzlichen Herztodes geben könnte(n), noch nicht gefunden wurde(n) beziehungsweise untersucht werden konnte(n) – aus den verschiedensten Gründen. Wir möchten diesen letzten Punkt etwas erläutern:

Zunächst muß man sich fragen, ob die gesuchte Information wirklich in den EKGs verborgen ist. Diese Annahme erscheint recht glaubwürdig, handelt es sich beim Kammerflimmern doch um einen »Übergang«, wie schon in Abbildung II.4.2 gezeigt. Wir werden später bei der elektrophysiologischen Betrachtung noch näher darauf eingehen.

Weiterhin geschieht es nur sehr selten, falls überhaupt, daß der plötzliche Herztod durch Kammerflimmern auch bei Menschen auftritt, die völlig frei von Herzrhythmusstörungen sind. Das hat die Analyse von Langzeit-EKGs ergeben. In den meisten Fällen bestanden häufige und komplexe Rhythmusstörungen. Die Zuordnung: Herzrhythmusstörungen/Kammerflimmern/plötzlicher Herztod gilt also als relativ abgesichert.

Herzrhythmusstörungen

Das Interesse der Kardiologie hat sich demzufolge ganz natürlich den Rhythmusstörungen zugewandt. Die erste Aufgabe ist die Klassifizierung verschiedener Sorten von Störungen. Ohne hier auf alle Fallunterscheidungen eingehen zu wollen, möchten wir als Beispiele »ventrikuläre Extrasystolen« (VES), VES-Paare und VES-Salven erwähnen. Eine ventrikuläre Extrasystole kann der Patient wie einen zusätzlichen, aus der normalen Reihe tanzenden Herzschlag spüren. Im EKG sieht man die Signatur dieser Arrhythmie ganz deutlich (Abbildung II.4.4). Auch gezeigt sind VES-Paare und VES-Salven.

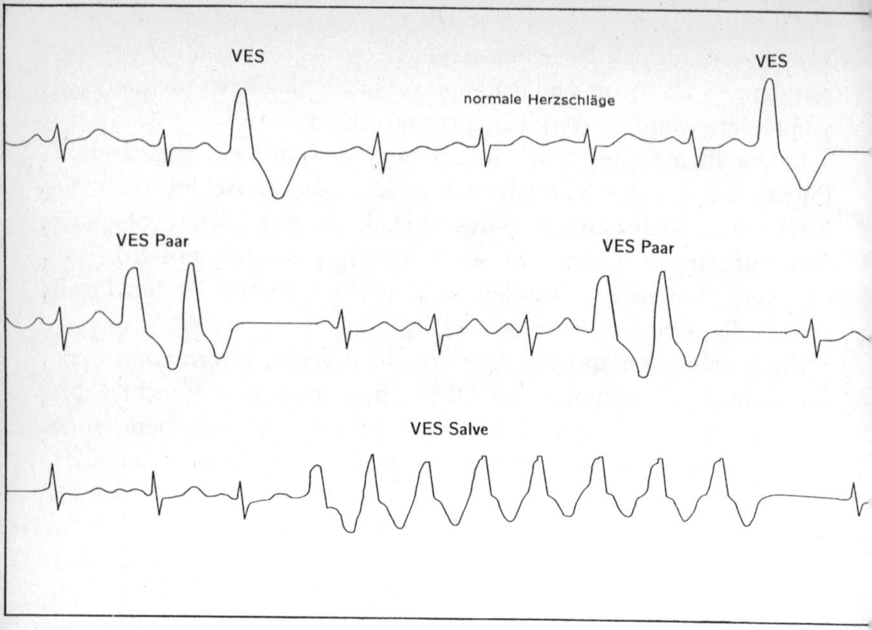

Abb. II.4.4

Signaturen verschiedener Herzrhythmusstörungen im EKG:
a) Ventrikuläre Extrasystolen (VES),
b) VES-Paare,
c) VES-Salven.

VES-Paare (oder Couplets) sind zwei aufeinanderfolgende Extrasystolen, Salven (sogenannte komplexe VES), ein ganzes Paket solcher Extrasystolen.

Die Hoffnung der Medizin war, durch die Klassifizierung der Störungen und durch eine einfache Analyse der Häufigkeit des Auftretens verschiedener Arrhythmien ein brauchbares Maß für die Gefährdung der Patienten zu erhalten, um dadurch Risikogruppen bestimmen zu können.

Dabei ergeben sich gleich einige fundamentale methodologische

Probleme, die zuerst geklärt werden müssen. Es gibt Kurzzeit-EKGs, Belastungs-EKGs und Langzeit-EKGs. Es ist sofort einleuchtend, daß das Auffinden von Arrhythmien bei Langzeituntersuchungen häufiger ist als bei Kurzzeituntersuchungen und daß statistisch signifikante Aussagen im Fall des Langzeit-EKGs wahrscheinlicher sind. Belastungs-EKGs hingegen bringen Daten über das Herz in einem anderen Zustand (höhere Pumpleistung, höhere Normalfrequenz und dergleichen), so daß hier vielleicht sogar mit zusätzlichen Informationen gerechnet werden kann. Ein Vergleich der diagnostischen Wertigkeit von Belastungs-EKGs und Langzeit-EKGs zeigt jedoch, daß die Erfassung von Rhythmusstörungen im Belastungs-EKG deutlich geringer ist als bei Langzeit-EKGs. Dies ist besonders evident bei komplexen Störungen (siehe Abbildung II.4.5).

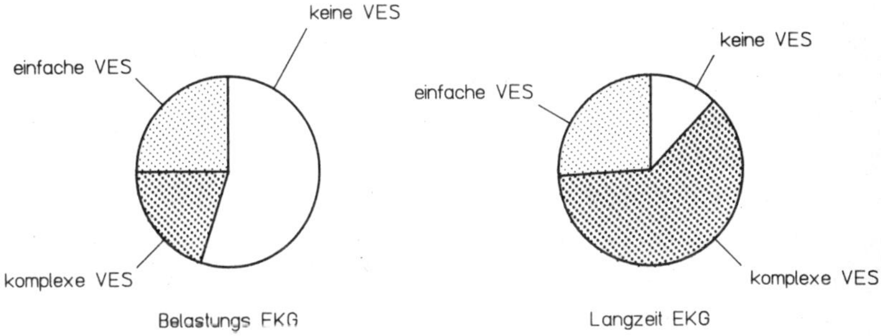

Abb. II.4.5

Nachweis ventrikulärer Extrasystolen im Belastungs-EKG und im 24-Stunden-Langzeit-EKG.

Unverkennbar wird das Herz in der kurzen Belastungszeit doch nicht so stimuliert, daß es seine Geheimnisse preisgibt. Eine längere Beobachtungsphase unter normalen Bedingungen ist da offensichtlich erfolgreicher. Als guter Kompromiß zwischen dem Bedarf an Information und den Bedürfnissen der Patienten hat sich das 24-Stunden-Langzeit-EKG etabliert.

Wie wird nun eine Risikogruppe bestimmt? In den nichtmedizinischen Bereichen der Naturwissenschaft würde man (vielleicht durch Herumprobieren, vielleicht aber auch auf intelligenterem Wege) eine geeignete Testsequenz entwickeln, die Daten aufzeichnen und aufgrund der Reproduzierbarkeit der Ergebnisse die Fallgruppenbestimmung vornehmen. In der Humanmedizin ist die Situation nicht gänzlich anders, obwohl sich das etwas makaber anhört. Was gebraucht wird, sind genügend viele »Letalitäten« – oder, allgemeinverständlicher, »Leichen«. Natürlich müssen sich diese »Letalitäten« vor Eintreten der »Letalität« genügend oft einem Langzeit-EKG unterzogen haben, denn sonst sind sie für die Statistik nutzlos.

Man muß jetzt wieder auf die schon früher beschriebene Fallunterscheidung zurückkommen. Von den jährlich 100 000 in Deutschland vom plötzlichen Herztod betroffenen Menschen wird geschätzt, daß etwa 70 Prozent eine koronare Herzerkrankung haben, sich also in einer chronischen Situation befinden, die sich verschlechtert. Von diesen 70 Prozent wird der plötzliche Herztod bei etwa zwei Dritteln ausgelöst, ohne daß ein akuter Herzinfarkt vorliegt. Die Existenz einer koronaren Herzerkrankung ist nicht unbedingt vorher bekannt; es gibt Fälle, in denen ein Herzinfarkt »stumm« abläuft und vom Betroffenen nicht einmal bemerkt wird. Die einzige Signatur, die dann noch (im Prinzip) eine Vorwarnung geben kann, ist die Rhythmusstörung. Allerdings gibt es ähnliche Störungen dieser Art bei einer viel größeren Gruppe von Menschen, die jedoch nicht gefährdet ist. Das Herausfiltern der wirklichen Risikogruppe aus diesem Umfeld ist die große Herausforderung.

Ein erster wichtiger Schritt war das Herausgreifen einer Patientengruppe mit bekannter koronarer Herzerkrankung, Überwachung der Arrhythmien über längere Zeiten hinweg und Bestimmung der Risikosignatur anhand der »Letalitäten«.

In Abbildung II.4.6 ist das Ergebnis einer solchen Studie aufgetragen. Insgesamt waren in der klinischen Untersuchung 1739 Patienten eingeschlossen worden. Es handelte sich ausnahmslos um Patienten mit abgelaufenem Herzinfarkt. Deutlich zu sehen ist, daß die kumulative Letalität, also der prozentuale Anteil der Patienten, die im Laufe der Zeit am plötzlichen Herztod gestorben sind, wesentlich größer ist, wenn die Patienten komplexe Rhythmusstörungen hatten, also Couplets und Salven, gegenüber Patienten mit einfachen VES. Das Risiko war ungefähr um den Faktor 3 erhöht.

Ähnliche Ergebnisse sind auch in vielen anderen Untersuchungen gemessen worden.

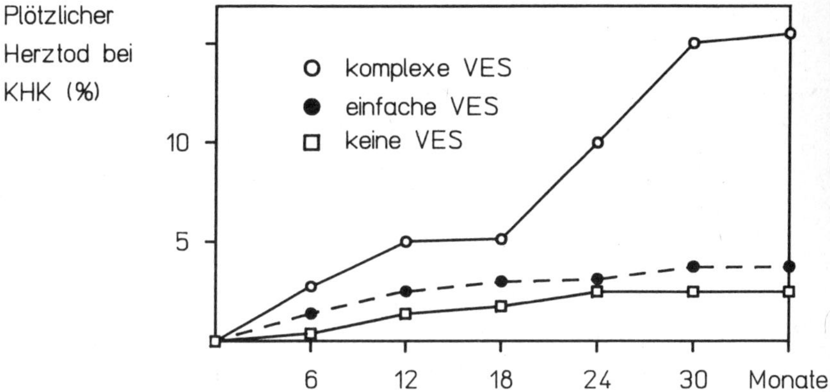

Abb. II.4.6

Kumulative Todesfälle (in %) bei koronaren Herzkranken (KHK) im Verlauf von 3 Jahren. Der Zusammenhang mit Herzrhythmusstörungen ist gezeigt.

Obwohl hier eine positive Korrelation zwischen komplexen Rhythmusstörungen und dem Risiko zu verzeichnen ist, ist das Ergebnis insgesamt gesehen doch eher bescheiden. Die Übertragung dieses Befundes auf alle unter Arrhythmien leidenden Menschen funktioniert nicht.

Außerdem haben 85 Prozent der Patienten mit komplexen Störungen überlebt und 95 Prozent derjenigen mit einfachen Störungen auch. Der prädiktive Wert dieser Analysen ist also zu gering, und glaubwürdige Vorhersagen sind nicht möglich.

Viel wichtiger wäre es, eine Möglichkeit zu finden, die gesamte Information, die in den Herzrhythmusstörungen zweifellos enthalten ist, so zu entschlüsseln, daß das Risiko des plötzlichen Herztodes erkennbar wird. Das Ziel dabei ist, nicht nur rein statistische, sondern zuverlässige individuelle Vorhersagen machen zu können.

Um das Beispiel mit dem Draht noch einmal zu strapazieren: Wenn das Herz sich durch eine Verkettung von Einflüssen (oder Stimulationen) in die Richtung zum Kammerflimmern begibt, so ist es wahrscheinlich, daß mehrere »Anläufe« notwendig sind, ehe es dann wirklich zum Kammerflimmern kommt. Wenn diese »Anläufe« bestimmte Signaturen haben, kann man in den Langzeit-EKGs darauf achten, ähnlich wie man auch einen alten Draht vor Gebrauch vermessen würde, um zu sehen, ob er schon an einer Stelle überdehnt wurde.

Dieses Ziel erscheint rein prinzipiell gar nicht so unerreichbar, wenn man die Elektrophysiologie des Herzens betrachtet.

Elektrophysiologie des Herzens

Das Herz ist, stark vereinfacht ausgedrückt, ein elektro-mechanisches System aus biologischem Baustoff. Es bildet die elektrischen Impulse selbst in dafür spezialisierten Schrittmachergeweben, die Impulse werden über ein kompliziertes Leitungsnetz auf die Arbeitsmuskulatur übertragen und regen auf diese Weise das Herz zum Schlagen an, das heißt, sie setzen damit die mechanische Pumpaktion in Gang.

Die Leistung des Herzens ist enorm. Bei einer typischen Lebenserwartung von etwa 80 Jahren muß es drei- bis fünfmilliardenmal schlagen – ohne auszusetzen. Zum Vergleich: Die aufsummierte Umdrehungszahl eines Automotors während der typischen »Lebensdauer« von 100 000 bis 200 000 gefahrenen Kilometern beträgt nur ein Zehntel davon. Dabei läuft das Herz im Normalfall weitgehendst »wartungsfrei«, während das Auto in dieser Zeit mindestens zehn teure Wartungsintervalle aufweist, mit regelmäßigem Ersatz von »Verschleißteilen« wie Zündkerzen oder Dichtungsringe u. dgl. Unser »körpereigener Motor«, das Herz, funktioniert mit seinen etwa 300 Gramm Gewicht viel effizienter.

Die Regelmäßigkeit des Herzschlags ist dabei ein kleines Wunderwerk. Obwohl sich das Herz normalerweise unter dem Einfluß des autonomen Nervensystems befindet (und durch die zwei Nervenstränge, Vagus und Sympathicus, moduliert wird), sind keine äußeren Regelmechanismen erforderlich, um den Herzmuskel zur rhythmischen Kontraktion zu stimulieren. (Wenn das nicht so wäre, könnten Patienten, denen ein neues Herz transplantiert wurde, nicht überleben.) Im Herzen selbst gibt es keine Nerven, die solche Funktionen ausüben könnten, und es konnte in Laboratorien gezeigt werden, daß selbst Fragmente des Herzmuskels in Gewebekulturen zu rhythmischen Kontraktionen fähig sind.

Diese Fähigkeit der Impulsentstehung allein genügt natürlich nicht, damit das »System Herz« effizient funktionieren kann, es muß auch noch koordiniert werden. Das bedeutet Informationsfluß = elektrische Impulse, die durch ein aufwendiges elektrisches Leitungssystem über spezialisiertes Gewebe laufen und die Gesamtfunktion des Herzens erst ermöglichen. Wir kommen darauf später noch zurück.

Nach einem Herzschlag kann nicht sofort ein zweiter Schlag folgen, das würde sicherlich Probleme mit dem Pumpmechanismus, aber auch mit der Physiologie, dem Funktionszustand des Herzens selbst, nach sich ziehen. Zum Beispiel würde sich das Herz bei zu kurzen Schlagintervallen nicht ausreichend mit Blut füllen können. Die Natur hilft sich dabei in der Weise, daß eine gewisse Minimalzeit verstreichen muß, die sogenannte Refraktärzeit, ehe eine weitere elektrische Erregung des Herzens möglich ist.

Diesen Effekt kann man sehr schön durch künstliche elektrische Stimulation des Herzens demonstrieren. In Abbildung II.4.7 sind anhand einer EKG-Aufzeichnung drei solcher Herzschlagsequenzen gezeigt. In den oberen beiden Sequenzen erfolgte die Stimulation nach einer Zeit außerhalb der Refraktärzeit – eine künstlich ausgelöste Extrasystole ist die Folge. In der unteren Sequenz erfolgte die Stimulation innerhalb der Refraktärzeit – das Ergebnis: keine Herzaktivität.

Die Refraktärzeit ist wesentlich kleiner als das Zeitintervall zwischen normalen Schlägen – bei niedriger Herzfrequenz etwa ein Drittel, bei hoher Frequenz etwa zwei Drittel. Je nach Belastung wird das Herz ja auch schneller schlagen müssen, um den Bedarfsmeldungen des Körpers nachzukommen, und da wäre es nicht sinnvoll, wenn es

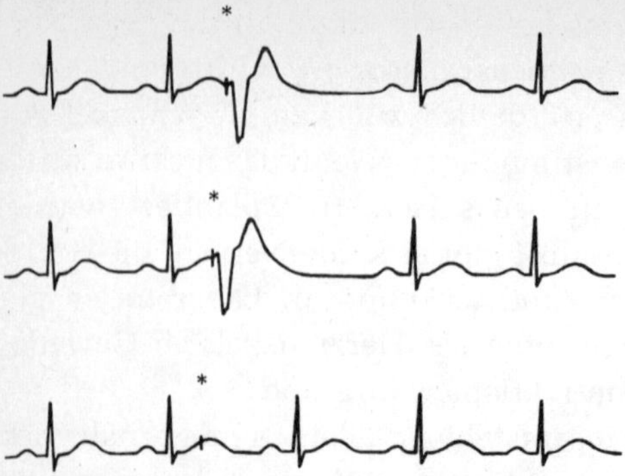

Abb. II.4.7

Programmierte Einzelstimulation (*) des Herzens.

gleich an seine physiologischen Grenzen stoßen würde. Eine Pulsrate von über 200 Schlägen pro Minute kommt allerdings schon gefährlich nahe an die Leistungsgrenze des Herzens heran – es ist also davon abzuraten, zu oft zu hochtourig zu fahren – das System wird's danken!

Der natürliche Schrittmacher des Herzens liegt in einigen speziellen Gewebszellen. Beim Menschen wird diese Rolle von einer Gruppe von Zellen erfüllt, dem sogenannten Sinusknoten. Diese Zellen befinden sich im oberen Teil des rechten Vorhofs und haben eine intrinsische Automatiefrequenz von etwa 70 bis 80 pro Minute. Es gibt noch andere potentielle Schrittmachergewebe, im AV-Knoten mit einer Erregungsrate von 40 bis 60 pro Minute und im His-Purkinje-System mit einer Erregungsrate von 15 bis 40 pro Minute. Der schnellere Sinusknoten kontrolliert und unterdrückt normalerweise die anderen potentiellen Schrittmachergewebe. Sie springen praktisch nur »ersatzweise« ein.

Wie schon erwähnt, laufen die elektrischen Impulse durch spezielles erregbares Gewebe. Mikroskopisch gesehen handelt es sich hierbei um Zellen, die durch ein aufwendiges und energieverbrauchendes System von »Ionenpumpen« polarisiert worden sind. Auch hier handelt es sich um ein kleines Wunderwerk der Natur!

Durch den Austausch von elektrisch geladenen Natrium- und Kalium-Teilchen durch die Zellwände wird zunächst erreicht, daß das Zellinnere gegenüber dem Zelläußeren eine elektrische Spannung von etwa minus 80 Millivolt aufweist. Die Zelle ist dann »polarisiert«.

Bei der »Depolarisation« wird dieser Zustand innerhalb einer Millisekunde aufgehoben, das Zellinnere wird sogar ganz kurz positiv geladen, und anschließend wird die Zelle erneut »polarisiert«. Erst gegen Ende dieses Prozesses ist die Zelle wieder erregbar. Die gegenseitige Beeinflussung der Nachbarzellen erlaubt die Ausbreitung des elektrischen Signals durch dieses spezielle Gewebe.

Der Verlauf der Veränderungen im elektrischen Potential, ausgelöst durch die Ausbreitung der Erregungswelle über die Herzkammern, kann von Elektroden, die über dem Herzen auf der Haut angebracht sind, registriert werden. Diese elektrische Signatur nennen wir Elektrokardiogramm oder kurz »EKG«. Die Zuordnung verschiedener Herzabschnitte (bei deren Erregung beziehungsweise Depolarisation) im Oberflächen-EKG ist in Abbildung II.4.8 gezeigt.

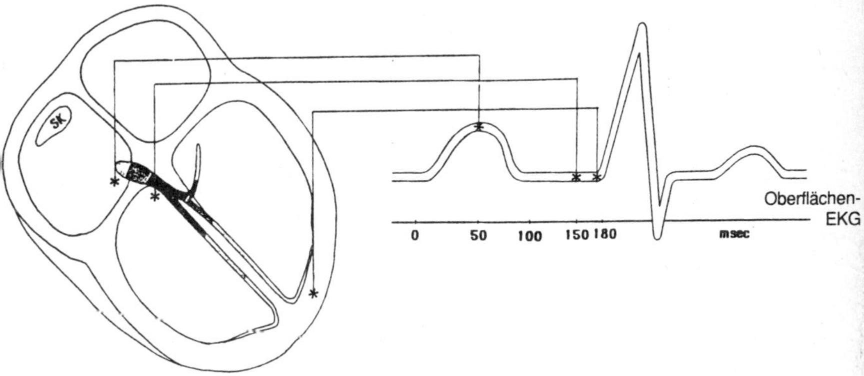

Abb. II.4.8

Depolarisation verschiedener Herzabschnitte beim normalen Sinusrhythmus, mit Zuordnung zu der Signatur der Oberflächen-EKGs.

Es handelt sich dabei in zeitlicher Reihenfolge um die Depolarisation der Vorhöfe, die Erregung des AV-Knotens und des His-Purkinje-Systems und die Depolarisation des Ventrikelmyokards (der Arbeitsmuskulatur). Man sieht also in den EKGs, wie sich der elektrische Impuls ausbreitet, ähnlich wie die Wellen in einem Teich, wenn ein Stein hineingeworfen wird.

Es scheint logisch, daß der Herzrhythmus in nicht unerheblichem Maße von der Signalfrequenz, der Signalausbreitungsgeschwindigkeit, aber auch vom Signalweg abhängt. Rhythmusstörungen können ein Produkt harmloser Veränderungen aller dieser Faktoren sein, sie können aber ebenso ein Produkt pathologischer Veränderungen mit großer Auswirkung auf den Gesamtorganismus sein.

Ein Konzept, das für die Erklärung von Arrhythmien entwickelt wurde, basiert auf einer Kreisschaltung der erregbaren Gewebe. (Andere Vorstellungen existieren auch, wir wollen aber hier nicht näher darauf eingehen.) Wir hatten schon erwähnt, daß die Koordination der Herzaktivität durch elektrische Signale, die durch spezielles Gewebe laufen, geregelt wird. Dieses Gewebe ist elektrisch »erregbar« und kann die Information von einer Zelle zur Nachbarzelle weiterleiten. Anatomisch gesehen existieren überall im Herzen, insbesondere im Sinusknoten, im AV-Knoten und im His-Purkinje-System, solche Kreisbahnen der Erregungsleitungen. Das ist schematisch in Abbildung II.4.9 dargestellt. Die Pfeile symbolisieren die Geschwindigkeit der Signale – diese kann in den zwei Bahnabschnitten unterschiedlich sein.

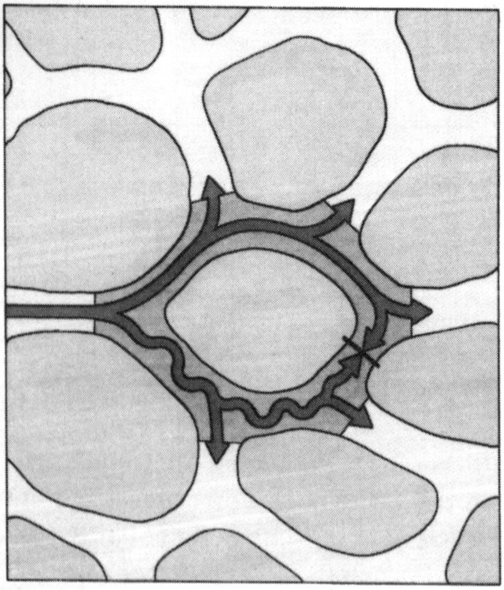

Abb. II.4.9

Halbschematische Darstellung von Erregungsbahnen im Herzen. Die Pfeile symbolisieren die Geschwindigkeit der Erregungsleitung.

Der Informationstransport (= Erregungswelle) läuft in dem Bild von links nach rechts um die »Hindernisse« durch das spezifische Leitungsgewebe herum. Es ist leicht einzusehen, daß eine Veränderung im Gewebe, zum Beispiel durch eine Infarktnarbe, die das Gewebe elektrisch inaktiv werden läßt, die normale Leitungs- und Erregungseigenschaften empfindlich stören kann. Das ist in Abbildung II.4.10 a–c schematisch zu sehen.

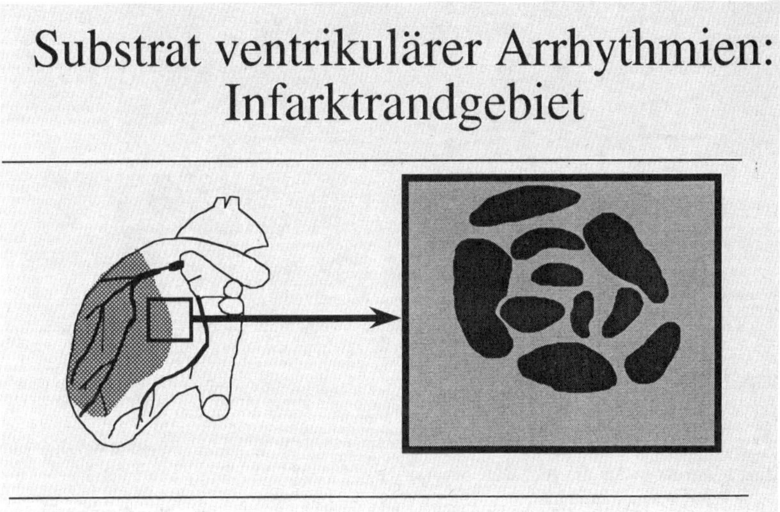

Abb. II.4.10 a

Infarktrandgebiet mit elektrisch inaktivem Narbengewebe.

Im Bild a ist das Infarktrandgebiet als vergrößerter Ausschnitt aus dem betroffenen Herzen gezeigt. Die dunklen Stellen sind elektrisch inaktives Nervengewebe, dazwischen gibt es überlebendes Myokard mit veränderten elektrophysiologischen Eigenschaften, während das Gewebe außerhalb elektrisch normal ist.

In Bild b läuft eine normale Erregungswelle in Pfeilrichtung von links nach rechts über diese veränderte Region hinweg. Wie ein Fluß beim Umströmen von Inseln läuft das Signal hauptsächlich um das

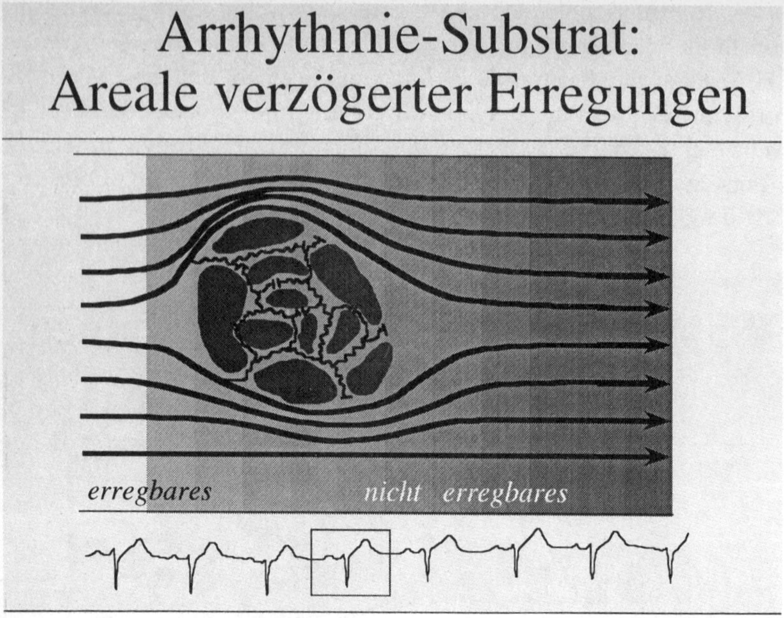

Abb. II.4.10b

Verlauf einer Erregungswelle über elektrophysiologisch verändertes Infarktrandgewebe – Austreten des Signals innerhalb der Refraktärzeit bedeutet normale Schlagfolge (im unteren Teil des Bildes als EKG dargestellt).

Hindernis herum – es geht den Weg des geringsten Widerstandes. Aber ähnlich wie bei kleinen Wasserläufen in einem Delta fließt auch hier ein Teil der Erregungswelle in das veränderte Gebiet hinein, nur langsamer. Anders als bei einem Fluß, der unaufhörlich fließt, sind die Zellen nach dem Durchlauf einer Erregungswelle für eine gewisse Zeit refraktär, also nicht erregbar – die Gründe dafür haben wir schon erörtert. Diese Eigenschaft ist durch die Ausdehnung der Grauzone gekennzeichnet. Wenn die Erregungswelle aus dem veränderten Gebiet, in dem sie ja langsamer ist, austritt, so trifft sie auf nicht erregbare Zellen – und es passiert nichts.

In Bild c ist die Erregungswelle durch eine vorzeitige Extrasystole ausgelöst. Das Gewebe um die Infarktnarbe herum ist schon wieder

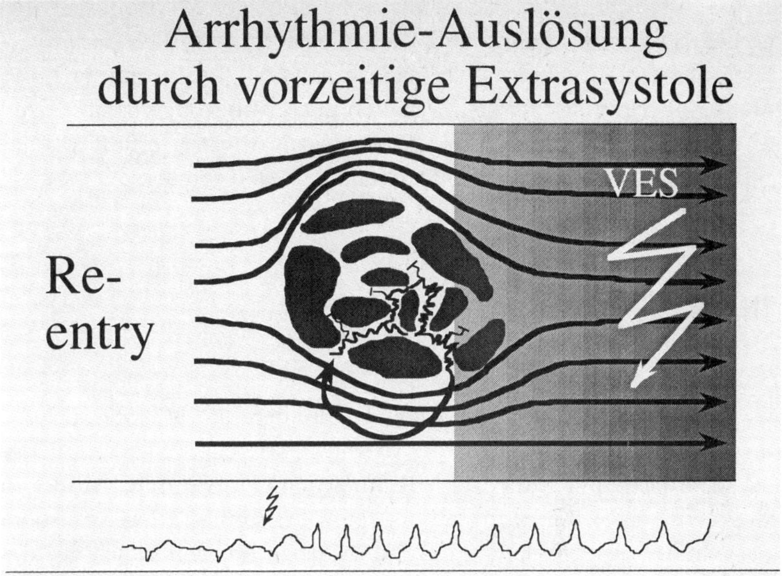

Abb. II.4.10 c

Verlauf einer Erregungswelle, hervorgerufen durch eine vorzeitige Extrasystole, über elektrophysiologisch verändertes Infarktrandgewebe – die Refraktärzeit ist kürzer, und bei Austreten des Signals ist das Myocard schon wieder erregbar. Das Ergebnis ist die Anregung von VES-Salven (im unteren Teil des Bildes als EKG dargestellt).

erregbar, wenn die Welle aus dem veränderten Gebiet austritt. Das ist wiederum durch die Grauzone gekennzeichnet. Der Grund kann etwa eine verkürzte Refraktärzeit sein. Die austretende Erregungswelle kann sich »rückwärts« in das umliegende erregbare Gewebe ausbreiten und wieder in das Infarktrandgebiet eintreten. Dieser Prozeß wird »Re-entry-Mechanismus« (= Wieder-Eintritt) genannt und gilt als möglicher Auslöser weiterer Extrasystolen.

Mit diesem Beispiel haben wir gezeigt, wie es durch unterschiedliche Geschwindigkeiten im Erregungskreis, aufgrund der durch den Infarkt veränderten elektrophysiologischen Eigenschaften des Gewebes, zu Anregungen »außerhalb der Reihe« kommen kann – zu

Rhythmusstörungen. Der diagnostische Reiz der Rhythmusstörungen liegt also darin, dieses veränderte Gewebe zu sondieren (der Vergleich mit einem Echolot oder Radargerät drängt sich hier auf) und gerade bei chronisch Koronarkranken nach frühzeitigen Hinweisen auf eine Verschlechterung zu suchen. Diese Aufgabe müßte primär im Bereich der medizinischen Datenanalyse zu lösen sein.

Chaos im Herzen

Wir hatten in der Einleitung erwähnt, daß detaillierte Untersuchungen im Max-Planck-Institut für extraterrestrische Physik und der I. Medizinischen Klinik der Technischen Universität München durchgeführt werden. Einige der ersten Ergebnisse dieser auf dem Fußballplatz beschlossenen Zusammenarbeit werden gleich gezeigt und beschrieben. Es handelt sich hier um ganz neuartige Untersuchungen, die sehr vielversprechend aussehen und die Hoffnung unterstützen, daß die internen Signale des Herzens für die Erkennung von pathologischen Störungen, also solche, die gesundheitsgefährdend sind, nutzbar gemacht werden können.[1])

Rein beobachtungsmäßig stellt sich uns das Herz als ein System dar, das von einem elastisch variablen (gesunden) Verhalten über Irregularitäten (Rhythmusstörungen) zum Kammerflimmern – einem hochgradig ungesunden Zustand – finden kann. Da wir es hier mit einem komplizierten Erregungs- und Signaltransportproblem zu tun haben, erscheint es zunächst sinnvoll, den Zeitabstand zwischen aufeinanderfolgenden Herzschlägen möglichst genau zu bestimmen und die »Struktur« dieser Zeitabstände, also irgendwelche Zusammenhänge (Korrelationen), quantitativ zu erfassen. Die Hoffnung –

[1]) Diese Ergebnisse sind zur Zeit noch nicht zur Veröffentlichung in den einschlägigen medizinischen Fachzeitschriften eingereicht, und wir danken dem medizinischen Leiter des »Zentrums für Nichtlineare Dynamik in der Kardiologie«, Priv. Doz. Dr. Georg Schmidt, für die Genehmigung zur Veröffentlichung in diesem Buch, für das Durchlesen dieses Teils, das Korrigieren und die Bereitstellung der Abbildungen dieses Kapitels.

vielleicht sogar die Erwartung – ist, daß sich unterschiedliche Ursachen für die Arrhythmien auch in unterschiedlichen Strukturen niederschlagen, so daß diese dann diagnostiziert werden können, um gezielte Risikoangaben machen zu können.

Die Elektrophysiologie des Herzens unterstützt diese Betrachtungsweise. Herzrhythmusstörungen wären demzufolge keine zufällig auftretenden Ereignisse, sondern in gewissem Maße deterministisch eingebettet im gesamten Schlagablauf des Herzens. Natürlich werden solche Ereignisse nach einer gewissen Zeit wieder unabhängig voneinander, weil es genügend viele Störfaktoren gibt, die zunächst kleine Abweichungen hervorrufen, die ihrerseits aber auch zu immer größeren Variationen führen können.

Es ist naheliegend, Herzrhythmusstörungen daraufhin zu untersuchen, ob sie ein chaotisches Verhalten haben oder nicht. Weiterführend – da es methodisch durchführbar ist, chaotische Systeme quantitativ zu charakterisieren – ergibt sich hier möglicherweise sogar ein Weg, Risikogruppen gezielt zu identifizieren und dadurch vielen Menschen zu helfen.

Natürlich ist es noch ein weiter Weg, bis die Ärzte in der Lage sein werden, anhand eines Langzeit-EKGs definitive Aussagen über den Risikograd machen zu können, falls das in dem gewünschten Maße überhaupt je gelingen wird.

Auf der anderen Seite wäre der Nutzen, eine billige, ungefährliche und verläßliche Methode zu haben, natürlich immens – und für die potentiellen Opfer des plötzlichen Herztodes von entscheidender Bedeutung, denn frühes Erkennen eines Problems kann oftmals dazu führen, daß es mit relativ geringem Aufwand gelöst werden kann.

Ein Merkmal bei der Analyse chaotischer Systeme ist die Tatsache, daß in den Meßdaten oder Signalen begrenzte Zusammenhänge existieren. Dieses kann durch eine »Korrelationsanalyse« – also eine mathematische Untersuchung der Zusammenhänge –, wie schon in Kapitel II.3 gezeigt, erfaßt und gedeutet werden. Eine weitere Möglichkeit ist die graphische Darstellung in einem sogenannten Phasenraumdiagramm.

Die genaue Bedeutung dieses »Phasenraums« ist hier zunächst unwichtig – der Punkt ist einfach der, daß bei einem Zufallssystem eine gleichförmige Bedeckung dieses Phasenraums entsteht, während bei einem chaotischen System – wegen der existierenden, aber vom Auge kaum wahrnehmbaren Zusammenhänge – eine »Klumpung« im Phasenraum auftaucht. Wir können als Phasenraum zum Beispiel den Wert x_i gegen den jeweils nächsten Wert in der Zeitreihe, x_{i+1}, auftragen. Das haben wir bei der iterativen Abbildung im Kapitel II bei der Steuerreform schon getan – ohne zu wissen, daß wir damit bereits das erste Phasenraumbild gezeichnet hatten! Wir können aber auch x_i gegen x_{i+2} und so fort aufzeichnen – der Phantasie sollen hier keine Grenzen gesetzt werden. Sehr ergiebig ist oftmals eine dreidimensionale Darstellung (x_i, x_{i+1}, x_{i+2}), wie wir im weiteren zeigen werden.

Für die so ähnlich aussehenden Zeitreihen von Seite 128/9 sei diese dreidimensionale Phasenraumdarstellung hier kurz gezeigt, um das bisher Behauptete graphisch zu untermalen (siehe Abbildung II.4.11 a, b). Das Bild zeigt die Punktwolke der Daten aus den erwähnten Zeitreihen in der Mitte eines Würfels und die jeweiligen Projektionen oder Schattenwürfe auf drei Flächen dieses Würfels.

In Teil a sehen wir die Zeitreihe des Zufallssystems, in Teil b die des chaotischen Systems. Die Klumpung der Punkte im chaotischen System ist deutlich sichtbar, während im Zufallssystem die Punkte gleichmäßig verteilt sind. Allerdings muß man hier eine Warnung anbringen: Klumpung kann auch durch geschickte Überlappung mehrerer Zufallssysteme erzeugt werden, sie ist damit ein *Hin*weis, aber kein *Be*weis für das Auftreten eines chaotischen Systems. Weiterführende Analysen, wie in Kapitel II.3 gezeigt, sind auf jeden Fall erforderlich.

Nun zu den Herzrhythmusdaten. Es handelt sich hier um einige ausgewählte Patienten mit vielen Rhythmusstörungen. Zur Darstellung haben wir wieder den dreidimensionalen Phasenraum gewählt, mit den Achsen x_i, x_{i+1} und x_{i+2}. Die Werte x_i sind jeweils die Zeitabstände zwischen aufeinanderfolgenden Herzschlägen (in Millisekunden). In diesem 3-D-Raum ist die Punktwolke eines gesunden Herzens in der Form einer schräg liegenden »Zigarre« angeordnet. (Damit wollen wir nicht die gesundheitsschädigende Wirkung des Rauchens verharmlosen, sondern nur die geometrische Figur beschreiben – siehe Abbildung II.4.12.) Die Länge der »Zigarre« entspricht der Variation in der Beanspruchung: hohe Raten = kleine

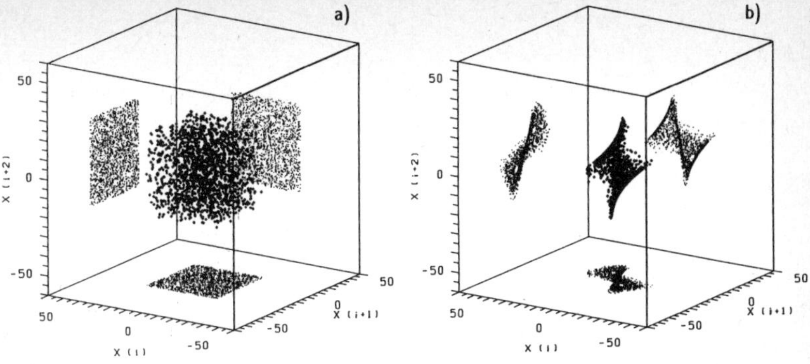

Abb. II.4.11

Dreidimensionale Phasenraumdarstellung der auf Seite 129 gezeigten *zufälligen Zeitserie* und ihre Projektionen auf die Wände eines umgebenden Würfels (a) und dreidimensionale Phasenraumdarstellung der auf Seite 128 gezeigten *chaotischen Zeitserie* und ihre Projektionen auf die Wände eines umgebenden Würfels (b).

Zeitabstände, verursacht etwa durch Treppensteigen, Gefahrensituationen, Ärger, Angst und Freude, liegen am unteren Ende; niedrige Raten = große Zeitabstände, wie während des Schlafs oder der Entspannung in der Badewanne, liegen am oberen Ende. Der gesamte dynamische Bereich ist bei Sportlern größer als bei unsportlichen Mitbürgern, insbesondere in die Richtung nach oben. Sportler haben Pulsraten (in Ruhe) von 40 bis 60 Schlägen pro Minute, normal ist 80.

Auch aufgetragen sind die Schattenwürfe dieser Punktwolke auf die drei Seiten, bei denen man das charakteristische »Zigarrenbild« des gesunden Menschen wiederum ausmacht.

Nun zu kranken Herzen mit Arrhythmien. Einzelne ausgewählte Beispiele sind in den Abbildungen II.4.13 bis II.4.19 aufgeführt. Man sieht die Unterschiede zum gesunden Herzen ganz deutlich: Neben der Zigarrenform, die die normalen Herzschläge registriert, gibt es zusätzliche Punktwolken, die die Arrhythmien charakterisieren.

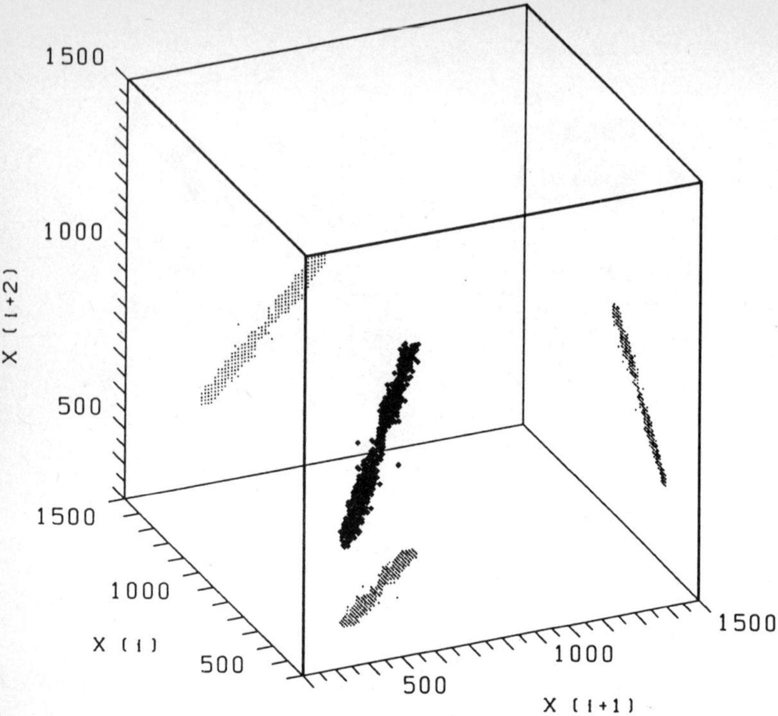

Abb. II.4.12

Dreidimensionale Phasenraumdarstellung der Herzrhythmusvariation eines gesunden Menschen und die Projektionen auf die Wände eines Würfels. x_i, x_{i+1} und x_{i+2} sind drei aufeinanderfolgende Zeitintervalle zwischen den Herzschlägen (in Millisekunden gemessen).

In Abbildung II.4.13 handelt es sich um einen Patienten mit einer koronaren Grunderkrankung. Man erkennt aus dem Phasenraumdiagramm ganz deutlich die schon erwähnte »Zigarrenstruktur« der normalen Herzrhythmusvariation. Zusätzlich sieht man auch die Abweichungen, Extrasystolen, als ausgedehntere Punktwolke hauptsächlich um die »Zigarrenmitte« herum angesiedelt. Dieser Pa-

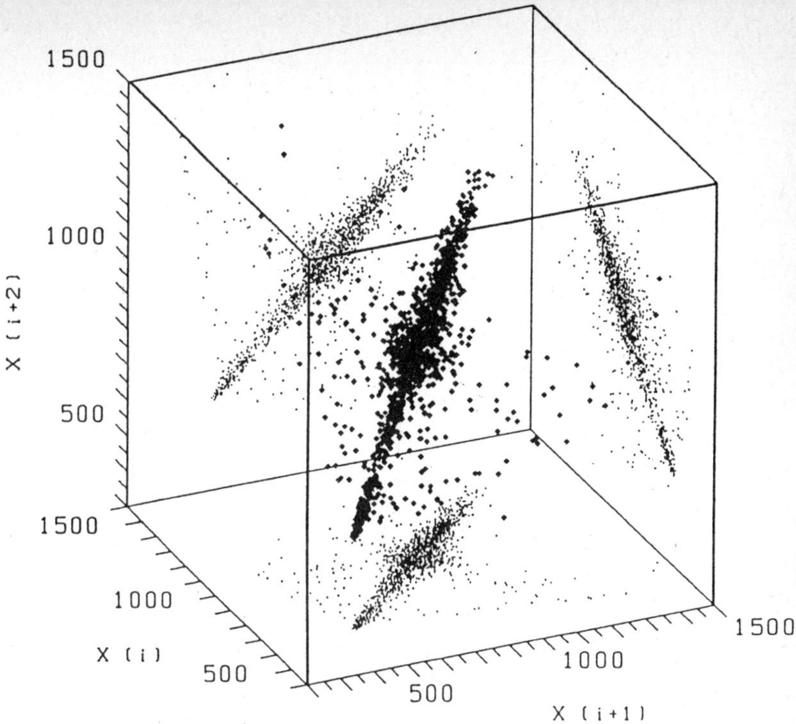

Abb. II.4.13

Beispiel eines Patienten mit Herzrhythmusstörungen. Die Phasenraumdarstellung zeigt neben der normalen (zigarrenförmigen) Rhythmusvariation zusätzliche Extrasystolen.

tient lebt heute noch, viele Jahre nach Aufnahme des EKGs, das in Abb. II.4.13 für das Phasenraumdiagramm benutzt wurde, und ist deshalb in einer niedrigen Risikogruppe einzustufen.

Auch Abbildung II.4.14 zeigt einen Patienten mit koronarer Grunderkrankung. Im Gegensatz zum vorherigen Patienten fallen die Rhythmusstörungen in wohldefinierte Regionen, die an den zusammenhängenden Punktwolken mühelos zu erkennen sind. Prak-

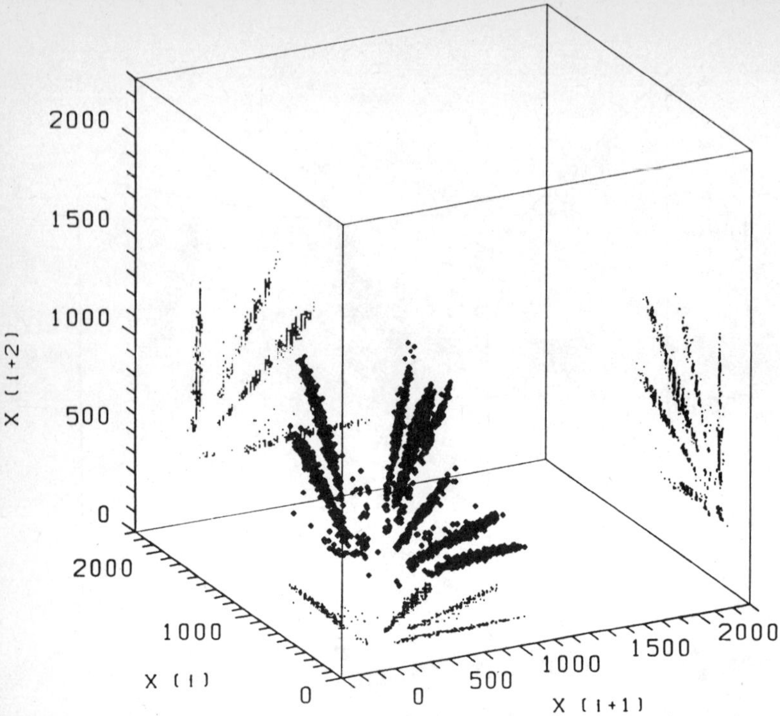

Abb. II.4.14

Beispiel eines Patienten mit Herzrhythmusstörungen, die sich in der Phasenraumdarstellung als zusammenhängende Strukturen ausweisen.

tisch bedeutet dies, daß die Zeitabstände zwischen aufeinanderfolgenden Signalen (Herzschlägen) in ganz bestimmten Verhältnissen zueinander ablaufen. Im 3-D-Bild erkennt man acht solcher Punktwolken, in den Projektionen wegen Überlappungen allerdings nur vier oder fünf. Dieser Patient hat bisher überlebt und ist wohlauf. Die Dynamik des Herzens im Normalbereich (der »Zigarre« – die etwas kräftigere Struktur in der Mitte) ist akzeptabel. Die wohldefinierte Anordnung der Rhythmusstörungen könnte bedeuten, daß diese immer von ein und derselben »Störregion« im Herzen ausgesandt werden. Das ist allerdings noch nicht untersucht worden – hätte aber möglicherweise wichtige herzdiagnostische Konsequenzen, falls diese Hypothese zutrifft.

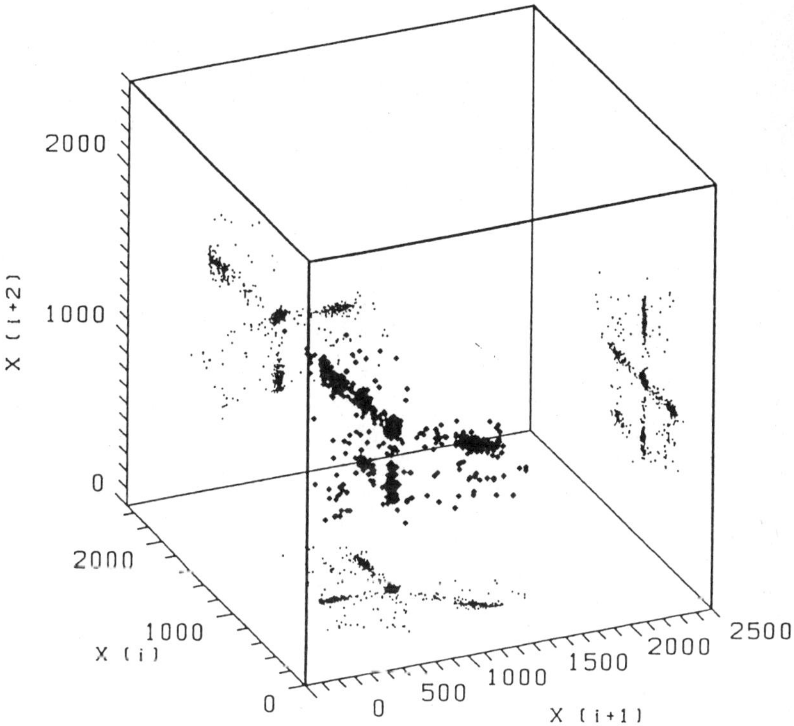

Abb. II.4.15

Beispiel eines Patienten mit Herzrhythmusstörungen. Der Patient hatte bereits eine Bypassoperation.

In Abbildung II.4.15 handelt es sich um einen Koronar-Herzkranken, der schon eine vierfache Bypass-Operation hinter sich hat. Im Phasenraumdiagramm fehlt die »gesunde Zigarrenform« gänzlich;

die Projektionen (oder Schattenwürfe) auf die Seitenflächen des Kubus (Würfels) ergeben geometrische Formen wie das deutlich erkennbare »Kreuz« in der [x_i, x_{i+2}]-Ebene rechts im Bild. Da bekannt ist, daß es sich hier um einen schwerkranken, gefährdeten Patienten handelt, ist ein Vergleich mit dem gesunden Herzen besonders interessant: Das wichtigste Merkmal, das sofort auffällt, ist die »starre« Schlagweise des Herzens im Normalbereich. Das, was von der »Zigarre« hier übriggeblieben ist, ist ein Klumpen in der Mitte der Punktwolke, praktisch überhaupt keine Dynamik. Zusätzlich gibt es Variationen durch Extrasystolen, die aber alle außerhalb der »gesunden« Zigarrenregion liegen. Dieses bekannt kranke Herz schlägt also recht »starr« und wird durch Rhythmusstörungen aus dieser »Starre« öfters herausgerissen.

Der Patient, von dem das hier im Phasenraum dargestellte EKG (Abbildung II.4.16) gewonnen wurde, hatte eine koronare Herzerkrankung und eine fünffache Bypass-Operation. Es handelt sich also, ähnlich wie bei dem vorherigen Patienten (Abbildung II.4.15), um einen Schwerkranken. Der Patient ist kurz nach der hier gezeigten EKG-Aufnahme am plötzlichen Herztod verstorben.

Auch hier sehen wir wieder das Bild eines »starren« Herzens in der normalen Rhythmusvariation mit häufig auftretenden Störungen. Die »Zigarre« ist wie bei dem vorherigen Beispiel auf einen eng begrenzten Punkt zusammengeschrumpft, wie man insbesondere an der [x_i und x_{i+1}]- und auch an der entsprechenden [x_{i+1} und x_{i+2}]-Projektion sehen kann (untere und hintere Fläche des Würfels). In der [x_i und x_{i+2}]-Projektion rechts im Bild erkennt man die bereits in Abbildung II.4.15 bemerkte »Kreuzform«, zusätzlich projizieren sich eine Reihe von Extrasystolen auf die Diagonale – den Anschein erweckend, daß die Dynamik der gesunden Rhythmusvariation größer sei. Bei genauerer Betrachtung sowohl der 3-D-Verteilung als auch der Projektionen auf die anderen Flächen sieht man aber, daß dies ein Projektionseffekt ist und daß die normale Rhythmusvariation sehr gering ist.

Der nächste Patient war koronar herzkrank und ist wenige Tage nach der Abnahme des in Abbildung II.4.17 dargestellten EKGs am plötzlichen Herztod verstorben. Im Vergleich zu den vorherigen Beispielen erschien dieser Patient allerdings medizinisch eher unauffäl-

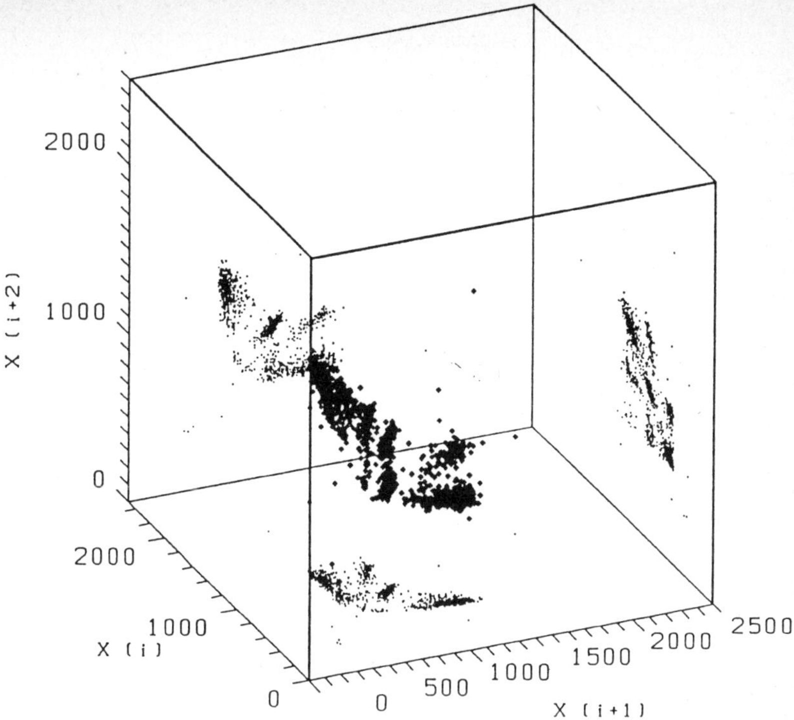

Abb. II.4.16

Beispiel für Herzrhythmusstörungen. Der Patient hatte bereits eine Bypassoperation und verstarb einige Zeit nach der EKG-Aufnahme am plötzlichen Herztod.

lig, mit weniger Extrasystolen und ohne operativen Eingriff. Die Phasenraumdarstellung zeigt, daß die Variabilität der normalen Herzaktivität, wie in den vorangegangenen Beispielen, stark eingeschränkt ist – auch dieses Herz schlägt »starr«. Gleichzeitig wird auch dieses Herz gelegentlich durch Extrasystolen aus seiner starren Ruhe gebracht und gestört. Der Vergleich mit den vorherigen Beispielen (Abbildungen II.4.15 und II.4.16) – die Andeutung der »Kreuzform« in der $[x_i, x_{i+2}]$-Projektion, das starre Schlagen der Normalaktivität… Die Systematik ist schon beeindruckend.

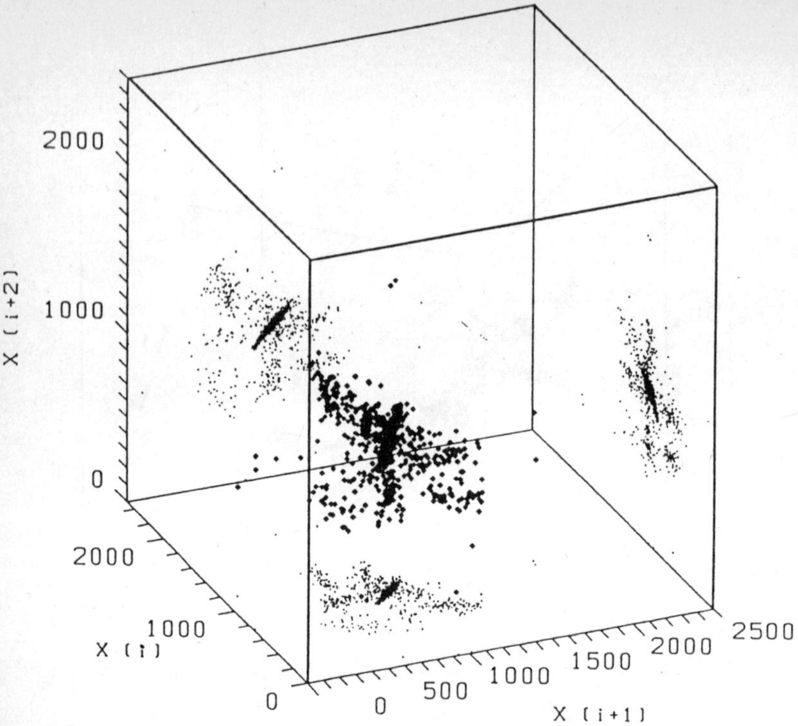

Abb. II.4.17

Beispiel eines Patienten mit Herzrhythmusstörungen. Dieser Patient war medizinisch eher »unauffällig«, verstarb aber einige Zeit nach Aufnahme des EKG am plötzlichen Herztod.

Allerdings muß man zur Vorsicht gegenüber voreiligen Schlüssen mahnen – es handelt sich in den hier gezeigten Beispielen um die ersten Analysen dieser Art. Sehr viel harte Arbeit ist noch notwendig, um den Informationsinhalt der Rhythmusvariationen zu erfassen, zu kategorisieren und dann in ein geeignetes Diagnoseverfahren einmünden zu lassen. Die hier gezeigten Phasenraumbilder stellen eigentlich nur einen geringen – allerdings optisch leicht beschreibbaren – Teil der gesamten Analyseprozedur dar. Die quantitativen Strukturanalysen dieser Bilder, die Korrelationen (= Zusammenhänge) zwischen den normalen Herzschlägen und den Zwischenpulsen, und vor allem die Dynamik, liefern einen noch tieferen Einblick für den Mediziner – Informationen, auf die er sich bei Diagnosen in der Zukunft stützen kann.

Die Schlagfolge des Herzens in Abbildung II.4.18 ist ganz anders als die der bisher gezeigten Patienten. Dieses Herz schlägt praktisch

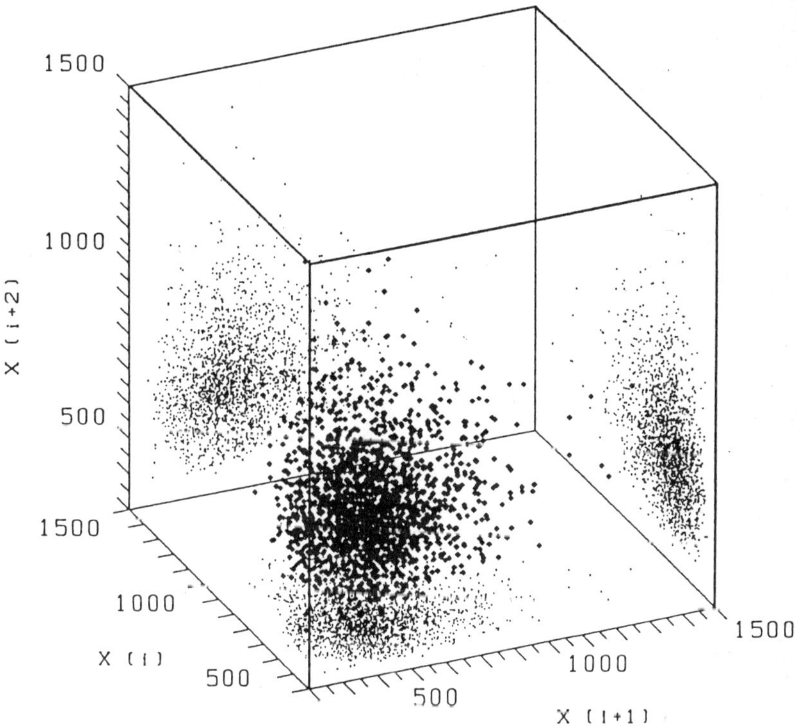

Abb. II.4.18

Beispiel eines Patienten mit Herzrhythmusstörungen, in diesem Fall »Vorhofflimmern«. Im Phasenraum sieht man, daß der Herzrhythmus fast zufällig variiert (vergleiche Abb. II.4.11 a).

wie ein »Zufallsgenerator«, der Zeitabstand aufeinanderfolgender Herzschläge ist mal kurz, mal lang, ohne erkennbare Ordnung (vergleiche Abbildung II.4.11 a). Dieses EKG wurde zu einem Zeitpunkt gewonnen, zu dem der Patient sogenanntes Vorhofflimmern hatte. (Nicht zu verwechseln mit dem »Kammerflimmern«, welches nach kurzer Zeit zum Tod führt, falls keine ärztliche Behandlung erfolgt.)

Dieses Vorhofflimmern macht sich deutlich bemerkbar. Der Patient ist gut beraten, sich sofort zur Überwachung in ein Herzzentrum oder Krankenhaus zu begeben. In dem hier gezeigten Phasenraumdiagramm ist die Punktwolke der Schlagintervalle zu kleinen Zeiten aufgrund der Refraktärzeit bei circa 350 Millisekunden begrenzt. Weil das Herz diese Zeit braucht, um sich wieder zu erholen, gibt es praktisch keine Herzschläge in kleineren Abständen.

Beim EKG in Abbildung II.4.19 handelt es sich wieder um eine Messung während einer Phase des Vorhofflimmerns. Der Patient unterscheidet sich weder durch die Symptome noch sonst (noch nicht einmal durch das Alter) von dem vorherigen. Allerdings ist er einige Zeit nach der Erfassung dieses EKGs am plötzlichen Herztod verstorben, der vorherige nicht. Nun, es ist müßig, anhand dieser zwei Beispiele nach Unterschieden zu suchen und diese zur Erklärung heranziehen zu wollen. Es ist zum Beispiel überhaupt nicht klar, ob diese Phase des Vorhofflimmerns informationsmäßig ergiebig genug ist, um eine medizinische Prognose zu ermöglichen. Das Phasenraumdiagramm zeigt, daß die Herzschläge praktisch zufallsverteilt sind. Das bedeutet, daß die Länge des nächsten Intervalls eigentlich nur mit Wahrscheinlichkeiten angegeben werden kann – also eine nur begrenzt informationsträchtige Situation.

Da diese Untersuchungen der Herzrhythmusvariabilität noch neu sind, infolgedessen noch keine Statistik vorliegen kann und laufend weiterführende Untersuchungen in Angriff genommen werden, können wir hier keine Zusammenfassung mit Ergebnissen bringen, so wie es in etlichen anderen Kapiteln dieses Buches möglich ist. So etwas zu wagen hieße, unwissenschaftlich vorzugehen und möglicherweise unbegründete Hoffnungen zu erwecken. Der interessierte Leser ist gehalten, sich künftig in der Fachliteratur über die Fortschritte dieser Arbeit selbst zu informieren.

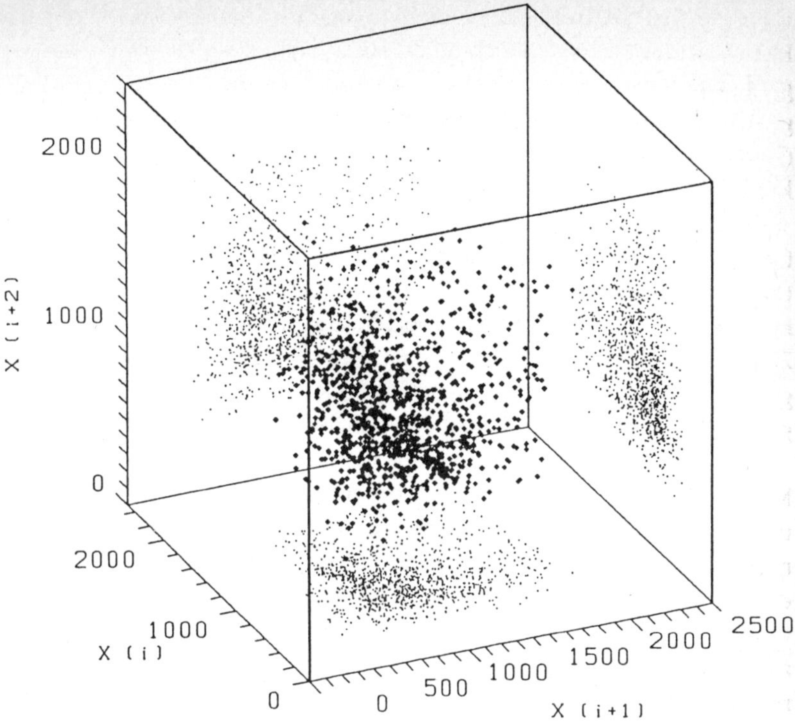

Abb. II.4.19

Beispiel eines Patienten mit Herzrhythmusstörungen. Es handelt sich auch in diesem Fall um »Vorhofflimmern«. Einige Zeit nach Aufnahme des EKG verstarb der Patient am plötzlichen Herztod.

Zum jetzigen Zeitpunkt kann man lediglich folgende erste Eindrücke wiedergeben:

1. Wenn das Herz sehr »starr« schlägt, also sehr *deterministisch* ist, wie ein einfaches Pendel, so scheint dieses Verhalten eher auf eine koronare Erkrankung hinzudeuten als auf eine normale, gesunde Herzaktivität.
2. Wenn das Herz noch durch Extrasystolen gestört wird, so er-

scheint dies zusätzlich problematisch zu sein. Von der Mechanik her ist das recht einleuchtend – ein System (wie Uhrwerk, Motor, Pumpe), das starr eingestellt wird und dann durch heftige Störung aus diesem Gleichgewicht herausgeworfen wird, erleidet leicht größeren Schaden.

3. Wenn das Herz *stochastisch* (= zufällig) schlägt wie beim Vorhofflimmern, so ist das sicherlich eine Warnung, die auf keinen Fall ignoriert werden darf. Keiner wird behaupten, daß das Vorhofflimmern gesund ist. Die Beziehung zum plötzlichen Herztod, falls es eine solche gibt, ist jedoch noch unklar.
4. Im Zwischengebiet gibt es das normale, dynamische Verhalten der Herzaktivität (die »Zigarre«), gekoppelt möglicherweise mit Rhythmusstörungen. Mit aller Vorsicht scheint der erste Eindruck zu sein, daß dieses Verhalten auf ein geringes Risiko deutet. Solange das Herz variabel auf äußere Stimuli oder Belastung reagieren kann, solange es im Sinne eines Automotors »elastisch« ist, solange scheinen die Rhythmusstörungen keinen gravierenden Effekt zu haben. In diesem Bereich, so zeigen weiterführende Analysen, ist die Rhythmusvariation *deterministisch chaotisch* – Korrelationen existieren für kurze Zeiten, dann erlischt die Vorhersagbarkeit.

Natürlich müssen wir abwarten, ob diese ersten Eindrücke durch eine statistisch einwandfreie Untersuchung untermauert oder widerlegt werden. Momentan scheint es jedenfalls, als ob der dynamische, deterministisch chaotische Zustand der Herzvariabilität normal ist und trotz Rhythmusstörungen kein hohes Risiko darstellt. Im Gegensatz dazu erscheinen insbesondere das starre deterministische und möglicherweise auch das zufällige Verhalten eher problematisch.

III. Das ganz gewöhnliche Chaos

Wir haben auch für diesen Themenkreis Beispiele herausgegriffen, auf der einen Seite das Wetter, auf der anderen das Verkehrschaos – zum besseren Verständnis einiger hydrodynamischer Systeme auch noch Ergebnisse einer mittlerweile klassischen Laboruntersuchung: des »Bénard-Experiments«.

Die Meteorologie war eine der Triebfedern der Chaosforschung, angeregt durch die Entdeckungen von Edward Lorenz. Aus diesem Grunde und weil uns das Wetter wirklich in jeder Hinsicht stark beeinflußt (die Ernte, die Wasserversorgung, Freizeitgestaltung, Urlaubspläne, Wetterfühligkeit, ja selbst heutzutage zuweilen immer noch das nackte Überleben) ist es ein gutes Beispiel.

Verkehrschaos, nun davon kann jeder ein Lied singen! Nur, ein Stau – und sei er noch so lange und ärgerlich – ist kein Verkehrschaos! Da stehen die Autos brav hintereinander auf einem Asphaltstreifen, der mit viel Mühe und Geld durch Wald und Wiesen gelegt wurde, damit die Autos sich darauf fortbewegen – manchmal erfüllen die Dinge eben nicht den angestrebten Zweck –, und was passiert, ist eigentlich recht gut vorhersagbar. Verkehrschaos ist die *unregelmäßige* Bewegung des Verkehrs, oftmals durch nichts Objektives zu erklären. Wie oft schon sind wir durch eine Strecke zähfließenden Verkehrs durchgekommen – da, plötzlich fahren alle wieder wie gewohnt verrückt –, und man fragt sich, woher die Störung kam – unerklärlich, chaotisch.

Auch als Fußgänger können wir unseren Beitrag zum Verkehrschaos leisten. Die Fußgängerampeln sind sinnigerweise so konzipiert worden, daß nach dem Aktivieren durch Knopfdruck – erst einmal lange Zeit nichts passiert! Vermutlich haben sich die Verantwortlichen gedacht, daß die Fußgänger zuviel Zeit haben, denn sonst würden sie ja Auto fahren – oder sie glaubten den Autofahrern den

Schmerz des Anhaltens noch etwas hinauszögern zu müssen. Egal wie, das Ergebnis ist fast immer, daß die Fußgänger völlig frustriert schon bei »Rot« über die Straße gehen und daß die Autofahrer anhalten müssen, obwohl weit und breit niemand mehr zu sehen ist, der die Ampel benutzen will.

Aus der Sicht des Chaos ist das ganz gut so. Es führt zu Störungen im Verkehrsfluß, die man an anderer Stelle mit großem Aufwand durch Gleichschalten von Ampeln (grüne Welle) wieder beseitigen möchte.

Auch in diesem Kapitel hätten wir problemlos weitere Themen präsentieren können. Die Luftchemie und der Einfluß der Umweltverschmutzung zum Beispiel – die Wissenschaft hat erkannt, wie kompliziert das Zusammenspiel dieser Einflüsse ist und daß es durchaus nichtlineare chaotische Entwicklungen geben kann, vielleicht sogar muß. Das Besorgniserregende ist, daß diese Entwicklungen nicht einfach vorhersagbar sind und wegen der langen Zeitskalen im atmosphärischen und ozeanischen Wechselkreislauf auch nicht sofort aufgehalten werden können. Das »Ozonloch« könnte durch solch eine Entwicklung zustande gekommen sein.

Ähnlich sieht es bei anderen (noch) Gleichgewichten der Natur aus, wie zum Beispiel dem Verhältnis von Raubtieren zu Beutetieren. Nicht nur, daß immer mehr Tierarten in unseren Wäldern, in der Luft und in den Ozeanen durch menschliche Eingriffe vom Aussterben bedroht werden, auch das Ansiedeln artfremder Tiere in einer neuen Umwelt – schon mehrfach probiert – hat immer wieder unerwartete Wirkungen hervorgerufen. Der Grund: Unsere Umwelt ist zu kompliziert, als daß wir zuverlässig vorhersagen könnten, wie sich eine Störung oder Veränderung auswirkt. Sie ist in diesem Sinne chaotisch und funktioniert. Deshalb kann man auch nur raten: Finger weg von größeren Eingriffen, solange man das komplexe Zusammenspiel nicht verstanden hat.

In der Wissenschaft und in der Technik gilt der Laser als zuverlässiges und stabiles Gerät, welches in der Medizin, in Präzisionsinstrumenten, in der Wehrtechnik und selbst in der Unterhaltungselektronik bei CD-Spielern vielfältigen Einsatz gefunden hat. Auch das Laserlicht, so hat sich herausgestellt, fluktuiert chaotisch – zur großen Überraschung der Wissenschaftler. Das bedeutet natürlich nicht, daß beim nächsten Abspielen von Beethovens *Siebter* plötzlich Mozarts *Kleine Nachtmusik* aus dem Lautsprecher ertönt. Diese Anwendung der Laser ist dadurch nicht beeinflußt, aber einige Höchstpräzisions-Messungen, die mit Lasern durchgeführt werden können, reagieren sehr wohl empfindlich auf die chaotischen Fluktuationen.

Diese Beispiele, kurz umrissen, zeigen, wie viele Bereiche in unserer Umgebung chaotisch sind, selbst Präzisionsinstrumente. Sie zeigen auch, daß wir dieses im täglichen Leben entweder nicht bemerken oder daß wir uns daran gewöhnt haben und alles völlig normal finden. In beiden Fällen muß man davon ausgehen, daß alles funktioniert, denn sonst würde es uns arg in Mitleidenschaft ziehen und unsere Lebensbedingungen so verändern, daß wir wahrscheinlich schon längst nicht mehr existierten.

1. Zum Beispiel: Verkehr

Eines der bekanntesten Alltagsbeispiele für chaotische Abläufe ist wohl das Verkehrschaos, das inzwischen mit großer Regelmäßigkeit auf den Straßen auftritt. Viele Zeitgenossen übertragen die leidvolle Erfahrung, im Verkehr steckengeblieben zu sein, als Negativimage auf alle chaotischen Vorgänge. Dabei ist ein Verkehrsstau durchaus etwas sehr Geordnetes, und stehender Verkehr an sich wird auch kaum als chaotisch empfunden.

Was im allgemeinen mit Verkehrschaos bezeichnet wird, ist der unstabile dynamische Zustand, der von einem gleichmäßigen Verkehrsfluß zu einem völligen Zusammenbruch des Verkehrs führen kann. Das Besondere dabei ist, daß hier jeder mehr oder weniger bewußt aktiver oder passiver Teilnehmer eines chaotischen Prozesses sein kann. Jeder Verkehrsteilnehmer kann die Dynamik des Verkehrsflusses unmittelbar beeinflussen. Zwar vermag er einen einmal entstandenen Stau nicht wieder aufzulösen, aber er kann in einem gleichmäßig dahinfließenden Verkehrsstrom leicht Stockungen bis hin zum totalen Zusammenbruch auslösen. Bemerkenswert ist auch, daß gerade der Straßenverkehr, dessen Ablauf durch eine immens große Zahl von Verordnungen und Vorschriften geregelt werden soll, eine so starke Tendenz zu Instabilität und Chaos zeigt.

Manch einer wird die Ursache darin vermuten, daß sich nicht alle Verkehrsteilnehmer an die Regeln halten. Das mag bisweilen schon zutreffen, aber es zeigt sich, daß von einer bestimmten kritischen Verkehrsdichte an der Ablauf des Geschehens *immer* unvorhersagbar wird, auch wenn alle alle Regeln befolgen. Ein Grund für die Neigung des Systems Straßenverkehr zu chaotischem Verhalten ist die Nichtlinearität des Systems, die durch die verzögerte Rückkopplung entsteht.

Um solche Vorgänge im fließenden Verkehr etwas genauer zu

untersuchen, kann man den Verkehrsstrom als Flüssigkeitsstrom beschreiben. Von den hydrodynamischen Gleichungen, die Flüssigkeitsströme beschreiben, weiß man seit langem, daß sie neben laminaren für hohe Flüsse auch turbulente Lösungen haben können. Diese Gleichungen sind mathematisch relativ anspruchsvoll und für unsere Überlegungen hier auch gar nicht erforderlich. Zum Verständnis des Mechanismus, der zu unvorhersagbarem Verkehrsverhalten führt, genügt es, ein stark vereinfachtes Modell zu betrachten. Dabei beschränken wir uns auf eine einzige Straße. Der Verkehrsablauf kann sowohl räumlich als auch zeitlich chaotisch sein. Die räumliche Struktur des Verkehrsflusses wollen wir hier nicht untersuchen, obwohl sie natürlich in der Praxis eine wichtige Rolle spielt. In unserem einfachen Modell wollen wir das *zeitliche* Verhalten des Verkehrsflusses auf einer Fahrbahn ohne Zu- und Abfahrten untersuchen.

Im Idealfall fahren alle Fahrzeuge in einer Kolonne mit gleichem Abstand und mit gleicher Geschwindigkeit. Der Sicherheitsabstand zwischen den Fahrzeugen, der nicht unterschritten werden darf, hängt von der Geschwindigkeit ab. Das bedeutet, daß bei einer bestimmten Geschwindigkeit die Verkehrsdichte, also die Anzahl der Fahrzeuge pro Streckenabschnitt, solange zunehmen kann, bis der Sicherheitsabstand erreicht ist. Eine weitere Erhöhung der Dichte ist dann nur noch möglich, wenn die Geschwindigkeit der Fahrzeugkolonne und damit der erforderliche Sicherheitsabstand verringert wird. (Der höchste Durchfluß liegt bei 18,6 km/h.)

In der Praxis wird sich jeder Fahrer am Verhalten des Vorausfahrenden orientieren und dabei versuchen, durch Nachregeln der eigenen Geschwindigkeit den Idealzustand mit gleichen Abständen und gleichen Geschwindigkeiten zu erhalten. Er wird abbremsen, wenn der Fahrer vor ihm bremst, und beschleunigen, wenn sein Vordermann Gas gibt. Wenn die Reaktionszeit T aller Fahrer gleich Null wäre, würde das System in diesem Zustand stabil bleiben; jede Geschwindigkeitsänderung eines Fahrzeugs würde sich ohne Verzögerung auf alle nachfolgenden Autos übertragen, und die Abstände zwischen ihnen blieben stets konstant. (Dabei ist natürlich auch gleiches Brems- und Beschleunigungsvermögen bei allen Fahrzeugen angenommen.)

Nun hat aber jeder Mensch eine endliche Reaktionszeit, die sich zusammensetzt aus der Zeit für das Erkennen einer Veränderung, die eine Reaktion nötig macht, der Zeit, bis die Entscheidung über das notwendige Verhalten getroffen ist, und der Zeit für das Ausführen der beschlossenen Reaktion. Die durchschnittliche Reaktionszeit T ist etwa 1 Sekunde. Ein Fahrzeug mit einer Geschwindigkeit von 90 Stundenkilometern legt in dieser Zeit ein Strecke von 25 Metern zurück.

Für unser Modell wollen wir annehmen, daß ein Autofahrer auf eine Geschwindigkeitsänderung seines Vordermannes oder seiner Vorderfrau mit einer Verzögerungszeit T reagiert, und zwar um so heftiger, je kleiner der Abstand zwischen den Fahrzeugen und je größer ihr Geschwindigkeitsunterschied ist. Genau ein solches Verhalten beobachtet man auch im realen Verkehrsablauf. Die Reaktion der Fahrer ist also *nichtlinear.* Je stärker der Vordermann bremst (hoher Geschwindigkeitsunterschied), desto stärker verringert sich während der Reaktionszeit auch der Abstand zum nachfolgenden Fahrzeug. Dessen Fahrer wird durch den geringer gewordenen Abstand als auch durch die hohe Geschwindigkeitsdifferenz zu noch heftigerem Bremsen veranlaßt.

Durch diese nichtlineare Reaktion der Fahrer schaukelt sich ein geringer Bremsvorgang im Verkehrsfluß in der Kolonne nach hinten immer mehr auf und führt bei einem zu geringen Sicherheitsabstand schließlich zu Notbremsungen oder gar Auffahrunfällen. Neben einem ausreichenden Sicherheitsabstand kann in der Praxis auch eine »vorausschauende« Fahrweise, eine Orientierung auch an weiter vorausfahrenden Fahrzeugen, zur Vermeidung solcher drastischer Folgen beitragen.

Für zwei Grenzfälle ist unser Verkehrsmodell stabil: für den Fall sehr geringer Verkehrsdichte und für den Fall verschwindender Geschwindigkeit.

Im ersten Fall ist das Verhalten der Autofahrer unabhängig voneinander. Bei einer Fahrzeugdichte von weniger als fünf Autos pro Kilometer kann jeder mit seiner Wunschgeschwindigkeit fahren (in gewissen Grenzen: Stehenbleiben oder Rasen mit 200 Stundenkilometern wird immer andere Verkehrsteilnehmer beeinträchtigen), er kann langsamer werden oder beschleunigen, ohne daß ein anderer

Fahrer darauf reagieren muß. Bei solch paradiesischen Verkehrsverhältnissen kann man auch recht genau vorhersagen, wie lange man zwischen zwei Orten unterwegs sein wird, selbst dann, wenn die beiden Orte Hunderte von Kilometern auseinanderliegen. In diesem Grenzfall kann man die Wechselwirkung der Verkehrsteilnehmer untereinander vernachlässigen, und wir haben es nicht mehr mit einem gekoppelten System zu tun.

Im anderen Grenzfall haben wir entweder den leider recht häufigen Stau, der offiziell auch euphemistisch als »stehender Verkehr« bezeichnet wird, oder kriechenden Verkehr im Schrittempo. Bei solch geringen Geschwindigkeiten kann man die normale Reaktionszeit der Fahrer vernachlässigen (wenn sie nicht eingeschlafen sind). Für unser Modell heißt das, daß die Änderung des Abstandes zwischen den Fahrzeugen während der Reaktionszeit der Fahrer zu gering ist, um eine Veränderung in der Heftigkeit ihrer Reaktion zu bewirken. Natürlich braucht man auch bei sehr geringer Geschwindigkeit noch einen gewissen Abstand zwischen den Fahrzeugen. Stoßstange an Stoßstange zu fahren ist auch bei Schrittempo nicht zu empfehlen.

Stau und Schrittempo sind zwar recht stabile Zustände des Verkehrsflusses, aber nicht gerade das, was sich die Verkehrsteilnehmer wünschen. Von dem anderen stabilen Grenzfall mit verschwindend geringer Verkehrsdichte ist die Situation auf unseren Straßen meist weit entfernt. Mit zunehmender Verkehrsdichte in unserem Modell wachsen Gefahr und Auswirkung unvorhersehbarer Störungen des gleichmäßigen Verkehrsflusses. Bei einer Fahrzeugdichte von etwa 25 Autos pro Kilometer ist meist der kritische Wert erreicht. Für schlechte äußere Bedingungen wie Nebel, schlechte Sicht oder glatte Fahrbahn ist die kritische Dichte noch erheblich geringer. Es genügen dann bereits kleinste individuelle Geschwindigkeitsschwankungen, wie sie etwa beim Einschalten des Radios oder beim Anzünden einer Zigarette unwillkürlich auftreten, um aus heiterem Himmel einen Stau auszulösen. Dabei entsteht eine Verdichtung der Fahrzeuge, weil der mittlere Abstand der Autos durch die verzögerte Reaktion ihrer Fahrer geringer wird. Diese Verdichtung wandert dann bei entsprechender Verkehrsdichte fahrbahnaufwärts. Durch die nichtlineare Reaktion der Fahrer steilt sich die

Dichtewelle immer mehr auf. Die von dieser Dichtewelle betroffenen Autofahrer müssen dann stark abbremsen oder sogar anhalten, ohne daß sie irgendeinen Grund dafür erkennen können.

Ähnliche Wellenphänomene kann man auch beobachten, wenn sich eine ins Stocken geratene Kolonne beim Wiederanfahren in Bewegung setzt. Die Anfahrwelle läuft entgegen der Fahrtrichtung mit einer Geschwindigkeit, die von der Reaktionszeit der Fahrer(innen) und vom Abstand der haltenden Fahrzeuge abhängt. Diese Anfahrwelle ist im Gegensatz zur Verdichtungswelle aber gedämpft.

Bei dem bekannten Stop-and-go-Verkehr hat man beide Phänomene gleichzeitig. Dabei erkennt man eine Unsymmetrie im Verzögerungs- und Beschleunigungsverhalten, die sowohl technische als auch psychische Gründe hat. Der technische Grund ist einfach der, daß die Fahrzeuge schneller bremsen als beschleunigen können. Der psychische Grund ist die heftigere Reaktion bei verringertem Abstand. Ein Fahrer, der nicht oder nur sehr langsam reagiert, wenn das Fahrzeug vor ihm anfährt, verursacht damit meist keinen Unfall. Falls das Fahrzeug vor ihm aber plötzlich anhält, kann nur eine ausreichend rasche Reaktion einen Auffahrunfall verhindern.

Das Verhalten unseres Verkehrsmodells zeigt alle typischen Merkmale chaotischer Systeme. Es gibt einen Bereich, bei geringer Verkehrsdichte, in dem das System durch eine lineare Beschreibung gut angenähert werden kann. In diesem Bereich verhält sich das System streng deterministisch und ist stabil gegen kleine Störungen oder Änderungen in den Anfangsbedingungen.

Bei hohen Verkehrsdichten (über 25 Autos pro Kilometer) ist das System jedoch extrem empfindlich gegen kleine Störungen, und der Verkehrsablauf kann sich bei gering veränderten Anfangsbedingungen drastisch ändern. Es ist aber nicht so, daß diese Empfindlichkeit gegen geringe Störungen immer zum Zusammenbruch des Verkehrsflusses führen muß. Es kann auch das genaue Gegenteil auftreten; ein aufmerksamer und vorausschauender Fahrer kann bewirken, daß plötzlich der alltägliche Stau nicht stattfindet. Wäre das System Straßenverkehr streng deterministisch, so würde eine bestimmte Verkehrsdichte unausweichlich zum stehenden Verkehr führen, unabhängig vom Verhalten des einzelnen Fahrers. So aber können wir zwar nicht genau vorhersagen, wie sich die Verkehrssituation unter bestimmten Bedingungen entwickelt, dafür haben wir aber die Möglichkeit, durch unser Verhalten den Ablauf zu beeinflussen.

Wenn nun der Verkehrsfluß instabil wird und sich etwa ein Stop-and-go-Ablauf einstellt, so sind die Stop- oder Go-Phasen nicht etwa periodisch oder in ihrer Dauer langfristig vorhersagbar. Allerdings ist ziemlich sicher, daß auf eine Stop-Phase wieder eine Go-Phase folgt. Eine Folge dieser Unsicherheiten ist, daß bei hoher Verkehrsdichte die mittlere Geschwindigkeit nicht vorhersagbar ist, und damit auch nicht die Zeit, die man braucht, um von einem Ort zum anderen zu kommen. Diese Unsicherheit sollte man bei der eigenen Terminplanung tunlichst berücksichtigen. Nervöses oder ungeduldiges Verhalten im Straßenverkehr ist nämlich häufig der Auslöser für Staus oder gar Massenkarambolagen.

Unser Modell ist natürlich eine starke Vereinfachung des realen Verkehrsablaufes. Im alltäglichen Straßenverkehr gibt es noch viel, viel mehr Einflüsse auf einen gleichmäßigen Verkehrsfluß. Im Stadtverkehr während der Stoßzeit ist die Fahrzeugdichte meist so hoch, daß etwa eine grüne Welle auf einer Straße den Verkehr in allen Querstraßen zum Erliegen bringen würde. Man hat in der Praxis eine Überlagerung des Stop-and-go-Rhythmus aus der Eigendynamik des Verkehrsablaufs mit den Rot-Grün-Phasen der Ampelschaltungen. Um die negative gegenseitige Beeinflussung dabei möglichst gering zu halten, werden bei vielen Ampelanlagen die optimalen Schaltzeiten für die Grünphasen von Computern berechnet. Die Steigerung der gerade noch zu bewältigenden Fahrzeugzahlen durch solche elektronischen Steuerungsmaßnahmen liegt aber nur bei etwa 20 Prozent, und der dafür notwendige Rechenaufwand ist ziemlich hoch. Die Fahrzeugzahlen auf allen Straßen des gesamten Einzugsbereichs müssen laufend auf den neuesten Stand gebracht, viele unterschiedliche, teilweise sich gegenseitig widersprechende Forderungen zu jedem Zeitpunkt optimiert werden. Wirklich grobe Störungen des Verkehrsflusses wie unaufmerksame Autofahrer, rücksichtslos in zweiter Reihe geparkte Fahrzeuge oder unsinnig geschaltete Fußgängerampeln machen dann auch noch die ganze Mühe vergeblich.

Auch auf den Autobahnen kommen noch viele Komplikationen hinzu. Zu- und Abfahrten wurden in unserem Modell überhaupt nicht berücksichtigt. An solchen Stellen nimmt die Verkehrsdichte sprunghaft zu oder ab. Dies kann zur Ausbildung von Verdichtungs- oder Verdünnungswellen führen, durch die die kritische Verkehrsdichte über- oder unterschritten werden kann. Die Baustellen, die mit besonderer Vorliebe während der Hauptreisezeit eingerichtet werden, tragen ein übriges zur Instabilität im Verkehrsablauf bei.

Einen stark störenden und oft gefährlichen Einfluß auf einen gleichmäßigen und reibungslosen Verkehrsablauf üben auch rücksichtslose Fahrer aus. Etwa plötzlich überholende Lastzüge, die starkes Abbremsen des nachfolgenden Verkehrs erzwingen, oder Fahrzeuge, die nach dem Überholen knapp vor dem überholten Wagen wieder einscheren und damit schlagartig dessen Sicherheitsabstand verkürzen. Solche massiven Störungen führen häufig auch bei unterkritischer Verkehrsdichte zu einem zähflüssigen Verkehrsablauf.

Das System Straßenverkehr verhält sich also chaotisch. Mithin wird zwar, im Gegensatz zu einem streng deterministischen System, der Ablauf im Detail unvorhersagbar, aber dafür ist der Ablauf nicht unabänderlich. Jeder Verkehrsteilnehmer sollte sich der Tatsache bewußt sein, daß auch sein ganz persönliches Verhalten den Verkehrsablauf als Ganzes stark beeinflußt.

2. Zum Beispiel: Wetter

Der 12. Juli 1984 war ein schwarzer Tag für die Versicherungsunternehmen. Ein Hagelschlag beispielloser Intensität richtete in München und in der südöstlichen Umgebung innerhalb von 20 Minuten unübersehbare Verwüstungen an. Autos, Gebäude, Flugzeuge und natürlich die Landwirtschaft und der Gartenbau waren davon betroffen. Allein die Teilkasko-Versicherer für Autos mußten 1,5 Milliarden Mark für zerbeulte Karosserien und zerschlagene Windschutz- und Heckscheiben bezahlen. Über viele Wochen waren alle Glaser und Dachdecker in der näheren und weiteren Umgebung völlig ausgebucht, und aus halb Europa wurden Autoscheiben nach München geliefert. Nun sind zwar Gewitter, auch heftige, im Juli in Mitteleuropa nichts Ungewöhnliches, aber ein solches Hagelunwetter hatte es seit Menschengedenken nicht gegeben. Und dieses Jahrhundertunwetter traf die Menschen ohne Vorwarnung. Zwar waren vereinzelte Wärmegewitter angekündigt, aber doch nicht Hagelkörner von über fünf Zentimetern Durchmesser, nicht ein Sturm mit Windstärke neun, in Böen bis elf, und nicht sintflutartiger Regen, der durch die zertrümmerten Dächer und Fenster in Wohnungen und Autos drang. Wetter als Naturkatastrophe. Man muß auch fragen, hätte sich an der Höhe des angerichteten Schadens viel geändert, wenn genau dieser Verlauf des Unwetters vorhergesagt worden wäre? Wahrscheinlich nicht, nur die Versicherungen hätten eine Ausrede gehabt, um sich vor Zahlungen zu drücken.

Aber warum in aller Welt ist es so schwierig, das Wetter genau oder langfristig vorherzusagen? Die Menschen haben die kompliziertesten Moleküle in ihrer Zusammensetzung erforscht, sie schicken gewaltige Laboratorien in den Weltraum oder an die tiefsten Stellen des Ozeans, aber am Montag das Wetter vom kommenden Wochenende vorherzusagen (wir meinen selbstverständlich *richtig* vorherzusagen), das können wir nicht, und wir werden es auch in Zukunft nicht können.

Das Wetter ist ein weiteres System, das unseren Alltag oft stark beeinflußt und das sich der Vorhersagbarkeit entzieht. Wir haben selbst zwar keinen unmittelbaren Einfluß auf seinen Ablauf, aber umgekehrt reicht sogar in einer modernen Zivilisation der Einfluß des Wetters bis in die Details unseres Tagesablaufs hinein. Die Wahl der Kleidung, die Planung der Freizeit und in manchen Berufssparten auch die Arbeitsgestaltung eines Tages sind in starkem Maße vom Wetter abhängig. Und nicht zuletzt ist es in unseren Breiten ein sehr beliebtes, da meist unverfängliches Gesprächsthema.

Da das Wetter tagtäglich stattfindet und sein Einfluß für viele Leute nicht unwesentlich ist, besteht eine starke Nachfrage nach zuverlässigen Wettervorhersagen. Diese Nachfrage ist bei Menschen, deren wirtschaftliche oder gar physische Existenz vom Wetter abhängt, naturgemäß besonders groß. Besitzer von Straßencafés oder Eisdielen, Betreiber von Skiliften oder Liegestuhlvermieter wüßten gerne im voraus, ob das Wochenende Schneefall oder Sonnenschein bringt; Piloten oder Seeleute möchten gerne über die Lage und die Bewegung von Sturmtiefs und Taifunen informiert werden, und Durchschnittsbürger würden gerne wissen, ob sie einen Regenschirm benötigen oder lieber den Wintermantel aus dem Schrank holen sollen. (Für die Landwirte dagegen ist jedes Wetter schlecht: Es ist entweder zu kalt, zu naß, zu windig oder zu heiß, zu trocken, zu normal; immer fordern sie von der Allgemeinheit Ausgleichszahlungen, getreu der alten Bauernregel: »Lieber als die dicksten Bohnen sind dem Bauern Subventionen.«)

Dabei ist unser Wetter im großen und ganzen viel weniger launenhaft als sein Ruf. Fast alle Menschen sind sich einig, daß es nicht völlig zufällig ist (allerdings auch nicht streng periodisch). So ist es eine gute Vorhersagetechnik zu behaupten, das Wetter wird morgen so sein, wie es heute ist. Die Trefferquote dieser Behauptung liegt bei etwa 75 Prozent. Zum Vergleich: Die Trefferquote der Meteorologen mit ihrem Netz von Meßstationen, Wettersatelliten und mit ihren Supercomputern beträgt knapp über 85 Prozent, allerdings mit langsam steigender Tendenz.

Neben dieser einfachsten Methode gibt es noch eine Vielzahl von

Regeln und Merksprüchen, die eine bestimmte Abfolge im Wettergeschehen behaupten. Auch bestimmte Tage im Jahr sollen entweder einen besonderen Wetterverlauf haben oder für die weitere Wetterentwicklung des Jahres eine Schlüsselrolle einnehmen. Dabei handelt es sich meist um durch lange Erfahrungen gewonnene Regeln, die im konkreten Einzelfall nicht zu eng ausgelegt werden dürfen. Bekannte Beispiele sind die Eisheiligen in der ersten Maihälfte oder der Siebenschläfertag Ende Juni.

Die Eisheiligen sind Ausdruck der Erfahrung, daß im Spätfrühling, bevor sich die Großwetterlage endgültig aufs Sommerhalbjahr umstellt, sehr häufig noch einmal polare Kaltluft nach Mitteleuropa eindringt, die in ungünstigen Lagen zu Nachtfrost führen kann. Solche Kälterückfälle kommen aber auch oft noch Ende Mai vor. Die Umstellung auf überwiegend sommerliches Wetter findet nicht an einem festen Datum statt oder wird durch ein definiertes Ereignis vollzogen. Vielmehr beobachten wir während der Umstellungsphase stark wechselhaftes Wetter (sprichwörtlich ist das launische Aprilwetter). Diese Umstellung ist bis Ende Juni vollendet. Dann hat sich in den meisten Fällen ein stabiles Azorenhoch etabliert und beschert uns einen sonnigen Sommer, oder aber es hat sich bis dahin nicht etabliert, dann schafft's das Azorenhoch in dem Jahr auch nicht mehr. Für Mitteleuropa wird der Sommer dann kühl und naß durch fortwährend eindringende atlantische Tiefausläufer; ein stabiles Azorenhoch würde sie nach Norden ablenken, etwa nach Schottland. Fehlt das Hoch, dann ziehen die Störungen ungestört über das Festland nach Osten. Da diese Entwicklung bis Ende Juni abgeschlossen ist, dient das Wetter des Siebenschläfertags als Modell für den Sommer. Wenn man sich nicht genau auf den Tag festlegt, ist der prognostische Wert dieser Wetterregel sicher nicht schlecht; nicht schlechter jedenfalls als die meisten anderen längerfristigen Wetterprognosen.

Es hat die Wissenschaftler lange Zeit beschäftigt, daß sich ein System wie unsere Atmosphäre so »eigenwillig« verhält. Man glaubte, die »Wettermaschine« ganz gut verstanden zu haben. Die Energie für ihren Betrieb stammt von der Sonne, die treibenden Kräfte sind großräumige und lokale Temperaturunterschiede und die damit verbundenen Luftbewegungen. Über den Meeresflächen verdunstet durch die Sonnenwärme das Wasser, bildet Wolken und bei niedrigeren

Temperaturen fällt die Feuchtigkeit als Tau, Nebel, Regen, Hagel oder Schnee wieder auf die Erde zurück. Am Äquator ist die Erde am wärmsten, weil dort die Sonnenstrahlung nahezu senkrecht einfällt und auch nur einen kurzen Weg durch die Atmosphäre zurücklegen muß. An den Polen mit fast streifendem Einfall der Strahlung und langem Weg durch die Lufthülle ist sie am kältesten. Siehe dazu Abbildung III.2.1.

Dieser großräumige Temperaturunterschied bewirkt eine stetige Luftbewegung in der Atmosphäre. Eine genauere Untersuchung der unterschiedlichen Erwärmung der Oberfläche und der darüberlie-

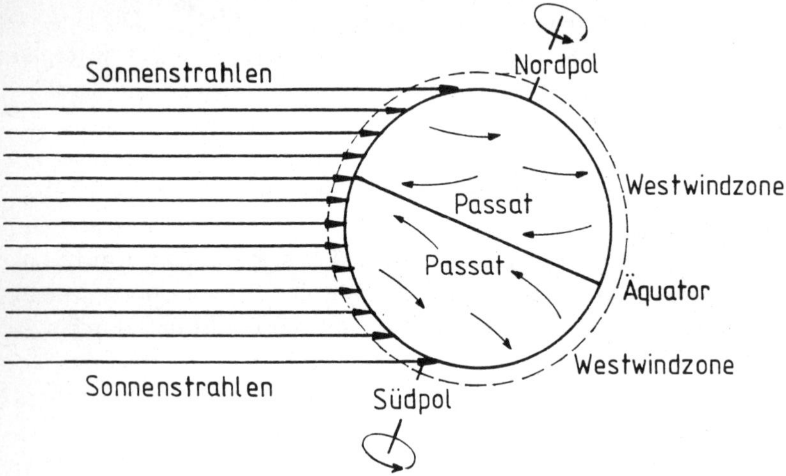

Abb. III.2.1

Die »Wettermaschine« unserer Atmosphäre. Die Energie für ihren Betrieb stammt von der Sonne. In der Nähe des Äquators trifft die meiste Strahlung pro Fläche auf dem Erdboden auf. Außerdem ist der Weg der Strahlung durch die Atmosphäre dort am kürzesten. Am Äquator bildet sich eine Tiefdruckrinne aus, in die die Luft aus den subtropischen Hochdruckzonen (etwa 30° geographischer Breite) hineinströmt (Passatgürtel). Im Norden und Süden gibt es die polaren Tiefdruckbereiche (etwa bei 60° geographischer Breite), auch dorthinein strömt aus den subtropischen Hochdruckgebieten die Luft (Westwindzonen).

genden Luftschichten ergibt eine Gliederung in fünf Bereiche auf jeder Halbkugel und die gemeinsame äquatoriale Tiefdruckrinne. Bei einer geographischen Breite von etwa 30° Nord und Süd befindet sich die subtropische Hochdruckzone, und bei 60° Nord (Süd) liegt die polare Tiefdruckzone. Von den Gebieten hohen Drucks fließt die Luft zu den Tiefdruckgebieten.

Durch die Drehung der Erde wird die Luft bei ihrer Bewegung abgelenkt, und zwar so, daß auf der Nordhalbkugel die nach Süden fließende Luft nach Westen verdrängt wird. Der Ausgleich zwischen dem subtropischen Hochdruckgebiet und der äquatorialen Tiefdruckrinne führt zu den Passatwinden: Nordostpassat auf der Nordhalbkugel und Südostpassat auf der Südhalbkugel. Weiter nördlich (südlich) findet ein Luftausgleich zwischen der subtropischen Hochdruck- und der polaren Tiefdruckzone statt, dabei bildet sich auf beiden Hemisphären eine Westwindzone aus. Mitteleuropa liegt in der nördlichen Westwindzone. Auch die Tatsache, daß die Luft entgegen dem Uhrzeigersinn in ein Tiefdruckgebiet hinein und im Uhrzeigersinn aus einem Hochdruckgebiet herausströmt, hängt mit der Drehung der Erde zusammen.

Grundsätzlich braucht man zum Verständnis des Wettergeschehens nur zu wissen, daß warme Luft aufsteigt, kalte Luft absinkt und daß warme Luft mehr Feuchtigkeit aufnehmen kann als kalte. Das Aufsteigen warmer Luft wird etwa beim Heißluftballon ausgenützt, um an schönen Tagen geruhsam die Welt von oben betrachten zu können (bekannt ist diese Technologie seit dem 18. Jahrhundert), aber auch Segelflieger oder Raubvögel nutzen aufsteigende Warmluft, sogenannte Thermik, um ohne eigenen Energieeinsatz an Höhe zu gewinnen.

An heißen Sommertagen bilden sich uber den aufsteigenden Luftsäulen Schönwetter-Haufenwolken. Die aufsteigende warme Luft enthält viel Feuchtigkeit. Mit zunehmender Höhe kühlt sie sich ab und kann schließlich die enthaltene Feuchtigkeit nicht mehr halten. Es bilden sich feine Wassertröpfchen, die wir als Wolken sehen. Die feinen Tröpfchen schweben in der aufsteigenden Luftsäule. Wenn sie absinken, geraten sie in wärmere Luft und lösen sich wieder auf. Bei sehr hohen Temperaturen im Sommer steigt die warme, feuchte Luft allzu ungestüm nach oben. Dabei laden sich Luftschichten und Schwebeteilchen durch verschiedene Effekte, unter anderem auch durch Reibung beim raschen Aufstieg, elektrisch auf. Dabei treten Spannungen von vielen Millionen Volt auf. Warme Luft mit der darin gelösten Feuchtigkeit wird in sehr kühle Schichten hinaufgerissen. Dort fällt die Feuchtigkeit in großen, schweren Tropfen aus (eventuell gefrieren die Tropfen in der kalten Umgebung zu Eis). Die elektrischen Spannungen entladen sich eindrucksvoll in gewaltigen Funken, den Blitzen. Eines der recht häufigen sommerlichen Wärmegewitter hat sich gebildet. (In jedem Moment toben auf der Erde etwa 2000 Gewitter.)

Die Heizung der Atmosphäre durch die Sonne erfolgt zum großen Teil über die Erdoberfläche. Je wärmer der Boden, desto stärker erwärmt sich die darüber befindliche Luft. Über Wäldern oder Gewässern ist die Luft kühler, über Feldern, Wiesen oder gar Städten ist sie warm und steigt entsprechend auf. Diese lokalen Temperaturunterschiede führen natürlich auch zu lokalen Luftbewegungen, die sich den großräumigen Bewegungen überlagern.

Für die Wettervorhersage kann man nun grundsätzlich zwei Wege einschlagen: den global-empirischen oder den lokal-analytischen Weg. Die erste Methode beruht auf der Annahme, daß ähnliche Wettersituationen zu einer ähnlichen Wetterentwicklung führen. Man sammelt also alle Wetterkarten und vergleicht den aktuellen Stand mit den Karten im Archiv; findet man eine ähnliche Wettersituation, so schließt man aus dem damaligen Verlauf auf die aktuelle Wetterentwicklung. In diese Kategorie fallen auch Bauernregeln oder die Vorhersagen von erfahrenen »Wetterkundigen«. Die zweite Methode unterteilt die Atmosphäre in möglichst feine Bereiche, gibt in diesen Bereichen die gemessenen Werte von Druck, Temperatur und Luftfeuchtigkeit als Startwerte vor und rechnet dann mit Hilfe bekannter physikalischer Gesetze die Änderungen dieser Werte in kleinen Zeitschritten (etwa Sekunden) aus. Nach einer bestimmten Zeit, wenn neue Messungen vorliegen, vergleicht man die gemessenen und gerechneten Werte und korrigiert gegebenenfalls die Rechnung.

Beide Methoden haben ihre Probleme. Das erste Verfahren funktioniert nicht, weil das Wetter nicht periodisch ist, also weil niemals zwei identische Wettersituationen auftreten. Und ähnliche Situationen müssen, wie wir wissen, keineswegs ähnliche Folgen haben, im Gegenteil. Bei stabiler Hochdrucklage über Mitteleuropa kann ein heißer Julitag in einen warmen Abend mit einer lauen Nacht münden (meistens), es kann sich am Spätnachmittag ein Gewitter ausbilden und mit Blitz und Donner, Sturm und Regen einen gemütlichen Abend im Biergarten verhindern (öfters), oder aber der schöne Tag endet mit einem verheerenden Unwetter, das schon fast einer Naturkatastrophe gleichkommt (Gott sei Dank extrem selten).

Das zweite Verfahren trägt zwar der Individualität jeder Situation Rechnung, stößt jedoch sehr rasch an technische und prinzipielle Grenzen. Ein einfacher, aber wichtiger Punkt ist zunächst einmal der, daß die Rechnungen schneller sein müssen als der wirkliche Ablauf des Wetters, denn sonst ist eine Vorhersage unmöglich. In der Praxis bedeutet dies, daß man moderne Hochleistungsrechner verwenden muß. Die Methode ist daher noch recht jung. Allerdings wurden die ersten Versuche einer Vorausberechnung des Wetters schon 1950 mit einem ganz frühen elektronischen Rechner, dem damals natürlich noch mit Elektronenröhren bestückten Modell ENIAC, unternommen. Diese Versuche waren zwar nicht sehr erfolgreich, aber zu dieser Zeit war der Glaube an die technische Beherrschbarkeit der Welt auf seinem Höhepunkt, und man war trotz der Mißerfolge voller Zuversicht für die zukünftige Machbarkeit von langfristigen Wetterprognosen. Manche Meteorologen träumten damals von einer Beeinflussung oder gar Gestaltung des Wetters durch den Menschen.

Ein weiteres Problem ist die detaillierte Kenntnis der Vorgänge bei der Luftbewegung in der Atmosphäre und die Stabilität der Lösungen der Gleichungen, die diese Vorgänge beschreiben.

Um komplizierte Zusammenhänge zu erforschen und zu verstehen, erstellen Physiker meistens erst einmal einfache Modelle. Einfach heißt hier, alles wird weggelassen, was nach Meinung des betreffenden Physikers für das Verständnis unwichtig ist. Dann überlegt man sich ein Experiment, das es erlaubt, die für wesentlich gehaltenen Eigenschaften des Modells unter möglichst kontrollierten Bedingungen zu verändern. Die Wirkungen dieser Änderungen werden beobachtet, vermessen und schließlich mathematisch beschrieben.

Ein schönes Beispiel für eine solche Vorgehensweise ist das Experiment, das Henri Bénard um das Jahr 1900 zur Untersuchung von Konvektionsvorgängen durchgeführt hat. Seine Ergebnisse wurden dann von (dem großen englischen Physiker) Lord Rayleigh zu einer ersten Theorie der Konvektion zusammengefaßt.

Zwischen zwei ebenen Platten aus einem gut wärmeleitenden Material (etwa Kupfer) befindet sich eine Flüssigkeit. Im thermodynamischen Gleichgewicht haben die beiden Platten und die Flüssigkeit zwischen ihnen gleiche Temperatur T. Die Situation ist stabil, keine Bewegung findet statt. Nun erhöht man die Temperatur der unteren Platte ein wenig (um den kleinen Wert ΔT) und hält die Temperatur der oberen Platte konstant. Das thermodynamische Gleichgewicht ist damit gestört, das System sucht den Temperaturunterschied auszugleichen. Solange ΔT klein genug ist, kann das über einfache Wärmeleitung geschehen. Dabei bleibt die Flüssigkeit in Ruhe. Allerdings ist mit dem Temperaturunterschied von unten nach oben auch ein Dichteunterschied verbunden. Die kältere und damit dichtere und schwerere Flüssigkeit liegt über der wärmeren, leichteren Flüssigkeit. Diese Situation ist instabil. Allerdings verhindert die »Zähigkeit« (Viskosität) der Flüssigkeit ein sofortiges Umkippen, zumindest solange der Temperaturunterschied nicht zu groß ist. Wenn man nun ΔT langsam größer macht und die durch die Wärmeleitung der Flüssigkeit zur oberen Platte gelangte Wärme abführt, beobachtet man etwas Bemerkenswertes: Die Flüssigkeit selbst setzt sich in Bewegung, um die instabile Situation auszugleichen. Die kalte Flüssigkeit sinkt nach unten, und die erwärmte steigt nach oben. Dies geschieht aber in einer außergewöhnlich geordneten Weise, nämlich in Form von sogenannten Konvektionsrollen. In Abbildung III.2.2 ist dieses Verhalten gezeigt.

Die gesamte Flüssigkeit unterteilt sich in solche Konvektionsrollen (Bénard-Zellen), wobei je zwei benachbarte Zellen einen gegenläufigen Umlaufsinn haben. Der Durchmesser der Konvektionsrollen ist durch den Abstand der Platten beschränkt und die Anzahl der Rollen durch die Ausdehnung der Platten. Der Umlaufsinn zu Beginn hängt von zufälligen Schwankungen der Dichte ab; wenn die Konvektion dann aber eingesetzt hat, liegt die Rotationsrichtung für alle Zellen fest, und das entstandene Muster ist stabil. Es gibt, wenn man es

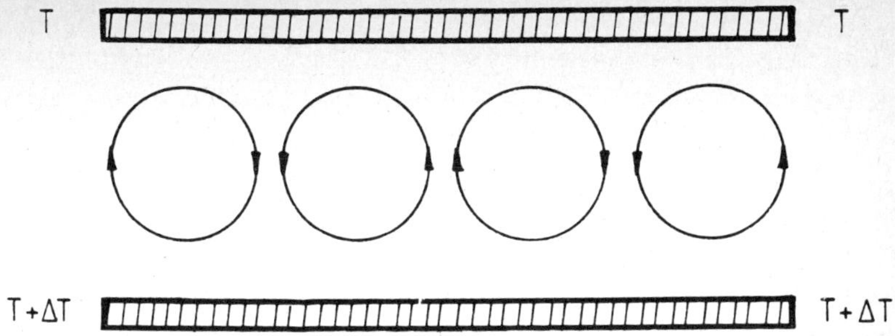

Abb. III.2.2

Schema des Bénard-Experiments. Zwischen zwei ebenen Platten befindet sich eine Flüssigkeit. Mit zunehmender Erhöhung der Temperatur (T) der unteren Platte wird die Temperaturschichtung instabil; es bilden sich regelmäßige Konvektionsrollen und schließlich Turbulenz. Das Bénard-Experiment ist die Grundlage für die Lorenz-Gleichungen, zeigt aber Periodenverdopplung auf dem Weg ins Chaos (Feigenbaum-Route).

mehr technisch ausdrücken möchte, zwei stabile Lösungen, die sich nur durch den Drehsinn der Konvektionszellen unterscheiden. (Natürlich müssen sich *alle* Rotationen umkehren, wenn sich der Drehsinn einer Zelle ändert.) Vergrößert man den Temperaturunterschied weiter und weiter, so endet man schließlich bei einem vollständig turbulenten Verhalten des Systems.

Dieses Experiment kann als extrem vereinfachtes Modell unserer Atmosphäre betrachtet werden, zumindest als Modell für die Konvektion in der Atmosphäre. Im Jahre 1962 untersuchte Barry Saltzman die hydrodynamischen Gleichungen für diesen »einfachen« Fall. Er fand, daß trotz massiver Näherungen die Lösungen, die der Computer für die Gleichungen dieses einfachsten Konvektionsproblems errechnete, keineswegs konstant oder periodisch blieben, sondern äußerst wechselhaftes Verhalten zeigten.

Edward Lorenz griff Saltzmans Ergebnisse auf, zeigte, daß nur drei Variable in dem System eine bedeutende Rolle spielen, und formulierte ein inzwischen schon als klassisch zu bezeichnendes Gleichungssystem, das auch seinen Namen trägt. Die Untersuchung der Lösungen dieses Systems führte ihn zur Wiederentdeckung des dynamischen Verhaltens, das man heute als deterministisches Chaos bezeichnet.

Die Konvektion faszinierte die Physiker weiter; speziell der Übergang von der geordneten Struktur der regelmäßigen Konvektionszellen zur vollständigen Turbulenz. Die Turbulenz gehört zu den notorisch schwierigen Problemen der Physik. An ihr haben sich schon sehr viele Wissenschaftler vergeblich versucht, große Namen sind darunter, Werner Heisenberg etwa und der russische Theoretiker Lew Landau. An der Turbulenztheorie Landaus kamen Ende der siebziger Jahre unseres Jahrhunderts mehr und mehr Zweifel auf. Henry Swinney und Jerry Gollup hatten um 1975 bei Experimenten mit in Flüssigkeiten rotierenden Zylindern den von Landau vermuteten Übergang zur Turbulenz nicht bestätigen können.

Der französische Physiker Albert Libchaber hatte sich bis dahin hauptsächlich mit physikalischen Experimenten bei tiefen Temperaturen, also in der Nähe des absoluten Nullpunkts (−273 °C), beschäftigt. Um bei so tiefen Temperaturen arbeiten zu können, verwendet man Helium als Kühlmittel. Helium verflüssigt sich bei Atmosphärendruck bei einer Temperatur von −269 °C, also 4° über dem absoluten Nullpunkt. Alle anderen Materialien sind bei diesen Temperaturen längst erstarrt. Libchaber baute nun 1977 ein Bénard-Experiment für flüssiges Helium. In seiner Zelle, die etwa die Größe eines Stecknadelkopfes hatte, fanden gerade zwei Konvektionsrollen Platz. Die Zelle enthielt Meßfühler zur Temperaturmessung und eine extrem fein dosierbare Heizung. Was Libchabers Experiment allen bisherigen überlegen machte, war die Tatsache, daß bei diesen niedrigen Temperaturen die Störungen der Konvektionsbewegung durch die zufällige Wärmebewegung der Flüssigkeitsteilchen minimal sind. Je näher man am absoluten Nullpunkt ist, desto geringer ist die Wärmebewegung und damit auch die Störung durch das sogenannte thermische Rauschen. Allerdings kann man einen Versuch wie das Bénard-Experiment, das eine Flüssigkeit erfordert, bei ganz tiefen Temperaturen nur mit Helium durchführen, weil ja alle anderen Stoffe längst gefroren wären. Das Experiment von Libchaber war also das beste, da störungsärmste, das man überhaupt machen konnte.

Seine Ergebnisse waren in zweifacher Hinsicht bemerkenswert. Zunächst widerlegten sie die Hopf-Landau-Theorie über die Entstehung der Turbulenz. Diese zu überprüfen war Libchabers Ziel gewesen. Das tatsächlich beobachtete Verhalten seines Systems allerdings gab ihm Rätsel auf. Mit zunehmendem Temperaturunterschied zwischen der unteren und der oberen Platte erhielt er zunächst, wie erwartet, eine periodische Änderung der Temperatur an den Meßfühlern, dann aber eine zweite Periode, doppelt so lang wie die ursprüngliche, dann eine weitere Periode, viermal so lang, eine achtmal, schließlich stellte sich Chaos ein, es war keine Periode mehr feststellbar.

Erstmals war damit die Entstehung von deterministischem Chaos im *Experiment* nachvollzogen worden. Die stecknadelkopfgroße Zelle, gefüllt mit flüssigem Helium, hatte den Beweis geliefert: Chaos ist *nicht* ein Hirngespinst abgehobener Theoretiker, sondern es ist eine *reale* Funktionsweise der Natur.

Im Jahre 1979 traf Libchaber mit Mitchell Feigenbaum zusammen, einem Theoretiker aus Los Alamos, der genau den von ihm experimentell gefundenen Weg ins Chaos an mathematischen Modellen theoretisch abgeleitet hatte. Nun wußte er, was die von ihm gemessenen Periodenverdopplungen zu bedeuten hatten. Mit dieser miniaturisierten Bénard-Zelle war der Durchbruch in der Chaosforschung auch experimentell geschafft. Aus immer unterschiedlicheren Bereichen wurde von der Beobachtung verschiedener Wege ins Chaos berichtet. Die mathematischen Modelle hatten ihre Entsprechungen in der Natur gefunden.

Doch kehren wir zum Wetter zurück. Zu Beginn der achtziger Jahre konnte es keine vernünftigen Zweifel mehr daran geben, daß sich das Wetter chaotisch verhält. Damit war der Traum von der langfristigen Wettervorhersage ausgeträumt. Lorenz' schönes Bild vom Schmetterling oder von der Möwe, deren Flügelschlag über Brasilien einen Wirbelsturm über Texas »auslösen« kann, machte die Runde. Nur wenige Wissenschaftler nahmen anfangs dieses Bild ernst, aber es trifft zu. Und es zeigt, wie aussichtslos eine Vorausrechnung von Druck, Temperatur und Luftbewegung auf lange Sicht ist. Es zeigt aber auch, wie unglaublich genau zwei Wettersituationen übereinstimmen müßten, damit sich aus ihnen ein vergleichbarer Wetterablauf entwickeln könnte ... wenn nicht, ja, wenn nicht im Urwald am Amazonas über einer frisch geschlagenen Lichtung ein Schmetterling geflogen wäre ... – siehe Farbtafel 2.

IV. Chaos im Universum

Für astronomische Beobachtungen, bei denen man Abbildungen von Objekten (etwa Planeten, Galaxien), deren strukturelle Anordnung im Raum (wie Stern- und Galaxienhaufen) oder zeitliche Variationen (etwa Novaausbrüche, Pulsare) messen kann, ist es besonders wichtig, den maximalen Informationsinhalt aus den Daten herauszuziehen.

Es handelt sich hier um die Beobachtung kosmischer Ereignisse, auf die wir keinen Einfluß nehmen können – jede Beobachtung ist einzigartig, Experimente können nicht unter den gleichen Bedingungen wiederholt werden, auch gezielte Parameterveränderungen können nicht wie im Labor vorgenommen werden. Hinzu kommt, daß manche Objekte Variationen in kürzester Zeit aufweisen (Millisekunden bei Pulsaren), andere Objekte viel längere Zeitskalen haben (Planetenumlaufzeiten = Jahre, Sternentstehungszeiten = Millionen Jahre, die galaktische Rotation ≈ hundert Millionen Jahre, das Alter des Universums ≈ zehn Milliarden Jahre) und deshalb auf der einen Seite oft nur Mittelwerte über die schnellen Fluktuationen gemessen werden können beziehungsweise im anderen Fall praktisch nur ein einziger Schnappschuß möglich ist.

Wir haben aus der Fülle der Möglichkeiten in diesem Bereich vier Themen ausgesucht. Es sind dies die kompaktesten Objekte – die Neutronensterne, das ausgedehnteste Objekt – das Universum selbst, unser Planetensystem und unsere Sonne. Unsere Hoffnung ist es, damit die breit verteilten Interessen der Leser einigermaßen angesprochen zu haben. Andere Möglichkeiten, die auch noch diskutiert werden könnten, sind der chemische Kreislauf des interstellaren Gases, die Galaxienentwicklung mit ihren irregulären Phasen extrem hoher Sternentstehung, Prozesse während der Bildung von Sternen, die Stabilität von Sternhaufen, Galaxien und Galaxienhaufen, usw.

Viele Bereiche der Astrophysik sind noch nicht dahingehend untersucht worden, ob sie deterministisches Chaos beziehungsweise fraktale Strukturen und Anordnungen aufweisen. Man darf ja nicht vergessen, daß das Thema »Chaos« erst seit etwa einem Jahrzehnt intensiv studiert wird und sich deshalb noch sehr viel in der »Lernphase« abspielt. Methoden zur Charakterisierung und zur quantitativen Analyse mußten (und müssen weiterhin) entwickelt und ausgetestet werden. Auch hängt bei der Fülle der astronomischen Beobachtungen sehr viel vom Zufall ab, ob und wie gerade jemand mit Interesse an der Chaosforschung sich an diesen Messungen beteiligt.

Aber: Das Arbeitsgebiet wächst unaufhaltsam, die Verfahren werden immer »serienreifer«, das Interesse steigt, und wir sind sicher, daß die Zukunft dem Chaos gehören wird genauso wie die Vergangenheit und die Gegenwart.

1. In der Tiefe des Weltraums

Bisher haben wir chaotische Prozesse auf der Erde, in von Menschen geschaffenen Systemen, beim Menschen selbst oder in seiner mehr oder weniger vertrauten Umgebung besprochen. Dort, wo der Mensch sich in die Abläufe der Natur einmischt, erscheint uns ganz intuitiv eine ungeordnete Bewegung oder Entwicklung am ehesten möglich zu sein. In diesem Kapitel nun wollen wir uns einigen Erscheinungen im Weltraum zuwenden und überlegen, inwieweit selbst fernab von allen menschlichen Einflüssen für bestimmte Vorgänge deterministisches Chaos von entscheidender Bedeutung sein kann.

Kehren wir zur Dynamik unseres Sonnensystems zurück. Schon im ersten Kapitel haben wir gesehen, daß zumindest theoretisch in einem System, das aus so vielen sich gegenseitig beeinflussenden Körpern besteht wie unser Planetensystem, chaotische Bewegungen nicht unwahrscheinlich sind. Auf der anderen Seite ist für die Entwicklung von hochorganisierten Lebewesen, die sich über deterministisches Chaos Gedanken machen (können), eine ziemlich lange Zeit notwendig. Während dieser langen Zeit dürften sich auch keine sehr gravierenden oder sehr raschen Änderungen von Temperatur oder chemischer Zusammensetzung der Atmosphäre ereignet haben. Das bedeutet, daß die Umlaufbahn und die Umdrehungsdauer unserer Erde sich, zumindest in den letzten drei Milliarden Jahren, nicht abrupt verändert hat. Alle bisherigen geologischen Untersuchungen auf der Erde und auf dem Mond bestätigen diesen Schluß.

Wie sieht das bei den übrigen Planeten aus? Derzeit sind neun große Begleiter der Sonne bekannt. Die vier inneren Planeten sind erdähnlich, was Größe und Zusammensetzung anbetrifft. Merkur, der sonnennächste Planet, ist benannt nach dem Götterboten (lateinisch Mercurius), wohl weil er so geschwind um die Sonne eilt wie der Bote mit den geflügelten Schuhen. Nach der Mythologie ist Mercurius aber auch der Gott der Diebe (und Kaufleute), auch das würde mit seinem Auftreten übereinstimmen, ist er doch unter allen mit bloßem Auge sichtbaren Planeten der am schwierigsten zu beobachtende. Seine Sonnennähe führt dazu, daß er immer nur in der Morgen- oder Abenddämmerung für kurze Zeit gesehen werden kann. Erst seit uns die Möglichkeiten der Weltraumfahrt zur Verfügung stehen, wissen wir nähere Einzelheiten über seine Oberfläche und seine Umdrehungsdauer. Die amerikanische Raumsonde Mariner 10 hat Bilder vom Merkur zur Erde gesendet (vgl. Farbtafel 3), auf denen man erkennt, daß diese atmosphärenlose Welt unserem Mond zum Verwechseln ähnlich sieht. Seine Umlaufbahn hat durch die sogenannte Periheldrehung, die vollständig nur im Rahmen der allgemeinen Relativitätstheorie erklärt werden kann, eine gewisse Berühmtheit erlangt. Im übrigen gehorcht die Bahn von Merkur im Rahmen der Beobachtungsgenauigkeit und der bisherigen Beobachtungszeit den Gesetzen der klassischen Mechanik.

Der nächste Planet ist die Venus, benannt nach der römischen Göttin der Schönheit und der Liebe. Wer je diesen strahlend hellen Planeten als Abend- oder Morgenstern bewundert hat, wird dieser Namensgebung zustimmen. Venus ist bisweilen so hell, daß sie mit bloßem Auge am Taghimmel gesehen werden kann und in der Nacht auf der Erde sogar Schattenwurf erzeugt. Sie entspricht in Durchmesser und Masse fast genau der Erde, nur die Zusammensetzung ihrer Atmosphäre unterscheidet sich drastisch von unserer irdischen Lufthülle. Der (noch) viel höhere Gehalt an Kohlendioxid beschert der Venus ein Treibhausklima mit Oberflächentemperaturen bis zu 500° Celsius; die Wolken, die uns den direkten Blick auf unseren Nachbarplaneten verwehren, bestehen vorwiegend aus Schwefelsäure. Die Bahn der Venus um die Sonne ist, jedenfalls zur Zeit, beinahe ideal kreisförmig.

Der äußere Nachbar der Erde ist Mars, benannt nach dem römischen Gott des Krieges. Vielleicht hat sein rötliches Aussehen die Namengeber an das Blut erinnert, das in so vielen Kriegen so sinnlos vergossen wurde. Mars hat nur etwa den halben Durchmesser der Erde und aufgrund seiner geringen Masse auch nur eine sehr dünne

Atmosphäre. Er ist zusammen mit Venus der einzige Planet, auf dem bisher von Menschen gebaute Raumfahrzeuge gelandet sind. Die Marssonde »Viking« suchte auch (vergeblich) nach Spuren von organischem Leben auf der Marsoberfläche. Die Marsbahn ist zwar relativ stark elliptisch, aber seine Umläufe sind scheinbar periodisch.

Zwischen Mars und dem nächsten Planeten bewegen sich die sogenannten Asteroiden oder Planetoiden um die Sonne. Die Asteroiden sind mehr oder weniger große Gesteinsbrocken mit Durchmessern von mehr als 600 bis hinab zu wenigen Kilometern. Der erste Asteroid wurde am 1. Januar 1801 von dem italienischen Astronomen Giuseppe Piazzi in Palermo entdeckt und Ceres genannt. Ceres ist die römische Bezeichnung von Demeter, der Göttin des Ackerbaus und der bürgerlichen Ordnung. Ceres (Demeter) war eine Tochter des Kronos und damit eine Schwester des Zeus (lateinisch Jupiter).

Inzwischen kennt man über 4000 Planetoiden und deren momentane Bahnen. Ursprünglich glaubte man, es handle sich bei den Asteroiden um Trümmer eines ehemaligen Planeten, der von den Gezeitenkräften zerrissen wurde. Heute ist man eher der Meinung, daß sich in diesem Bereich überhaupt kein Planet bilden konnte. Zu den Asteroiden und ihren Bahnen werden wir weiter unten zurückkommen.

Bei unserer Reise durch das Sonnensystem kommen wir nun zu den äußeren Planeten, zu den »Gasriesen«. Sie unterscheiden sich von den vier inneren Planeten sowohl durch ihre Größe als auch durch ihre Zusammensetzung. Sie haben keine feste Oberfläche, sondern sind gigantische Gasbälle, die hauptsächlich aus Wasserstoff und Helium bestehen, wie auch die Sonne und alle Fixsterne. (Auf die Frage, warum solche Unterschiede in einem Planetensystem auftreten, und darauf, wie ein solches System überhaupt entsteht, können wir in diesem Buch nicht eingehen.)

Einen großen Teil unseres Wissens über die vier Riesenplaneten verdanken wir den Raumsonden, die in den beiden letzten Jahrzehnten diesen fernen Begleitern der Sonne einen Besuch abgestattet haben. Die jüngste davon, Voyager 2 (gestartet 1977), hat sogar alle vier besucht und sehr eindrucksvolle Bilder (eine künstlerische Darstellung zeigt Farbtafel 4) aus dieser Region zur Erde gesandt. Ermöglicht wurde diese Besuchsreise eines irdischen Kundschafters durch eine besonders günstige Konstellation der Planeten, wie sie sich nur alle paar hundert Jahre wiederholt.

Der erste der Riesen ist auch der gewaltigste: Jupiter, benannt nach dem höchsten Gott, ursprünglich Gott des Lichtes und des leuchtenden Himmels, dann Vater der Götter und Menschen, Beschützer des Rechts und der Ordnung. Auf seine Rolle bei der Erzeugung von »Nichtordnung« werden wir gleich noch zu sprechen kommen. Der Planet hat einen elfmal größeren Durchmesser und eine 318mal größere Masse als die Erde. Damit ist er der größte und mit Abstand schwerste Planet unseres Sonnensystems. Am Nachthimmel leuchtet er oft fast dreimal heller als der hellste Fixstern und läßt nur der Venus galant den Vortritt im Glanze. Seine leicht elliptische Bahn zieht Jupiter in einem mittleren Abstand von 5,2 AE um die Sonne (AE ist die Abkürzung für »Astronomische Einheit«, der mittlere Abstand zwischen Sonne und Erde = 149,6 Millionen Kilometer).

Fast doppelt so weit ist der zweite Gigant entfernt. Es ist der äußerste, der letzte der schon in der Antike bekannten Planeten. Vielleicht ist er deshalb Saturn genannt worden, nach Kronos – bei den Griechen einer der Titanen und Vater des Zeus, von dem er dann gestürzt wurde. Als Planet ist Saturn dem Jupiter sehr ähnlich. Sein Durchmesser ist nur um 20 Prozent kleiner als der des Jupiters, allerdings hat er nur 30 Prozent seiner Masse. Die mittlere Dichte beträgt nämlich nur 0,7mal die Dichte von Wasser. Eine besondere Berühmtheit hat Saturn durch sein gewaltiges und beeindruckendes Ringsystem erlangt, das hauptsächlich aus Eispartikeln besteht. Die Aufnahmen der beiden Voyager-Raumsonden von diesem Ringsystem zeigen komplizierte Strukturierungen, Tausende von Unterteilungen und kleine Ringe. Auch die Saturnbahn um die Sonne ist leicht elliptisch.

Die beiden anderen Gasriesen, Uranus und Neptun, wurden bereits im ersten Kapitel erwähnt. Sie haben beide fast die gleiche Größe und sehr ähnliche Massen. (Neptun ist ein wenig schwerer.) Von den Giganten Jupiter und Saturn unterscheiden sie sich durch einen sehr viel kleineren Durchmesser (etwa 35 Prozent von Jupiter) und durch einen höheren Gehalt an Wasser und Ammoniak. Uranus hat noch eine bemerkenswerte Besonderheit: Seine Rotationsachse ist um einen Winkel von 98° gegenüber der Senkrechten auf die Bahnebene geneigt. Das bedeutet, Uranus rollt wie ein umgekippter Kreisel um die Sonne. Woher dieses ungewöhnliche Verhalten kommt, ist nicht bekannt. Einige Wissenschaftler vermuten einen Zusammenstoß mit einem anderen großen Körper, der den Uranus umgekippt habe. Ob da vielleicht ein Zusammenhang mit anderen Besonderheiten des äußeren Sonnensystems besteht? Wir wissen es nicht.

Die Bewegung der Planeten, solange wir sie kennen, ist in guter Näherung periodisch, und ihre wahren Bahnen sind praktisch gleichbleibend bezogen auf den raumfesten Fixsternhimmel (daher auch der Name »Fix«-Stern). Eben diese Regelmäßigkeit der Planetenbewegung war es ja auch, die zur Aufstellung der Keplerschen Gesetze und endlich zur Newtonschen Dynamik geführt haben. Die einzig wirklich pathologische Bahn hat der jüngst entdeckte Planet Pluto. Aber der ist auch sonst ein rechter Außenseiter. Er ist kleiner als unser Mond und hat daher auch kaum eine Gashülle festhalten können. Seine Bahn ist um den ungewöhnlich hohen Winkel von 17° gegen die Umlaufsebene der Erde (Ekliptik) geneigt, und sie ist so stark elliptisch (Exzentrizität $> 0{,}25$), daß Pluto zeitweise der Sonne näher ist als Neptun. Dies ist seit 1979 der Fall und wird sich erst 1999 wieder ändern. Die Umlaufzeit von Pluto beträgt 247,9, die von Neptun 165,3 Jahre. Das Verhältnis der Umlaufzeiten ist also 3:2. Diese »Resonanz« (ganzzahliges Verhältnis der Umlaufzeiten) zusammen mit der starken Bahnneigung des Pluto verhindern, daß sich Neptun und Pluto an den Kreuzungspunkten der Bahnen allzu nahe kommen. Auf das Langzeitverhalten von Pluto werden wir noch genauer eingehen.

Sieben der neun bekannten Planeten werden von Monden umkreist. Sie bilden also kleinere Untersysteme des Sonnensystems. Derzeit sind 60 Monde bekannt. Die Größe der Monde ist recht unterschiedlich. Sie reicht von Riesen wie etwa dem Jupitermond Ganymed, der den Planeten Merkur an Größe übertrifft, bis hinab zu größeren Felsbrocken. Der innerste Jupitermond, Metis, hat beispielsweise nur etwa 40 Kilometer Durchmesser, und die beiden Begleiter des Mars, Phobos und Deimos (Angst und Schrecken, wie es sich für den Kriegsgott gehört), erreichen gar nur knapp 30 Kilometer.

Die größten Mondfamilien haben die vier Riesenplaneten: Jupiter mit 16 Begleitern, Saturn hat gar 17, Uranus immerhin 15, dagegen fällt Neptun mit »nur« acht Monden direkt ab. Eine Sonderrolle spielt wieder einmal Pluto (benannt nach Pluton, Sohn des Kronos und der Rhea, dem unerbittlichen Beherrscher des Schattenreiches). Er hat zwar nur einen Mond, Charon (in der griechischen Mythologie der Fährmann, der die Verstorbenen über den Styx in das Reich der Schatten bringt), aber dieser ist halb so groß wie Pluto selbst, und die Umlaufzeit dieses Begleiters entspricht mit 6,3 Tagen genau dessen Rotationsperiode. Für einen hypothetischen Beobachter schiene also Charon am Himmel über dem Pluto festzustehen.

Die großen Monde haben unter dem Einfluß ihrer eigenen Schwerkraft Kugelgestalt angenommen. Es ist dies die Form mit der größtmöglichen Symmetrie und der kleinsten Oberfläche bei gegebenem Volumen. Wenn diese Körper um eine Achse rotieren, wird die Kugelgestalt an den Polen abgeflacht. Am besten kann man das an den schnell rotierenden Riesenplaneten Jupiter und Saturn beobachten. Bei kleineren festen Körpern reicht jedoch die Schwerkraft nicht aus, um sie zu Kugeln zu formen. So sehen die beiden Marsmonde wie überdimensionierte Kartoffeln aus. Auch die meisten Asteroiden sind recht unregelmäßig geformt.

Aber wo ist »Chaos« in all dieser himmlischen Ordnung? Wie würde es sich äußern? Die Zeitdauer, in der sich Änderungen im Bereich der Astronomie ereignen, ist meist sehr lange im Vergleich zur Lebenserwartung des Menschen. Ein galaktisches Jahr, also die Zeit, in der die Sonne mit ihrem Gefolge einmal um das Zentrum unserer Galaxis läuft, ist etwa 200 Millionen irdische Jahre lang. Unsere Sonne ist demnach heute 25 galaktische Jahre alt, und sie wird voraussichtlich doppelt so alt werden. Wenn wir also in räumlich großen Bereichen Veränderungen untersuchen, so müssen wir auch lange Zeiträume ins Auge fassen.

Trotzdem gibt's innerhalb unseres Sonnensystems eine bekannte chaotische Bewegung, deren zeitlicher Ablauf schnell genug ist, so daß sie direkt beobachtet werden kann. Im ausgedehnten Mondsystem des Saturn gibt es eine Besonderheit: Hyperion ist ein sehr kleiner und unregelmäßig geformter Mond. Er hat eine größte Ausdehnung von etwa 200, eine »Breite« von 150 und eine »Höhe« von 110 Kilometern, sieht also wie ein etwas flachgedrücktes Ei aus. Seine Umlaufbahn ist vollkommen regelmäßig, aber Hyperion torkelt wie betrunken seine Bahn entlang. Wir wissen das von Aufnahmen, die

die Raumsonde Voyager 1 von Hyperion zur Erde gefunkt hat. Wie kann es so was geben? Liegt das an der unregelmäßigen Form? Dann müßten auch die beiden Marsmonde auf ihren Bahnen torkeln. Die bewegen sich aber, zumindest derzeit, vollkommen regulär um ihren Mutterplaneten. Was also geht hier vor?

Jack Wisdom und einige seiner Kollegen am MIT *(Massachusetts Institute of Technology)* haben im Jahre 1983 eine Analyse der Bewegung des Hyperion veröffentlicht. Die Bewegungsgleichungen, die die Rotation eines beliebig geformten Körpers auf einer beliebigen Bahn beschreiben, lassen sich nur integrieren, wenn der Körper symmetrisch oder die Bahn kreisförmig ist. In allen anderen Fällen, also auch im konkreten Fall des Hyperion, muß die Lösung der Gleichungen numerisch erfolgen. Wisdom und Kollegen haben also die Gleichungen einem Computer eingegeben. Als Ergebnis erhielten sie, abhängig von der Bewegungsenergie des Körpers, neben einigen periodischen Lösungen für viele Bewegungsenergien chaotische Rotationsbewegungen. Die Bewegungsenergie des Hyperion fällt klar in den chaotischen Bereich. Ein Ergebnis, das mit den Beobachtungen sehr gut verträglich ist und wohl auch die einzige Erklärung für das ungewöhnliche Verhalten des kleinen Saturnbegleiters.

Warum aber nur Hyperion? Warum nicht die anderen unregelmäßig geformten Monde auf elliptischen Bahnen? Nun, die Lösung hängt von der Bewegungsenergie ab, also von der Energie, die in der Rotation des betrachteten Körpers steckt. Diese Energie ist aber nicht für alle Zeiten konstant, sondern sie wird durch Gezeitenreibung im Laufe der Jahrmillionen langsam verbraucht. Das Endstadium ist eine gebundene Rotation, das heißt, die Rotationsdauer eines Körpers ist gleich seiner Umlaufdauer um den Zentralkörper. Die Gezeiten hören damit auf; was bleibt, ist eine konstante Verformung des gebunden rotierenden Körpers durch die Gravitationswirkung des anderen. Unser Mond ist ein Beispiel dafür. Er wendet uns immer die gleiche Seite zu.

Auch Hyperion ist nicht immer chaotisch seine Bahn entlanggetorkelt und wird es nicht für alle Zeit tun. Was die Analyse von Wisdom aber gezeigt hat, ist, daß es für alle unsymmetrischen Körper auf elliptischen Bahnen in Abhängigkeit von ihrer Bewegungsenergie chaotische Bereiche gibt. Die Marsmonde haben ihre chaotische Episode längst hinter sich und der Neptunmond Nereide wohl auch. Obwohl seine Bewegung für seinesgleichen irgendwann die Regel ist, erscheint uns im Moment Hyperion als die Ausnahme.

Gut, weit draußen im Weltraum torkelt ein kleiner Mond um den Saturn, und das auch noch auf einer ganz regulären Bahn. Aber gibt's denn keine chaotischen Bahnen oder Ereignisse, die uns direkt betreffen könnten?

Natürlich haben sich auch Wisdom und Kollegen diese Frage gestellt, aber sie ist nicht ganz einfach zu beantworten. Bedenkt man die langen Zeitskalen von Millionen von Jahren, die man betrachten muß, die unterschiedlichen Umlaufzeiten (88 Tage bis 248 Jahre), die eine untere Grenze für die Zeitschritte festlegen, die man verwenden kann, so zeigt sich schnell, daß auch für einen heutigen Supercomputer die Lösung der zehn gekoppelten Bewegungsgleichungen für die Sonne und die neun Planeten unseres Sonnensystems keine kurze Übungsaufgabe ist. Ein anderer Weg wäre, das exakte Gleichungssystem einer mathematischen Stabilitätsanalyse zu unterziehen und damit das Problem ein für allemal zu erschlagen. Daran haben sich aber bis jetzt die Mathematiker die Zähne ausgebissen.

In einem Zeitalter, das bei vielen Problemen auf technische Lösungen setzt, liegt es nahe, auch hier durch einen raffiniert konzipierten Spezialcomputer die auftretenden Schwierigkeiten zu überwinden. Am MIT wurde ein solches Gerät gebaut und dann für die numerische Untersuchung einiger Fragen der Langzeitstabilität von Bahnen im Sonnensystem verwendet. Dieser Spezialcomputer, genannt »Digital Orrery« (digitales Planetarium), kann ein Bewegungsgleichungssystem für zehn Körper etwa 60mal schneller lösen als ein gewöhnlicher Rechner. Die Berechnung der Bahnen der fünf äußeren Planeten über einen Zeitraum von 110 Millionen Jahren mit einer Zeitauflösung von 40 Tagen dauert mit »Digital Orrery« etwa eine Woche.

Nach mehreren Monaten pausenlosen Rechnens ergab sich ein »beruhigendes« Resultat: Innerhalb der nächsten 845 Millionen Jahre wird keiner dieser Planeten unser System verlassen. Bei Pluto allerdings genügt eine minimale Änderung der Startposition, und die vorausgerechneten Orte des Planeten unterscheiden sich nach wenigen Millionen Jahren um einen halben Umlauf. Das aber ist eines der typischen Kennzeichen des deterministischen Chaos: Die empfindliche Abhängigkeit von den Anfangsbedingungen oder, wie Ian Steward es nannte, ein kosmischer Fall des Schmetterlingseffekts.

Wenn die Bahn des Pluto also chaotisch ist, dann braucht man sich auch über die starke Neigung seiner Bahnebene und über die ungewöhnlich starke Exzentrizität nicht zu wundern. Wenn Pluto sich chaotisch bewegt, bedeutet das für das gesamte System einen chaotischen Einfluß. Aber Pluto ist weit und seine Masse ist klein, also wird's so schlimm schon nicht werden. Wir kennen nun Pluto seit gut 60 Jahren oder einem knappen Viertel eines Umlaufs. Ob auf lange Sicht seine unstabile Bahn noch ungewöhnlicher wird oder ob sie sich wieder an das derzeitige Verhalten der acht übrigen Planeten angleicht, ist offen.

Am Rande unseres Sonnensystems ist wohl die strenge Ordnung des Himmels etwas gestört, aber Änderungen gehen so langsam, daß sie weder uns noch unsere Urenkel betreffen.

Die inneren Planeten wurden wegen ihrer kurzen Umlaufzeiten und der dadurch notwendigen hohen Zeitauflösung bei den Rechnungen mit dem Spezialcomputer »Digitial Orrery« nicht berücksichtigt. Zu lange wäre sonst selbst für den »Planetenspezialisten« unter den Computern die Rechenzeit geworden. Aber die Neugierde der Forscher war geweckt, gerade den für uns interessantesten inneren Bereich des Sonnensystems auf seine Stabilität zu untersuchen.

Im Jahre 1989 erschien das Ergebnis einer Arbeit des französischen Physikers Jacques Laskar über die Bahnen der vier inneren Planeten im Laufe der kommenden Jahrmillionen. Laskar hatte eine Reihe von Vereinfachungen und Näherungen der allgemeinen Gleichungen durchgeführt, um mit heutigen Computern das Problem überhaupt angehen zu können. Die Zeitdauer seiner Rechnung beschränkt sich auf »nur« 200 Millionen Jahre, aber bereits in dieser Zeit zeigt sich, daß die Bahnen aller inneren Planeten chaotisch sind! Für die Erde genügt schon eine Ungenauigkeit von nur 15 Metern bei der Bestimmung ihrer Position (eine Genauigkeit, die weit jenseits des Erreichbaren liegt), und es ist nicht mehr möglich vorauszuberechnen, wo sie sich in 100 Millionen Jahren auf ihrer Umlaufbahn befindet. Die ursprüngliche minimale Ungenauigkeit ist dann auf etwa 1000

Millionen Kilometer angewachsen, das ist mehr als die Länge eines Umlaufs. Allerdings können wir uns damit beruhigen, daß dieses Ergebnis *nicht* bedeutet, wir hätten Zusammenstöße mit Planeten zu erwarten. Es besagt nur, daß eine Vorhersage ihrer Bahnen auf »lange Sicht« nicht möglich ist. Das Sonnensystem ist allem Anschein nach chaotisch, aber der chaotische Bereich der einzelnen Planeten scheint so beschränkt zu sein, daß Zusammenstöße nicht wahrscheinlich sind. Ob vielleicht Eiszeiten oder das Aussterben ganzer Tiergattungen in der Vergangenheit mit chaotischen Änderungen der Umlaufbahn der Erde zu tun hatten, wissen wir nicht. Für unseren Planeten und sein Klima scheint vorerst die Bedrohung durch die Aktivitäten der Menschen erheblich größer zu sein als die Folgen der chaotischen Bahnbewegungen.

Wir könnten also »beruhigt« zur Tagesordnung übergehen.

Aber bleiben wir noch ein wenig bei unserem Planetensystem. Eine Auffälligkeit beim Betrachten der Himmelskörper ist ihr kraterübersätes Erscheinungsbild (siehe etwa Farbbild 3, Merkur). Natürlich können wir das nur sehen, wenn die Körper eine feste Oberfläche haben und keine allzu dichte Atmosphäre den Blick darauf verwehrt. Auf unserer Erde können wir auch nur die allerjüngsten Krater sehen. Ältere sind längst verwittert und überwachsen. Bei den vier Gasriesen, die keine feste Oberfläche haben, sind die zahlreichen Monde so dicht mit Kratern bedeckt, daß es unwahrscheinlich wäre, wenn nicht auch die Mutterplaneten zahllose Treffer von kosmischen Geschossen unterschiedlichsten Kalibers erhalten hätten. Die Farbbilder 5 bis 7 zeigen als Beispiel unseren Mond, einen Mond des Jupiters und einen Saturnmond. Woher kommen nun all die Krater?

Eine häufig gehörte Erklärung lautet: Die Krater stammen aus der Frühzeit des Sonnensystems, als noch sehr viele kleinere und größere Trümmer im Raum zwischen den Planeten herumschwirrten. Das mag sein, aber warum schwirrten die Trümmer auf Kollisionsbahnen herum und bewegten sich nicht auf nahezu kreisförmigen Bahnen um die Sonne, wie man das nach weithin akzeptierten Modellen für die Entstehung eines Planetensystems erwarten würde? Was heißt außerdem Frühzeit? Einige der auf der Erde vorhandenen Krater sind jedenfalls sicher nicht älter als eine Million Jahre. Waren das Nachzügler? Vielleicht auf Abwege geratene Kometen oder purer unwahrscheinlicher Zufall? Solange man nur stabile periodische Bahnen kennt, gibt's wohl keine andere Erklärung.

Auch heute finden sich noch sehr viele kleinere und größere Körper im Sonnensystem. Die überwiegende Mehrzahl von ihnen laufen zwischen Mars und Jupiter um die Sonne. Es sind dies die oben erwähnten vielen Tausende von Asteroiden. Deren Bahnen wollen wir uns nun näher ansehen.

Schon um das Jahr 1860 war dem amerikanischen Astronomen Daniel Kirkwood aufgefallen, daß es in der Verteilung der Asteroiden deutliche Lücken gibt. In der Abbildung IV.1.1 ist diese Verteilung dargestellt. Im oberen Teil ist die Anzahl aller bekannten Asteroiden gegen ihren mittleren Abstand von der Sonne aufgetragen. Im unteren Teil ist die Verteilung der »großen« (Durchmesser *d* größer als 80 Kilometer) Asteroiden nochmals getrennt gezeigt. In beiden Verteilungen erkennt man auffällige Lücken, und zwar genau bei solchen Abständen von der Sonne, bei denen die Umlaufzeit in »Resonanz« zur Umlaufzeit des Jupiters ist. Unter Resonanz versteht man in der Astronomie ein Verhältnis von Umlaufzeiten, das sich durch kleine ganze Zahlen ausdrücken läßt. Eine 2 : 1- Resonanz besagt also, daß der Asteroid exakt zweimal um die Sonne läuft, während Jupiter einen Umlauf vollendet. Eine Folge einer solchen Resonanz ist, daß sich die beiden Körper immer an derselben Stelle ihrer Bahn besonders nahe kommen und sich daher auch immer an derselben Stelle gegenseitig besonders stark beeinflussen. Eine Kinderschaukel kann man durch kleine Schubser zu immer weiterem Schwingen bringen, wenn man die Schubser nur im richtigen Takt erteilt. Ebenso ist es in der Himmelsmechanik möglich, durch eine Resonanz, also durch den richtigen Takt, kleine Einflüsse zu merklichen Störungen aufzuschaukeln. Das war bis vor kurzem die Erklärung für die »Kirkwood-Lücken« in der Asteroiden-Verteilung.

Aber ist das wirklich eine Erklärung? Wo sind die resonanten Asteroiden denn hingekommen? Wie paßt in dieses Schema die Hilda-Gruppe, eine Häufung von Asteroiden exakt bei der 3 : 2-Resonanz?

Wir haben es bei den Asteroiden in guter Näherung mit einem Dreikörper-Problem zu tun, von dem wir ja schon wissen, daß es nur numerisch zu lösen ist und daß es auch chaotische Lösungen besitzt.

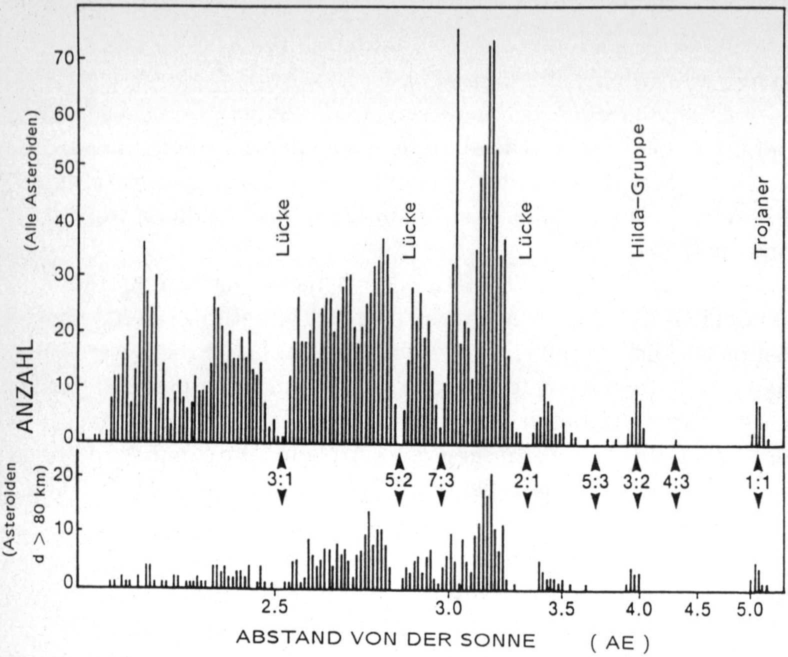

Abb. IV.1.1

Verteilung der Asteroiden zwischen Mars und Jupiter. Aufgetragen ist im oberen Teil die Anzahl aller bekannten Asteroiden über dem Abstand von der Sonne. Deutlich erkennt man die Lücken bei den Verhältnissen der Umlaufzeiten Asteroid zur Jupiterumlaufzeit 3 : 1, 5 : 2 und 2 : 1. Beim Umlaufverhältnis 3 : 2 dagegen findet man die Hilda-Gruppe. Der untere Teil des Bildes zeigt die Verteilung für große (∅ größer als 80 Kilometer) Asteroiden.

Eine interessante Variante ist hier, daß als Folge der Resonanzen alle zwölf beziehungsweise alle vierundzwanzig Jahre ein besonders drastischer Einfluß des dritten Körpers auftritt, während in der übrigen Zeit das Schwerefeld der Sonne dominiert. (Die Umlaufdauer des Jupiters beträgt etwa zwölf Jahre, also ist sein Einfluß für die 3 : 1 und die 2 : 1-Resonanz alle zwölf Jahre und für die 5 : 2- und 3 : 2-Resonanz alle vierundzwanzig Jahre besonders groß.) Natürlich muß man auch hier wieder Zeiträume im Bereich von Millionen Jahren untersuchen, wenn man einen Eindruck von der Dynamik dieser Systeme erhalten möchte. Auch zu diesem Problem haben Wisdom und Kollegen numerische Rechnungen veröffentlicht.

Für die 3:1-Resonanz ist das Ergebnis der Rechnungen in Abbildung IV.1.2 graphisch dargestellt. Die Exzentrizität ist aufgetragen

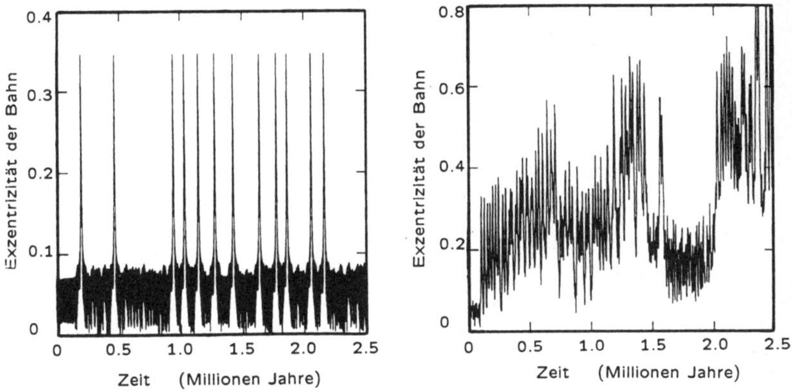

Abb. IV.1.2

Variation der Bahnexzentrizität für Asteroiden nahe der 3:1-Resonanz. Der linke Teil der Abbildung zeigt das Ergebnis der Rechnungen unter der Annahme, daß sich alle beteiligten Körper in einer Ebene bewegen. Rechts sind die Ergebnisse ohne diese Annahme gezeigt (nach Wisdom).

gegen die Zeitdauer. Die Exzentrizität ist ein Maß für die Abweichung einer elliptischen Bahn von einem Kreis. Eine exakte Kreisbahn hat die Exzentrizität Null; je höher die Exzentrizität ist, desto langgestreckter ist die zugehörige Ellipse und um so weiter liegt der Brennpunkt außerhalb des Zentrums (daher die Bezeichnung). Eine hohe Exzentrizität bedeutet einen großen Unterschied zwischen sonnennächstem und sonnenfernstem Punkt der Bahn und damit auch große Schwankungen in der Bahngeschwindigkeit. Die Bahngeschwindigkeit ist ja um so höher, je näher an der Sonne sich ein Körper bewegt. Das linke Bild in Abbildung IV.1.2 ist unter der Annahme gerechnet, daß sich die drei Körper in einer Ebene bewegen. Die Bahn des Asteroiden schwankt die meiste Zeit zwischen beinahe kreisförmig (Exzentrizität $\approx$ 0) und mäßig elliptisch (Exzentrizität $\approx$ 0,09), vergleichbar der Marsbahn. Dann plötzlich läuft er für die kurze Zeit von etwa 10 000 Jahren auf einer extrem elliptischen Bahn (Exzentrizität größer 0,35), um ebenso plötzlich wieder auf einer annähernd kreisförmigen Bahn die Sonne zu umrunden. Die Zeiträume zwischen diesen »Ausbrüchen« sind sehr unterschiedlich, und es gibt keinerlei erkennbare Periode.

Im rechten Bild ist die Annahme der Bewegung in einer Ebene aufgegeben, das heißt, die Bahnebene des Asteroiden kann auch gegen die Bahnebene des Jupiters geneigt sein. Nunmehr sind die Variationen der Exzentrizität noch weit unregelmäßiger, und selbst extreme Werte (Exzentrizität größer 0,8) werden erreicht. Die Bahnen solcher Asteroiden sind wahrhaft chaotisch. Wenn wir uns die Bewegung mit einem Zeitraffer millionenfach beschleunigt vorstellen, erhalten wir einen Himmelskörper, der mit den unterschiedlichsten Geschwindigkeiten um die Sonne eilt, tief hinabtaucht zum Zentralgestirn und plötzlich in ruhigem, gleichmäßigem Umlauf für kurze Zeit verharrt, nur um dann wieder um so ungestümer durch den Planetenraum zu schwirren.

Noch viel dramatischer aber ist die Tatsache, daß für einen solchen Asteroiden eine Exzentrizität größer 0,3 bedeutet, er kreuzt die Marsbahn; größer 0,6 heißt, er kreuzt die Bahn unserer Erde. Nun verstehen wir die Lücken. Körper, die öfter die Bahn eines Planeten kreuzen, haben eine gute Chance, in das Gravitationsfeld dieses Planeten zu geraten. Eine solche Begegnung hat nachhaltige Folgen für den betroffenen Körper: Er kann im Schwerefeld des Planeten stark beschleunigt und weit in die Tiefen des Weltraums hinausgeschleudert werden, er kann, was offenbar häufig passiert, mit dem Planeten oder mit einem seiner Monde zusammenstoßen. Die zahlreichen Krater sind beredte Zeugen solcher kosmischer Kollisionen. Er kann aber auch ganz undramatisch von dem Planeten eingefangen werden und künftig als Mond seine Runden drehen. Alle großen Körper sind zwar schon aus dem Bereich der 3:1-Resonanz verschwunden, aber einige kleinere warten dort noch auf dieses »kosmische Billardspiel«.

Einer dieser Asteroiden, er trägt die nüchterne Bezeichnung 1989 AC, wird im Jahre 2004 der Erde bis auf etwa 1.5 Millionen Kilometer nahe kommen. Es gibt also weit mehr als nur ein akademisches Interesse an den chaotischen Bahnen der Asteroiden. Schließlich wäre ein Zusammenstoß mit einem größeren Asteroiden ein GAU unter den Naturkatastrophen.

Für die 5:2- und 2:1-Resonanzen ergaben die Rechnungen ähnliche Szenarios. Die Asteroiden in diesen Bereichen führ(t)en chaotische Tänze zwischen den Planeten auf, bis sie hinausgeschleudert werden oder mit einem anderen Himmelskörper zusammenstoßen. Die Sonne und Jupiter geben bei diesem kosmischen Ballett den Takt an.

Aber was ist mit der Hilda-Gruppe? Die Antwort ist verblüffend einfach: Für die 3:2-Resonanz existiert keine chaotische Lösung. Wir neigen aus unserer Erfahrung mit linearen Zusammenhängen zu Analogieschlüssen. Im Bereich nichtlinearer Zusammenhänge werden daraus nur zu leicht Trugschlüsse. Es gibt mathematisch keinen Grund, warum sich zwei verschiedene dynamische Systeme gleich verhalten müßten oder ähnliche Systeme ähnlich verhalten sollten. Jedes System ist ein Individuum, und sein Verhalten muß daher auch individuell untersucht werden. Im Bereich der 3:2-Resonanz gibt es kein Chaos, also keine plötzliche Änderung der Exzentrizität, und daher auch kein Kreuzen anderer Planetenbahnen. Die Hilda-Gruppe markiert durch ihre Existenz eine stabile Insel im Meer der chaotischen Bewegungen. Die Asteroiden sind nicht nur ein Beispiel für Chaos im Bereich der Himmelsmechanik, sondern sie zeigen auch, daß in einem gekoppelten System die Teile nicht getrennt betrachtet werden können. Alles hat Einfluß auf alles andere. Auch wenn die Kopplungen äußerst gering sind, sie können und werden doch gewaltige Wirkungen erzeugen.

So sehen wir auch in der Himmelsmechanik das deterministische Chaos allgegenwärtig. Verglichen mit dem Alter der Menschheit sind aber hier die Korrelationszeiten oft sehr lange. Daher dauerte es bis zum Ende des 20. Jahrhunderts unserer Zeitrechnung, bevor es hinter all der scheinbaren Ordnung entdeckt wurde.

2. Die Sonne – unser chaotischer Stern

Unsere Sonne gilt als Inbegriff des Lebens – ohne ihre Wärme wäre das Leben auf der Erde nicht möglich. Schon in der Frühzeit der Menschheit wurde die Sonne in vielen Kulturen als Gottheit verehrt:

Im alten Ägypten war die Sonne das Zentrum einer Staatsreligion, der Sonnengott Ra (oder auch Re) wurde sogar unter dem Pharao Echnaton (oder Akhenaton, etwa 1350 v. Chr.) zum einzigen Gott erhoben.

Im Orient gilt die Mithra-Religion Persiens als der Höhepunkt des Sonnenkults – von dort verbreitete er sich bis nach Westeuropa.

In Japan, dem Land der aufgehenden Sonne, soll nach der Überlieferung der erste menschliche Kaiser, Jimmu Tenno, von der Sonnengöttin Amaterasu abstammen.

In Peru galt der König der Inkas als fleischgewordener Sonnengott (Inti). Der Sonnentempel in Cuzco zeigt »Inti« als den ältesten Sohn des Gottvaters.

In Mexico war Teotihuacán vor dem Eintreffen der Spanier wahrscheinlich die größte Stadt der Neuen Welt. Die 60 Meter hohe Sonnenpyramide war das überragende Bauwerk dieser antiken Großstadt, deren Name übersetzt »Platz der Götter« bedeutet.

In den großen Zivilisationen des antiken Europa und Asien wird die Sonne oft als Gottheit verehrt, die unter einem noch höhergestellten Gott angesiedelt ist. Namen des »Sonnengottes« waren etwa Sol (im Römischen Reich), Helios (in Griechenland), Utu (bei den Sumerern) und Shamash (bei den Babyloniern). In Indien wurden mehrere Sonnengötter verehrt – Savitri (die Morgensonne), Surya (der Zenit) und Vivasvan (die Abendsonne) –, später wurden diese Gottheiten vereint, und Surya übernahm die Rolle der anderen beiden[1]).

[1]) Wir danken Frau Gisela Dirnberger für wertvolle Hinweise im Zusammenhang mit der Mythologie Indiens.

Allerdings hat die Sonnenverehrung oft auch dazu geführt, daß dieser uns so nahegelegene Stern dann nicht mehr das Objekt wissenschaftlicher Studien sein konnte – so etwas wäre zwangsläufig als Gotteslästerung aufgefaßt und von der sehr einflußreichen Priesterschaft mit den höchsten Strafen beendet worden.

Dies hat sich inzwischen geändert, und die Sonne ist seit mehreren hundert Jahren auch Gegenstand wissenschaftlicher Untersuchungen.

Mittlerweile wissen wir sehr viel über unser Zentralgestirn. Der mittlere Abstand von der Erde beträgt 149,6 Millionen Kilometer. Die Sonne ist ein heißer Gasball mit einem Volumen, welches 1,3 millionenmal so groß ist wie das der Erde, die Masse ist $1{,}99 \cdot 10^{33}$ Gramm – etwa 333 400mal so viel wie die Masse der Erde. Die mittlere Dichte der Sonne ist 1,41 g/cm^3, etwas mehr als die Dichte von Wasser. Im Zentrum der Sonne steigt die Dichte allerdings auf etwa 150 g/cm^3 an. An der Oberfläche beträgt die mittlere Temperatur 5500° Celsius, im Zentrum steigt sie auf 15 Millionen Grad an, der Gasdruck liegt dann bei $4 \cdot 10^{11}$ Atmosphären. Die Sonne dreht sich in 27 Tagen einmal um die eigene Achse. Genauere Messungen haben gezeigt, daß die Sonne nicht starr rotiert wie die Erde, sondern daß die Rotation an den Polen wesentlich langsamer ist als am solaren Äquator. Bei hohen Breiten erhöht sich die Umdrehungsperiode auf über 30 Tage.

Der Energieausstoß der Sonne ist $3{,}85 \cdot 10^{23}$ Kilowattsekunden. Auf der Erde bedeutet das eine Leistungsdichte von 1,36 Kilowatt/m^2 außerhalb der Erdatmosphäre. In den heißen Klimazonen ist aber auch die Einstrahlung nach Berücksichtigung der atmosphärischen Absorption (in etwa die Hälfte der Energie wird von der Atmosphäre aufgehalten) immer noch wirtschaftlich interessant, obwohl bisher kaum genutzt.

Was ist der Ursprung dieser Sonnenenergie? Dieser Frage widmeten sich schon viele Wissenschaftler. Die Lösung des Rätsels zeigt die enorme Macht der analytischen Denkensweise – wir möchten dieses Beispiel als besonders eindrucksvolle Illustration der wissenschaftlichen Methode etwas näher erläutern.

Unter der Voraussetzung, daß die Gesetze der Physik universelle Gültigkeit haben, ist die einfachste Annahme die, daß die Sonne sich in einem Gleichgewichtszustand befindet. Das ist in Abbildung IV.2.1 verdeutlicht.

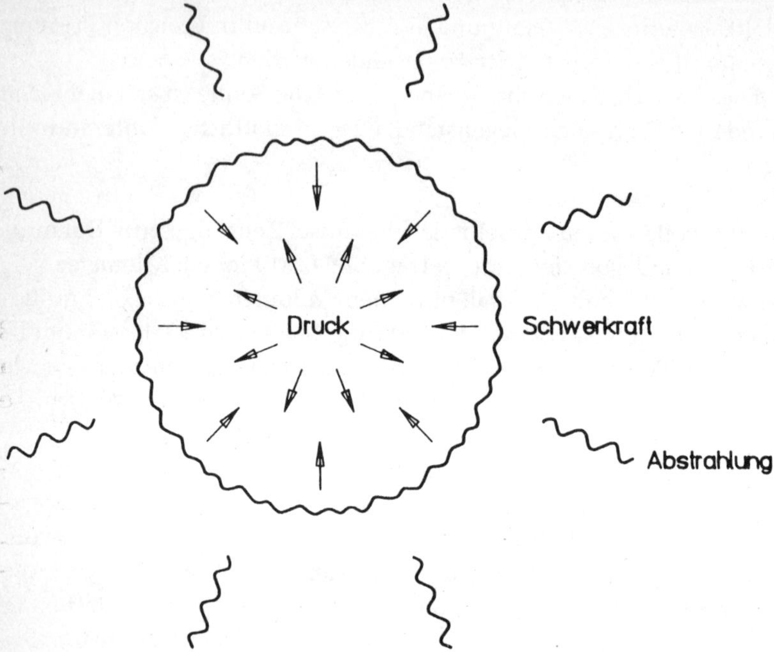

Abb. IV.2.1

Das Gleichgewicht der Kräfte in der Sonne.

Die eigene Schwerkraft versucht die Sonne zu einer immer kleineren Gaskugel zusammenzudrücken. Dagegen stemmt sich der Gasdruck wie in einem Dampfkessel. Der Gasdruck hängt von der Temperatur ab, ist diese geringer, so ist auch der Gasdruck niedriger. Wenn jetzt die Sonne Energie mit einer Rate $L = 3{,}85 \cdot 10^{23}$ Kilowatt verliert, so muß sie abkühlen, und der Gasdruck nimmt ab. Dann aber gewinnt die Schwerkraft die Oberhand, und die Sonne muß sich zusammenziehen, sie wird kleiner.

Nun, die gesamte Energie, die für diesen Prozeß zur Verfügung steht, ist die »Schwereenergie«. Aus dem Newtonschen Gesetz der Schwerkraft läßt sich diese Energie für einen Stern mit einem Radius R und Masse M leicht ausrechnen, sie beträgt

$$E = \frac{GM^2}{R} = 3{,}79 \times 10^{48}\ \mathrm{dyn} \cdot \mathrm{cm} \approx 1 \times 10^{35}\ \mathrm{kWh},$$

wobei $G = 6{,}672 \times 10^{-8}\ \mathrm{dyn} \cdot \mathrm{cm}^2/\mathrm{g}^2$ die Gravitationskonstante ist.

Wenn die Sonne mit der heutigen Leuchtkraft gleichmäßig strahlt, reicht die verfügbare Schwereenergie nur für einen Zeitraum von

$$E/L \approx 31 \text{ Millionen Jahre.}$$

Wir wissen aber aus Radioaktivitätsmessungen an Meteoriten, daß das Sonnensystem und damit auch die Sonne etwa 4,6 Milliarden Jahre alt ist! Irgend etwas stimmt an der obigen Erklärung für die Energieerzeugung der Sonne nicht!

Die Lösung des Rätsels ist ganz einfach – es muß eine andere zentrale Energiequelle geben. Diese Energiequelle ist die Kernverschmelzung. Wieder kann man eine einfache Abschätzung machen. Nach der von Albert Einstein 1905 entdeckten Äquivalenz von Energie und Masse:

$$E = mc^2$$

bedeutet eine Abstrahlung von $L = 3{,}85 \times 10^{23}$ Kilowatt einen Masseverlust (und Umwandlung in Energie) von 4,3 Millionen Tonnen pro Sekunde oder ungefähr 6,5 Billionstel Sonnenmassen pro Jahr. In anderen Worten, in den 4,6 Milliarden Jahren, die seit der Geburt der Sonne bisher verflossen sind, sind 0,03 Prozent der Sonnenmasse durch Kernverschmelzungsprozesse aufgebraucht worden und als Strahlungsenergie in den Raum verschwunden.

Bei unserer Sonne handelt es sich bei den Kernprozessen hauptsächlich um die Verschmelzung von vier Wasserstoffkernen zu einem Heliumkern. Die Massendifferenz ist dabei pro Reaktion

$$\Delta m = 4 \cdot m_H - m_{He} = 4{,}768 \cdot 10^{-26}\ \mathrm{g}$$

und nur diese Massendifferenz wird nach der Einsteinschen Formel in Energie umgewandelt. Das entspricht einem Wirkungsgrad von 0,7 Prozent bei der Energiegewinnung und bedeutet, daß das Energiereservoir der Sonne im Prinzip noch für etwa 80 Milliarden Jahre ausreichen sollte.

Genauere Berechnungen zur Sternentwicklung zeigen allerdings, daß sich die Sonne »schon« in den nächsten 5 Milliarden Jahren zu einem »Roten Riesen« entwickeln wird. Wenn ein Großteil des Wasserstoffs zu Helium umgewandelt ist, spielen Kernreaktionen schwererer Atome (Helium, Kohlenstoff, Stickstoff, Sauerstoff) eine wichtige Rolle. Die chemische Zusammensetzung der Sonne verändert sich, die Leuchtkraft erhöht sich gewaltig, die Temperatur im Zentrum steigt an, und die Sonne dehnt sich aus, möglicherweise bis zur Erde. Das Leben, so wie wir es kennen, kann dann nicht mehr existieren.

Energie im All

Die Sonne ist kein ruhiger, heißer Gasball. Nach allem, was wir über unser Zentralgestirn wissen, können wir dies auch gar nicht erwarten. Die thermonukleare Energiequelle im Inneren und die Kühlung durch Abstrahlung von der Oberfläche bedeuten, daß wir es ganz prinzipiell mit einer Situation zu tun haben, die instabil sein kann, vielleicht sogar sein muß. Wir brauchen nur auf das Bénard-Experiment zu verweisen, das wir im vorhergehenden Kapitel dargestellt haben. In diesem Experiment wurde gezeigt, wie eine Flüssigkeit oder ein Gas, welche(s) auf einer Heizplatte ruht, bei genügend starker Wärmezufuhr in Wallung gerät, so daß sich Wirbelströmungen bilden. Aus dem täglichen Leben ist zur Genüge bekannt, daß der Inhalt eines von einer Herdplatte erhitzten Suppentopfes beim Kochen beziehungsweise Sieden in ziemliche Bewegung gerät. Natürlich verhält sich die Suppe physikalisch gesehen deshalb so, weil der Energietransport durch einfache Wärmeleitung nicht mehr ausreicht, um die Energiezufuhr von der Herdplatte abzuführen. Es wird dann effizienter, daß heiße Blasen an die Oberfläche steigen und die Wärme auf diese Weise wegtransportieren. Dreht man die Energiezufuhr herunter, beruhigt sich die Suppe wieder, obwohl sie noch immer von unten aufgeheizt wird. Ganz ähnlich verhält es sich auch mit der Sonne. Die Farbtafeln 8 bis 10 dienen hier nur als Illustration der Sonnenaktivität.

Die Sonnenoberfläche (Photosphäre) ist immer in Bewegung. Bemerkenswert ist die »Granulation« oder »Körnigkeit« der Sonnenoberfläche. Es handelt sich bei dieser Granulation um etwa 4 Millionen hellere Flecken, welche die ganze Sonnenoberfläche bedecken, jeder mit einem Durchmesser zwischen 300 bis 1500 Kilometern. Diese Flecken heben sich von den dunkler erscheinenden Grenzschichten dadurch ab, daß das Gas in den helleren »Granula« etwa 200 Grad heißer ist. In den heißeren Gebieten steigt das Gas auf, kühlt und sinkt in den dunkleren Randschichten wieder nach unten.

Es gibt auch noch größere Konvektionszellen, die sogenannte Supergranulation. Diese bilden ein Netzwerk von circa 5000 Zellen auf der Sonnenoberfläche mit einer typischen »Maschengröße« von etwa 30 000 Kilometern.

Aus dieser brodelnden Sonnenoberfläche schießen dann und wann gewaltige »Stichflammen« heraus, sogenannte »Spicules«, die eine Höhe von etwa 8000 Kilometer erreichen und einen Durchmesser von 500 bis 1000 Kilometer haben. (Zum Vergleich, der Erdradius beträgt 6378 Kilometer.)

In den solaren »Protuberanzen« wird heißes Gas noch viel weiter hinausgeschleudert. »Ruhende Protuberanzen« können ihre bogenförmige Gestalt oft wochenlang beibehalten, ehe sie sich verformen und auflösen. Die Höhe dieser Protuberanzen ist typischerweise 40 000 Kilometer, ihre Länge 100 000 Kilometer. »Eruptive« oder aufsteigende Protuberanzen können sogar die Anziehungskraft der Sonne überwinden und in den interplanetaren Raum hinausgeschleudert werden.

Gelegentlich gibt es dann noch größere Sonneneruptionen, sogenannte »Flares«. Die Explosionsenergie in starken Flares ist ungefähr 2.8×10^{18} kWh, genug, um den gesamten elektrischen Energiebedarf der Menschheit für rund 10 Millionen Jahre abzudecken! Diese Flares haben natürlich auch eine Auswirkung auf unseren Planeten. Das dabei von der Sonne ausgestoßene Gas erreicht die Erde etwa einen Tag später und erzeugt Phänomene wie die bekannten Polarlichter und magnetische Stürme.

Es gibt noch eine wichtige Komplikation bei der Beschreibung der Sonnenaktivität, die wir uns bewußt bis zuletzt aufgehoben haben, um den eleganten Übergang zum Chaos zu schaffen: das Magnetfeld.

Die Sonne ist ein heißer, ionisierter Gasball, der von innen geheizt wird, bei dem an der Oberfläche deutlich Konvektionszellen sichtbar sind und der sich zu allem Überfluß auch noch dreht. Unter diesen Bedingungen können durch den Dynamoeffekt Magnetfelder erzeugt werden, deren Existenz eindrucksvoll durch die Protuberanzen sichtbar gemacht wird. Das ionisierte Gas in diesen gewaltigen Bögen wird entlang des Magnetfelds geführt. Ein klassisches Beispiel für die Darstellung von Magnetfeldlinien.

Die Magnetfeldstärke an der Sonnenoberfläche ist nicht gleichförmig, sondern variiert von einem typischen Wert von einigen Gauß – nur unwesentlich stärker als das irdische Magnetfeld – bis hin zu einigen Tausend Gauß in besonders konzentrierten Regionen, den »Sonnenflecken«. Auf Farbtafel 11 zeigen wir eine Aufnahme der Sonne, in der solche Sonnenflecken zu sehen sind. Die Gastemperatur in den Sonnenflecken beträgt nur etwa 3500° Celsius, ist also wesentlich geringer als die annähernd 5500° Celsius mittlere Oberflächentemperatur der Sonne. Deshalb erscheinen die (kühleren) Sonnenflecken auch dunkel.

Auf Farbtafel 11 ist noch eine weitere Information enthalten. Sonnenflecken treten oft in Paaren auf und sind durch Magnetfeldbögen miteinander verbunden. Das Magnetfeld kommt von einem Fleck heraus, spannt sich über die Sonnenoberfläche und geht durch den anderen Fleck wieder in die Sonne zurück. Die Farbkodierung der Flecken (rot/schwarz) zeigt diese Paarbildung – wobei »rot« austretendes Magnetfeld und »schwarz« eintretendes Magnetfeld bedeutet.

Auf Farbtafel 12 wird unser physikalisches Bild der aktiven Sonne noch einmal schematisch zusammengefaßt.

Sonnenflecken

Aufgrund ihrer auffälligen, dunklen Erscheinungsform sind Sonnenflecken schon sehr lange bekannt. Moderne Beobachtungen sind seit der Erfindung des Teleskops regelmäßig durchgeführt worden, und seit 1610 existiert eine praktisch durchgehende Zeitserie von Messungen. Es handelt sich hier um eine der ältesten nicht unterbrochenen wissenschaftlichen Beobachtungsreihen.

Physikalisch gesehen geben uns die Sonnenflecken aufgrund der Tatsache, daß in ihnen das solare Magnetfeld um das Hundert- bis Tausendfache konzentriert ist, Information über Dynamoprozesse – also Magnetfelderzeugungsmechanismen – und über Transportprozesse – also das Aufwallen, Kühlen und Absinken des Gases in der äußeren Konvektionszone der Sonne.

In Abbildung IV.2.2 ist die Langzeitvariation der Sonnenfleckenaktivität gezeigt. Man sieht ganz deutlich, daß die Anzahl der Sonnenflecken einer regelmäßigen Schwankung unterworfen ist, deren Periode 11,1 Jahre beträgt. Außerdem deutet sich an, daß die Sonnenfleckenzahl jeweils zur Jahrhundertwende niedriger ist als zu anderen Zeiten und daß zwischen 1640 und 1700 außergewöhnlich geringe Aktivität gemessen wurde.

Eine weitere Eigenschaft der Sonnenflecken ist in Abbildung IV.2.3, dem sogenannten »Schmetterlingsdiagramm«, gezeigt. Die Namensgebung ist einleuchtend. Am Anfang eines 11,1-Jahreszyklus erscheinen die Sonnenflecken überwiegend bei mittleren solaren Breiten (ca. 30 °N bzw. 30 °S), um sich dann im Verlauf des Zyklus immer näher an den solaren Äquator zu verlagern. Oftmals sind die Sonnenflecken des alten Zyklus am Äquator noch vorhanden, wenn die des neuen Zyklus schon bei hohen Breiten auftreten. Deutlich ist die 11,1-Jahresperiode auch hier sichtbar gemacht.

Das Verlagern der Sonnenflecken zum Äquator und das Erscheinen bei mittleren Breiten zu Beginn eines neuen Zyklus hat mit dem internen Dynamoprozeß zu tun. Man weiß heute, daß sich das solare Magnetfeld nach 11,1 Jahren umdreht. Der magnetische Nordpol wird nach einer Übergangszeit von ein bis zwei Jahren zu einem

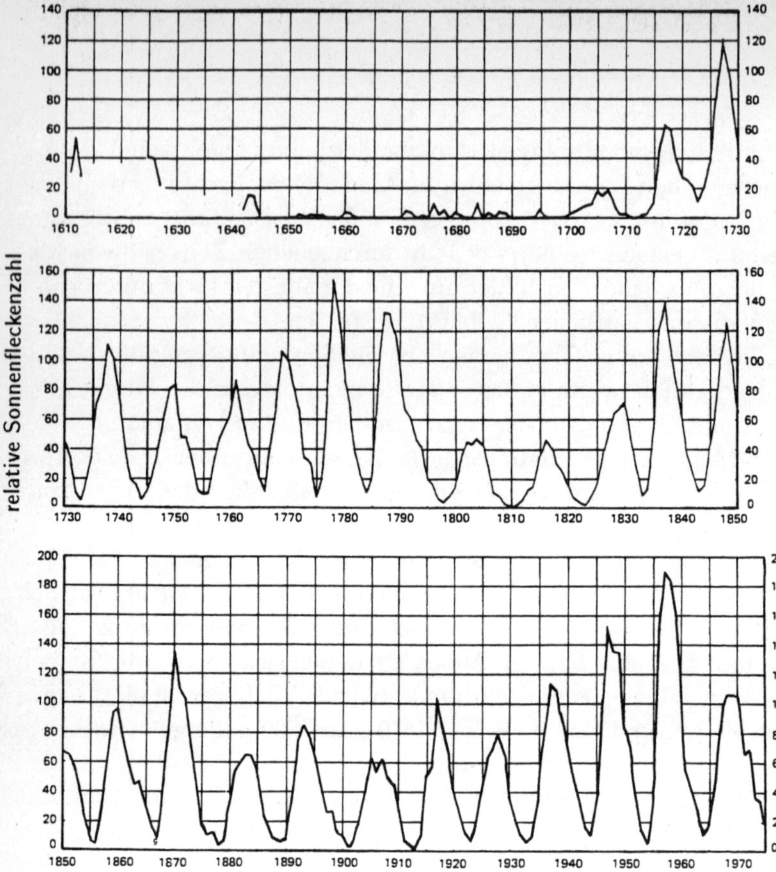

Abb. IV.2.2

Jahresmittelwerte der Sonnenfleckenzahlen, aufgetragen über den Zeitraum von 1640 bis 1980.

Südpol, und der ehemalige Südpol wird zu einem magnetischen Nordpol. Das bedeutet, daß der magnetische Sonnenzyklus 22,2 Jahre dauert, also doppelt so lang ist wie der Sonnenfleckenzyklus.

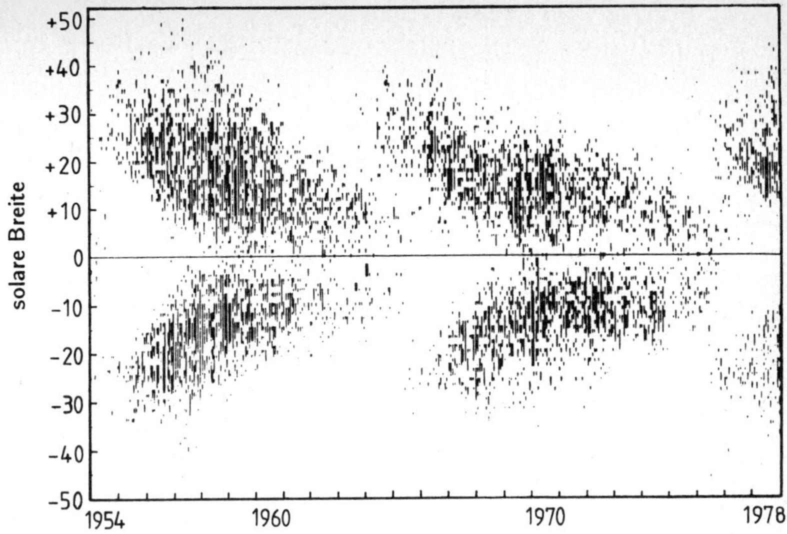

Abb. IV.2.3

»Schmetterlingsdiagramm«. Die beobachtete solare Breite der Sonnenflecken ist als Funktion der Zeit aufgetragen, von 1954 bis 1978.

Dieser liefert uns nur Information über die Magnetfeldstärke, nicht aber über die Richtung des Magnetfeldes.

Auch das Erdmagnetfeld hat sich in der Vergangenheit mehrfach gedreht. Die Studie dieses Phänomens heißt »Paleomagnetismus«, die Methoden benutzen die Bestimmung des Gesteinsmagnetismus in Strata unterschiedlichen Alters. Für die Erde dauert der magnetische Zyklus im Mittel etwa 230 000 Jahre, die Übergangszeit von einer Polarität zur anderen dauert circa 10 000 Jahre – die Sonne ist also wesentlich weniger träge!

Aus der Polaritätsveränderung (alle 11,1 Jahre) ist der Zusammenhang dieser Zeitskala mit dem magnetfelderzeugenden Dynamoprozeß eindeutig geklärt. Allerdings gibt es auch starke, bisher noch nicht erwähnte »Kurzzeitvariationen« auf Zeitskalen Tage/Wochen.

Wenn wir uns die Farbtafel 12 noch einmal vergegenwärtigen, dann ist ersichtlich, daß der Transport des Magnetfeldes in der äußeren Konvektions-Zone ebenso zeitliche Fluktuationen hervorrufen könnte wie der Erzeugungsmechanismus. Wenn wir uns dann noch an die Ergebnisse des Bénard-Experiments erinnern, so erscheint es plausibel, daß wir mit Hilfe der Kurzzeitfluktuation der Sonnenfleckenaktivität die Physik dieser Konvektionszone anhand ihres äußeren Erscheinungsbildes studieren können. In Abbildung IV.2.4 haben wir die Sonnenfleckenaktivität, zeitlich aufgelöst, für die Zeit von 1878 bis 1945 aufgetragen. Man sieht, daß es doch erhebliche Schwankungen auf Zeitskalen Tage/Wochen/Monate gibt, die bei den Jahresmittelwerten in Abbildung IV.2.2 nicht erkennbar sind.
Wie bei allen stark fluktuierenden Meßreihen, so kann man sich auch hier die Frage stellen: Sind die Fluktuationen zufallsbedingt, oder verbirgt sich dahinter doch ein Zusammenhang, der mit dem bloßen Auge, ohne sorgfältige Datenanalyse, nicht erkennbar ist – in anderen Worten, ist die Sonne chaotisch?

Ohne Chaos geht es nicht

Sowohl der Langzeitdynamoeffekt als auch das Kurzzeitverhalten der Sonnenfleckenaktivität sind als chaotisch gedeutet worden. Es handelt sich hier nicht um irgendwelche exotischen Randerscheinungen der Sonnenphysik, sondern um sehr wichtige Eigenschaften der Sonne selbst. Auf der einen Seite steckt die ungleichmäßige Rotation dieses riesigen Gasballs hinter den Messungen, auf der anderen Seite geht es um die Existenz und Tiefe der Konvektionszone, die immerhin für den Wärmetransport in der äußeren Hälfte des Sonnenvolumens verantwortlich ist!

Das ordentliche und korrekte Funktionieren unserer Sonne ist für uns lebenswichtig und eine absolute »conditio sine qua non«. War die Sonne früher für die Zeitmessung, den Kalender, die Navigation bei der Schiffahrt »nützlich«, so wissen wir heute mehr denn je, wie stark unser Klima, die atmosphärischen Bedingungen, die Meeres-

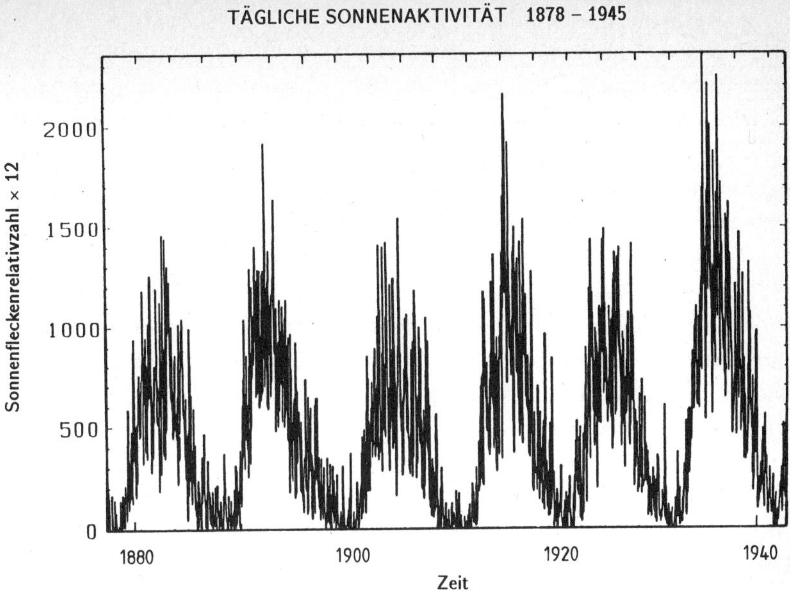

Abb. IV.2.4

Sonnenfleckenaktivität in den Jahren 1878 bis 1945. Anders als in Abb. IV.2.2 sind hier 12-Tages-Summenwerte aufgetragen, daher auch die hohe Variabilität.

biologie, der Zustand unserer Ionosphäre, ja selbst unser Biorhythmus vom lebensspendenden Zentralgestirn abhängen.

»*Chaos in der Sonne läßt uns nicht kalt – es sei denn, es funktioniert!*«

Wir wollen jetzt anhand der Analyseverfahren, die schon im zweiten Teil (Vergleich zwischen zufälligen und chaotischen Datenreihen) benutzt wurden, aufzeichnen, wie man dem Chaos bei der Sonne auf die Spur kommt. Wir konzentrieren uns dabei auf die kurzzeitigen Fluktuationen in der Sonnenaktivität, weil dort die Analysen umfassender sind und weil wir die wichtige Konvektionszone betrachten wollen.

Das »System Sonne« ist komplizierter als die chaotischen und zufälligen Beispiele, die wir im zweiten Teil diskutiert haben. Die Fluktuationen sind dem periodischen 11,1-Jahreszyklus überlagert und offensichtlich auch »moduliert«, das heißt, bei höherer Sonnenfleckenzahl sind die Fluktuationen größer, bei geringer Sonnenfleckenzahl sind die Fluktuationen kleiner. Das erzeugt Komplikationen für eine »Korrelationsanalyse«, also eine Analyse, in der nach Zusammenhängen gesucht wird, weil diese Langzeitvariationen möglicherweise die Kurzzeitvariationen stören.

Aus diesem Grund empfiehlt es sich, mehrere Verfahren zu benutzen und die Ergebnisse zu vergleichen. Wenn jedes Verfahren eine andere Eigenschaft des Systems erfaßt, erreicht man auf diese Weise eine größere Sicherheit in den Aussagen.

Wir wollen hier nicht die ganze Palette der wissenschaftlichen Beweisführung aufzeichnen, dafür sei der interessierte Leser an die entsprechende Fachliteratur verwiesen. Statt dessen vergleichen wir nur die schon im zweiten Teil gezeigte »Korrelationsanalyse« mit verschiedenen Modellvorstellungen.

In Abbildung IV.2.5 ist zuerst diese Analyse der beobachteten Sonnenfleckenaktivität (von Abbildung IV.2.4) gezeigt. In der weiteren Folge, Abbildungen IV.2.6 und IV.2.7, sind zwei verschiedene *Modelle* aufgetragen, die dann mit den Messungen verglichen werden. Dies ist eine in der Wissenschaft häufig benutzte Methode:

Zuerst werden die Beobachtungen analysiert. Dann werden Modellvorstellungen entwickelt, wie die Beobachtungen möglicherweise zu erklären sind. Aus diesen Modellvorstellungen heraus werden dann sogenannte »künstliche Daten« mit dem Computer simuliert und mit den echten Beobachtungen mit den gleichen Analysemethoden verglichen. Fällt der Vergleich gut aus, mit nur geringen Abweichungen zwischen Modell und Beobachtung, so geht man davon aus, daß die Modellvorstellungen »wirklichkeitsnah« sind und das beobachtete System (hier: die Sonnenfleckenaktivität) adäquat beschreiben. Je besser der Vergleich, desto glaubwürdiger ist auch das Modell.

Die zwei Modelle, mit denen wir die Beobachtungen hier vergleichen, basieren auf folgenden Annahmen:

1. Der 11,1-Jahreszyklus ist ein Produkt der Magnetfelderzeugung,

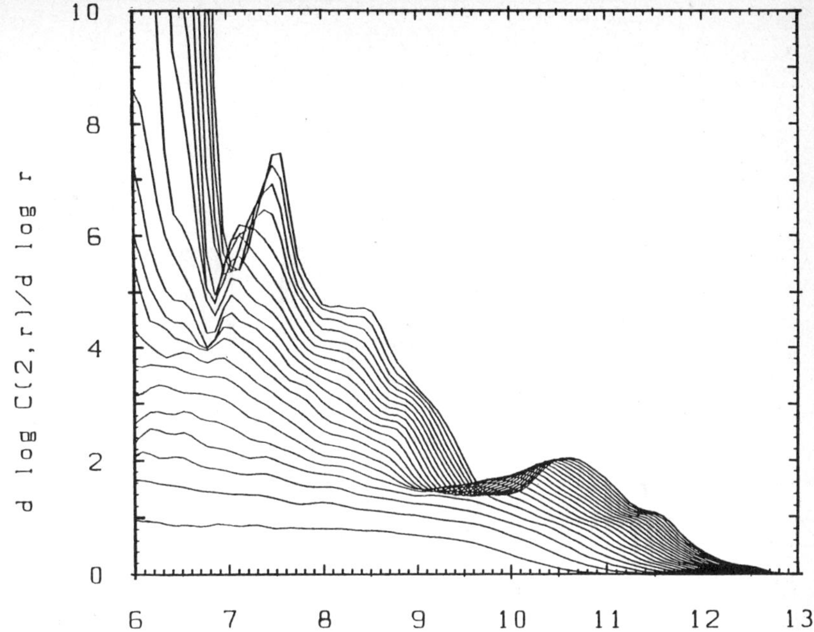

Abb. IV.2.5

Korrelationsanalyse der Sonnenfleckenaktivität aus Abb. IV.2.4. Einige Eigenschaften dieser Analyse sind:

1. Der rechte Rand ($\log_2 r \approx 12{,}7$) entspricht dem maximal auftretenden Abstand zwischen den Meßpunkten,
2. Das »Knie« in den Kurven bei $\log_2 r \approx 11{,}5$ ist eine Signatur des 11,1-Jahreszyklus. Ohne die hohe kurzzeitige Variabilität in den Sonnenfleckenzahlen würden alle Kurven links von diesem »Knie« horizontal bei einem Wert von 1 verlaufen,
3. Die ganze Struktur, die den 11,1-Jahreszyklus fast verdeckt, kommt von den kurzzeitigen Schwankungen,
4. Bei kleinen Abständen (kleine $\log_2 r$, ca. 6–7) sind die Kurven wegen zu weniger Werte ungenau.

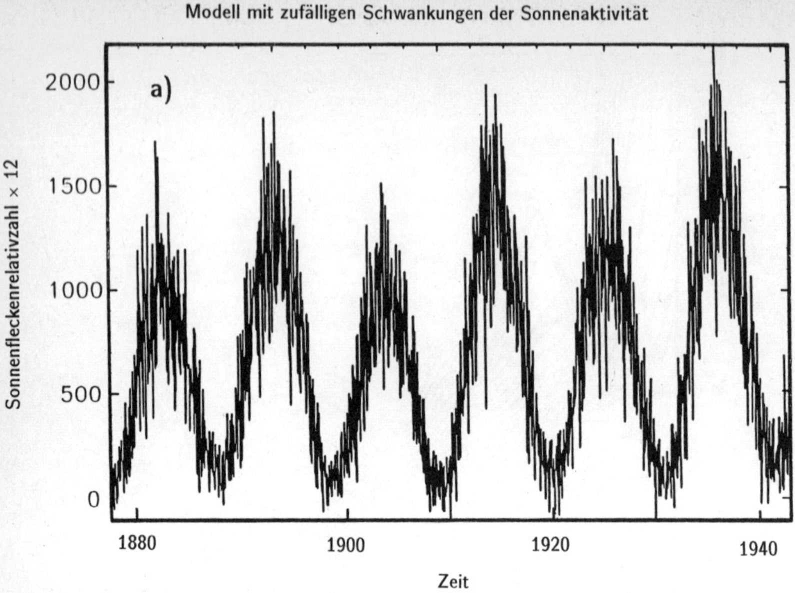

Abb. IV.2.6 a)

Künstlich erzeugte Sonnenfleckendaten. Modellannahme: Die kurzzeitigen Fluktuationen entsprechen Zufallsstörungen.

des Dynamoprozesses. Deshalb wird die Langzeitvariation der Sonnenfleckenzahl (im Mittel – siehe Abbildung IV.2.2) wie gemessen zugrunde gelegt.

2. Die kurzzeitigen Fluktuationen sind dem Langzeitmechanismus überlagert.
3. Für das Modell in Abbildung IV.2.6 wurde der Ansatz gemacht, daß die überlagerten Fluktuationen Zufallsstörungen entsprechen.
4. Für das Modell in Abbildung IV.2.7 wurde angenommen, daß die überlagerten Fluktuationen den chaotischen Störungen einer konvektiven Schicht entsprechen (siehe das Bénard-Experiment im dritten Kapitel).

Ein Vergleich der Analysen zeigt, daß das Zufallsmodell die Messun-

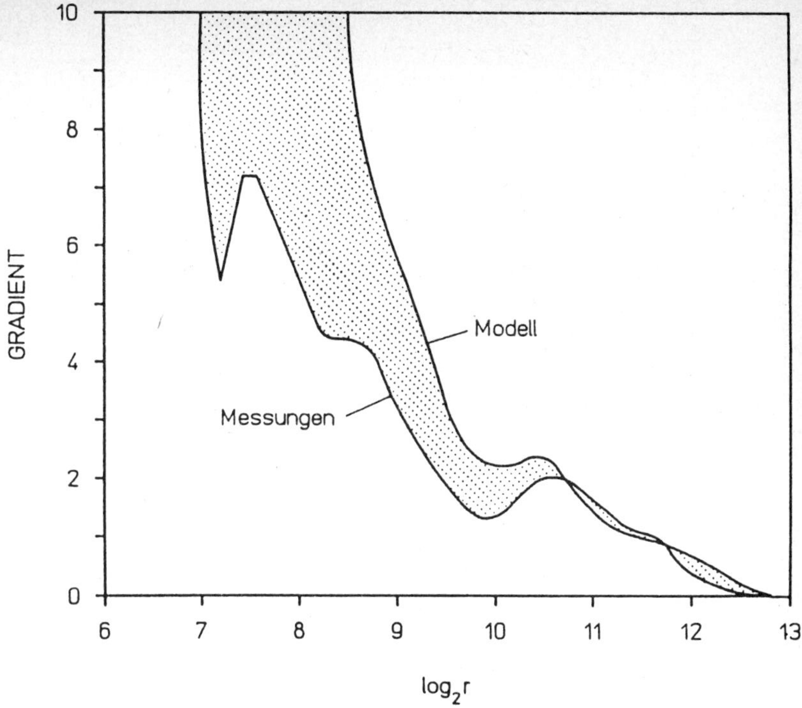

Abb. IV.2.6 b)

Korrelationsanalyse dieser Modelldaten. Die schattierte Region gibt die Abweichung von den Meßdaten (nur die Analyse der obersten Kurve aus Abb. IV.2.5 ist gezeigt).

gen längst nicht so gut erklären kann, wie es für das chaotische Modell einer konvektiven Schicht der Fall ist.

Aus diesen Modellrechnungen ergeben sich noch weitere Konsequenzen. Eine davon ist, daß die Kurzzeitfluktuationen bis zu einer Zeit von etwa 50 Tagen noch korreliert, also abhängig voneinander sind. Diese Zeitskala läßt sich so verstehen, daß sie der Lebensdauer der größten Konvektionszellen in der äußeren Konvektionszone der

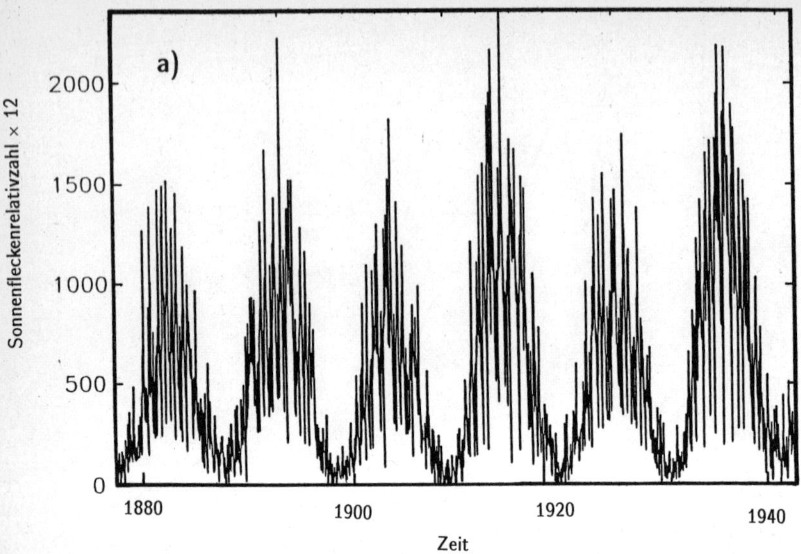

Abb. IV.2.7 a)

Künstlich erzeugte Sonnenfleckendaten. Modellannahme: Die kurzzeitigen Fluktuationen entsprechen chaotischen Störungen in der Konvektionszone.

Sonne (siehe Farbtafel 12) entspricht. Unabhängige Unterstützung für diese »Korrelationszeit« erhält man von der Beobachtung einzelner Sonnenflecken, die häufig mehr als eine solare Rotationsperiode (27 Tage) sichtbar sind, in seltenen Fällen sogar mehr als zwei Perioden (54 Tage).

Aufgrund dieser Untersuchungen erscheint es durchaus wahrscheinlich, daß die Konvektionszone, die praktisch die Hälfte des Volumens der Sonne ausmacht, chaotisch ist. Wir haben also möglicherweise ein (halb)chaotisches Zentralgestirn.

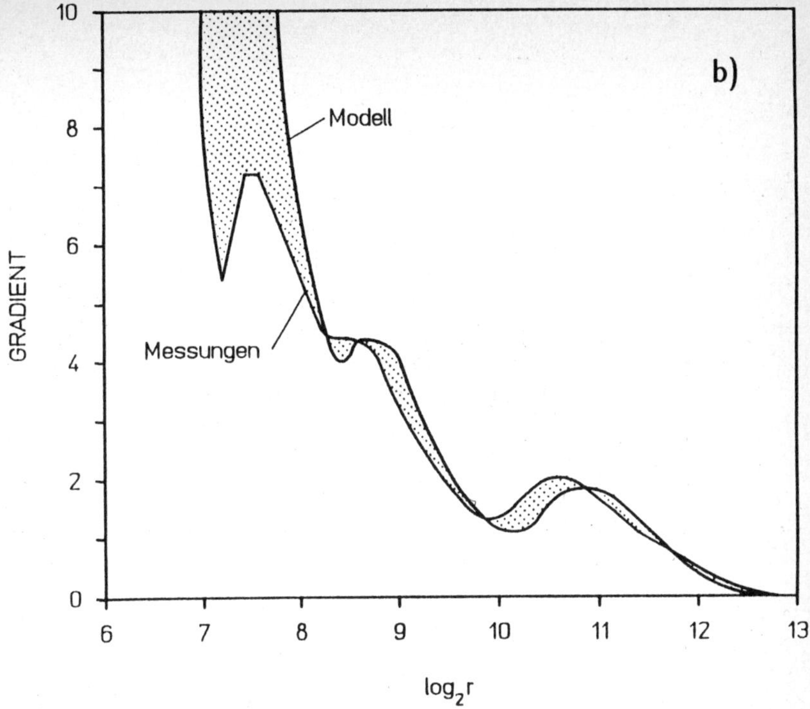

Abb. IV.2.7 b)

Korrelationsanalyse dieser Modelldaten. Die schattierte Region gibt die Abweichung von den Meßdaten (nur die Analyse der obersten Kurve aus Abb. IV.2.5 ist gezeigt).

Die Probleme aus dem alltäglichen Umgang mit dem Chaos (etwa mit einem chaotischen Chef, mit dem Verkehrschaos oder mit einem chaotischen Lebenspartner) sind uns allen mehr oder minder bekannt. Aber wohl kaum einer hat sich Gedanken darüber gemacht, wie es sich mit einem chaotischen Zentralgestirn – unserer Sonne – leben läßt. Dazu lassen sich jedoch ein paar einfache Überlegungen anstellen.

Unser Leben ändert sich nicht, solange zwei Bedingungen erfüllt sind:

1. Die Energie, die die Sonne pro Sekunde ausstrahlt, bleibt gleich.
2. Das Lichtspektrum der Sonne ändert sich nicht wesentlich.

Die Geschwindigkeit der Kernreaktionen im Sonneninneren hängt sehr stark von der Temperatur ab. Steigt die Temperatur, so erhöht sich die Energieerzeugung durch Kernverschmelzung gewaltig, auch neue Kernreaktionen spielen eine Rolle. Das ist genau die Entwicklung, die wir schon beschrieben haben, wenn die Sonne zu einem Roten Riesen wird.

Wäre die »chaotische Konvektionszone« *nicht* vorhanden, so würde der Energietransport an die Sonnenoberfläche nur über Strahlungs- und Wärmeleitung, also langsamer, ablaufen können. Eine mögliche Konsequenz wäre ein Anstieg der Zentraltemperatur mit den entsprechenden Auswirkungen auf unser Klima, ja womöglich sogar unsere Existenz.

Das Lichtspektrum der Sonne erstreckt sich weit über die Grenzen des »sichtbaren Bereichs« der Regenbogenfarben hinaus. Auch im Ultraviolett- und Infrarotbereich strahlt die Sonne ab. Durch die Ultraviolettstrahlung werden wir braun, Infrarotstrahlung wird auch oft »Wärmestrahlung« genannt und ist medizinisch vielfältig einsetzbar, etwa für die Linderung der Schmerzen bei Muskel- und Gelenkentzündungen.

Unsere Atmosphäre absorbiert große Teile des ultravioletten Lichts, genauso wie die Infrarotstrahlung. Eine Verlagerung des Sonnenspektrums, egal in welche Richtung – ob zum violetten oder roten Teil des Spektrums – hätte zur Folge, daß sich die Atmosphäre aufheizt und weniger Strahlung auf den Boden gelangt. Allerdings ist das Ganze noch viel komplizierter, weil sich auch die Hochatmosphärenchemie ändert (man erinnere sich an die ganze Diskussion über das Ozonloch).

Wäre die »chaotische Konvektionszone« nicht vorhanden, so würde sich die Sonne vermutlich ausdehnen müssen und würde bei geringerer Oberflächentemperatur abstrahlen (allerdings mit einer größeren Oberfläche). Das Ergebnis wäre dann ein mehr ins Infrarote verlagertes Spektrum, mit möglicherweise verheerenden klimatischen Auswirkungen.

Das Fazit all dieser theoretischen Überlegungen ist – mit einer chaotischen Sonne können wir wohl sehr gut leben, denn es funktioniert. Nur unter diesen Bedingungen hat sich das Leben auf unserer Erde so entwickeln können, wie wir es heute vorfinden.

3. Chaotische Neutronensterne

Es geschieht zuweilen, daß einem plötzlich alte Zitate in den Sinn kommen, die im Licht der eigenen Arbeit mit einem Mal ungeahnte aktuelle Brisanz gewinnen.

So war es auch mit Friedrich Nietzsches Wort: »Ich sage euch: man muß Chaos in sich haben, um einen tanzenden Stern gebären zu können. Ich sage euch: ihr habt noch Chaos in euch!« aus *Also sprach Zarathustra.*

Suchen wir also nach einem »tanzenden Stern«! Suchen wir nach dem Chaos in Doppelsternsystemen. Denn: Niemand tanzt gern allein.

Doppelsterne sind gar nicht so selten. Astronomische Beobachtungen haben ergeben, daß sich knapp über die Hälfte aller Sterne in Mehrfach- oder Doppelsystemen befinden. Ähnlich wie die Erde um die Sonne kreist, so kreisen in solchen Systemen zwei oder auch mehr Sterne umeinander, beeinflußt von ihren gegenseitigen Schwerkräften.

Es gibt viele verschiedene Sorten von Doppelsternsystemen. Es kann sich um zwei ganz normale sonnenähnliche Hauptreihensterne handeln (Alter einige Milliarden Jahre), es können junge Vorhauptreihensterne sein, die – in kosmischen Zeitskalen gemessen – gerade erst geboren wurden und »nur« einige Millionen Jahre alt sind, es kann sich ebenso um Systeme handeln, in denen einer der Partner (oder beide) sich zu einem Weißen Zwerg oder Neutronenstern entwickelt hat (haben). Natürlich ist damit die Palette der Möglichkeiten längst nicht erschöpft. Die Astronomie gewinnt ihren wissenschaftlichen Reiz und ihr immer wieder leicht zu demonstrierendes öffentliches Interesse zu einem großen Teil aus der »Artenvielfalt« ihrer Objekte, wie Braune Zwerge, Rote Riesen, Schwarze Löcher, Blaue Riesen.

Wir wollen hier natürlich keine »stellare Zoologie« betreiben, sondern widmen unsere Aufmerksamkeit lediglich einem einzigen Doppelsternsystem: HZ Herculis/Herculis X-1, in der Literatur meistens zu HZ/Her X-1 abgekürzt.

Zum Beispiel: das Doppelsternsystem HZ/Her X-1

Der eine Partner dieses Doppelsternsystems ist ein nuklear brennender Stern von etwa 2,5 Sonnenmassen, optisch identifiziert unter der Bezeichnung HZ Herculis. Der andere Partner ist ein Neutronenstern von etwa 1,4 Sonnenmassen, mit der Bezeichnung Her X-1. Über dieses System sind sehr viele Informationen gesammelt worden:

1. Die Bahnperiode der zwei Sterne umeinander währt 1,7 Tage. Zum Vergleich: Die Bahnperiode des sonnennächsten Planeten, Merkur, beträgt 88 Tage.
2. Der Abstand zwischen den zwei Sternen ist 7 Millionen Kilometer, also etwa zehnmal so groß wie der Radius der Sonne. Zum Vergleich: Der Abstand zwischen Sonne und Merkur beträgt 57,9 Millionen Kilometer.
3. Die Oberflächentemperatur von HZ Herculis ist in etwa 5700 °C, vergleichbar mit der Oberflächentemperatur der Sonne.
4. Der Radius von HZ Herculis ist 3,5 Millionen Kilometer lang, also etwa fünfmal so groß wie der Radius der Sonne und halb so groß wie der Abstand zum Neutronenstern. Dieses Größenverhältnis ist in etwa maßstabgerecht in Abbildung IV.3.1 gezeigt.
5. Der Gezeiteneffekt des nahen Neutronensterns ist gewaltig und führt zu einer Art »stellaren Flutwelle« auf der Oberfläche von HZ Herculis, die mehr als eine Million Kilometer hoch ist.
6. Der Neutronenstern zieht, bedingt durch seine hohe Schwerkraft und durch die räumliche Nähe zum Partner, heißes Gas (hauptsächlich Wasserstoff und Helium) von dessen Oberfläche zu sich herüber. Dieses heiße Gas kann nicht sofort auf den Neutronen-

stern herunterfallen, sondern muß zunächst in einer Art »Warteschleife« auf einer Umlaufbahn »zwischengeparkt« werden, in einer sogenannten Akkretionsscheibe (vom Lateinischen *accrescere* = zusammenwachsen), von der es dann auf den Neutronenstern gelangt. Der Grund dafür ist, daß das herübergezogene Gas seine Rotation erst der des Neutronensterns anpassen muß. Dies ist schematisch in Abbildung IV.3.1 gezeigt.

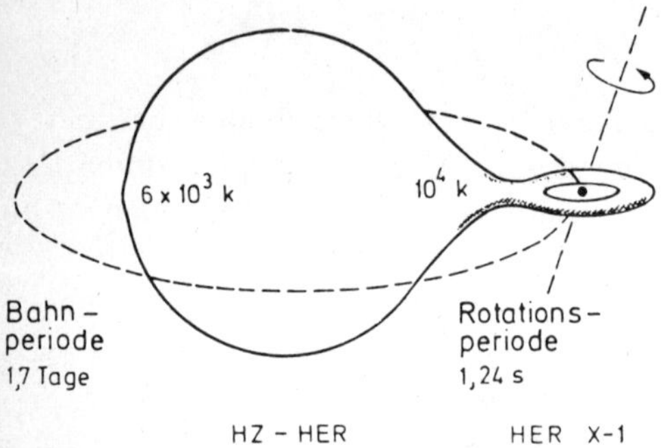

Abb. IV.3.1

Doppelsternsystem Hz/Her X-1. Hz Herkulis ist ein nuklear brennender Stern, der Materie an den begleitenden Neutronenstern Her X-1 abgibt. Um Her X-1 bildet sich eine Akkretionsscheibe, in der die Materie nach innen spiralt, bis sie von dem Magnetfeld des Neutronensterns aufgehalten wird.

7. Der Neutronenstern zieht pro Sekunde etwa 100 Milliarden Tonnen heißes Gas vom Partnerstern HZ Herculis zu sich herüber. Bei solch hohem Massenverlust würde HZ Herculis innerhalb von 1,6 Milliarden Jahren von seinem Neutronenstern-Begleiter »aufgefressen« werden – der Neutronenstern ist offensichtlich ein wenig charmanter Tanzpartner – eher eine »Schwarze Witwe«!
8. Der Neutronenstern Her X-1 hat eine Rotationsperiode von 1,24 Sekunden, das heißt, der Stern dreht sich um die eigene Achse in einer Zeit vergleichbar mit dem Herzschlag eines gut trainierten Athleten. Diese Rotation ist deshalb sehr gut bekannt, weil der Stern regelmäßig alle 1,24 Sekunden aufleuchtet.
9. Der Neutronensternradius ist etwa 10 Kilometer, also nur unwesentlich mehr als die Fahrstrecke zwischen Witzenhausen/Nord und Hundelshausen. Anders ausgedrückt, bei geringem Gegenverkehr schafft man die Umrundung locker in einer halben Stunde.

10. Die Magnetfeldstärke an der Oberfläche des Neutronensterns ist ungefähr 1000 Milliarden Gauß, etwa 2000milliardenmal stärker als das Erdmagnetfeld. Ähnlich wie das Erdmagnetfeld uns vor dem Einfluß des Sonnenwindes (= von der Sonne ausströmendes Gas) schützt, so verwehrt das Magnetfeld auch hier dem Gas der Akkretionsscheibe den freien Zugang zur Oberfläche.

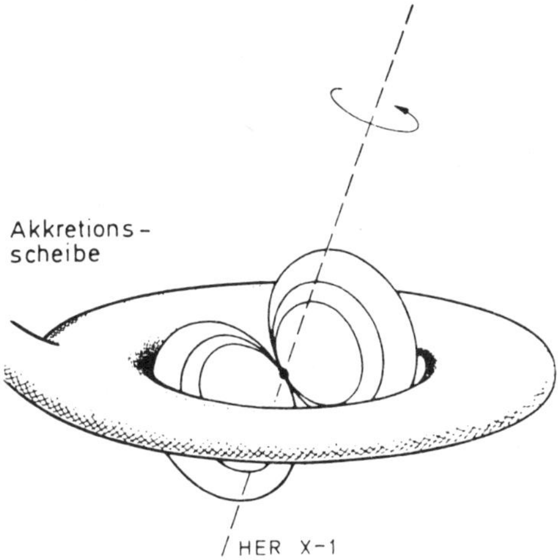

Abb. IV.3.2

Einbettung des Neutronensterns in der Akkretionsscheibe. Die Rotationsachse und das dazu geneigte Dipolmagnetfeld sind gezeigt.

11. Bei der Erde wird der Sonnenwind durch das Magnetfeld umgeleitet, und ein Teil erreicht schließlich auf Umwegen die Polkappen, wo das Aufprallen auf die Atmosphäre dann zu Erscheinungen wie dem Nordlicht führt. Bei dem Neutronenstern ist das ähnlich. Das Gas in der Akkretionsscheibe wird durch das starke Magnetfeld auf die Polkappen geleitet und fällt dort auf einen Fleck von etwa einem Quadratkilometer. Die Gastemperatur beträgt dort ungefähr 100 Millionen Grad. Dies ist schematisch in Abbildung IV.3.3 gezeigt.
12. Die Anziehungskraft an der Oberfläche ist so groß, daß frei fallendes Material fast mit halber Lichtgeschwindigkeit aufprallt. Zum Vergleich: Die Aufprallgeschwindigkeit an der Erdoberfläche (ohne die bremsende Wirkung der Atmosphäre) wäre nur 11,2 km/Sekunde, also etwa zwanzigtausendmal langsamer.

13. Beim Aufprall dieses Gases auf die Neutronensternoberfläche wird sehr viel Energie freigesetzt, die hauptsächlich als Röntgenlicht abgestrahlt wird. Sehr viel der hier zusammengestellten Information verdanken wir somit der erfolgreichen Entwicklung der »Röntgenastronomie«.
14. Die Energieerzeugungsrate durch die auf den Neutronenstern herabstürzende Materie ist etwa 10^{27} Kilowatt. In einer Sekunde wird genug Energie erzeugt, um den gesamten Energiebedarf Deutschlands für die nächsten 100 Millionen Jahre zu decken.

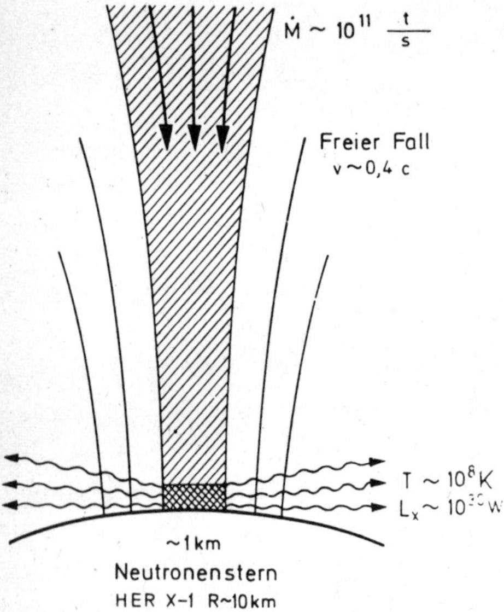

Abb. IV.3.3

Das heiße Gas aus der Akkretionsscheibe wird entlang der Magnetfeldlinien auf die magnetischen Pole geleitet und stürzt dort auf die Sternoberfläche. Das aufgeheizte Gas strahlt im Röntgenlicht ab.

15. Die intensive Strahlung des Neutronensterns heizt den Partner auf der ihm zugewandten Seite auf etwa 10 000 Grad auf. Diese Sternhälfte würde also heller erscheinen als die abgewandte Seite, wenn man den Stern optisch aufgelöst sehen könnte.

Auf Farbtafel 13 zeigen wir, wie sich so ein Doppelsternsystem einem Raumfahrer darstellen würde. Der Stern HZ Herculis, teilweise bestrahlt vom Neutronenstern und dadurch heller, das herüberströmende Gas, die Akkretionsscheibe mit dem zentralen Loch (hervorgerufen durch die Kraft des starken Magnetfeldes) sind deutlich sichtbar. Der Neutronenstern ist trotz seiner starken Emission nicht sichtbar, da diese Emission, wie schon erwähnt, im Röntgenlicht stattfindet.

Wir haben die Existenz von Neutronensternen postuliert, wir haben die Eigenschaften solch eines exotischen Objekts zusammengestellt, aber wir haben bisher noch kein Wort darüber verloren, was diese Objekte sind und wie sie entstehen. Dies wollen wir jetzt nachholen.

Das Neutron ist ein Elementarteilchen. Jedes Atom (mit der Ausnahme von Wasserstoff) besteht aus Protonen, Elektronen und Neutronen. Das Neutron wurde 1932 entdeckt, und bereits zwei Jahre später postulierten die Astrophysiker W. Baade und F. Zwicky die mögliche Existenz von Neutronensternen. Es dauerte dann noch mehr als dreißig Jahre, bis 1967 Joceline Bell und Anthony Hewish die sogenannten Pulsare entdeckten, die dann auch sogleich als Neutronensterne identifiziert wurden.

Pulsare sind »kosmische Leuchttürme«. Sie drehen sich mit hoher Stabilität um die eigene Achse und senden dabei Lichtstrahlen aus, die in unserer ganzen Galaxis sichtbar sind. Leuchttürme haben die Aufgabe, die Seefahrer vor gefährlichen Untiefen, Klippen, Strömungen und dergleichen zu warnen. Pulsare oder Neutronensterne warnen den arglosen Astronauten ebenfalls – vor sich selbst! Diese Objekte bieten einem Raumfahrer keine gesunde Umgebung. Ein Mensch, der zu einem Neutronenstern fliegt, würde sich auch ohne die intensive Strahlung sehr großen Gefahren aussetzen.

Nehmen wir an, daß das Raumschiff hundert Meter lang ist und daß es genau auf den Neutronenstern zufliegt. Die Schwerkraft im vorderen Teil des Raumschiffs ist größer als im hinteren Teil, da die Raumschiffspitze dem Stern näher ist als das Heck. Das ist natürlich ein bekannter Effekt. Er kommt bei Satelliten, Raketen, Raumstationen, Flugzeugen oder Autos auch auf der Erde vor, nur denken wir nie darüber nach! Der Unterschied in der Schwerkraft zwischen dem Erdboden und dem Dachgeschoß eines 30stöckigen Hauses ist etwa ein Hunderttausendstel der normalen Schwerkraft – also verschwindend klein. Ein Mensch mit 100 Kilogramm – man könnte ihm leichte Übergewichtsprobleme attestieren – würde im Dachgeschoß genau 1 Gramm weniger wiegen als auf dem Erdboden! Für die Konstruktion, die Statik und Stabilität unserer Häuser und Geräte ist dieser Effekt völlig unwichtig, und kein Ingenieur würde daran auch nur einen Gedanken verschwenden.

Für den Astronauten in seinem Raumschiff auf dem Weg zum Neutronenstern sieht das ganz anders aus! Schon bei einem Abstand von tausend Neutronensternradien, bei 10 000 Kilometern, ist der Unterschied in der Schwerkraft zwischen Bug und Heck beträchtlich – in etwa das Doppelte der Erdschwerkraft! Die Stabilität des Raumschiffs mag da noch gewährleistet sein, aber schon bei einem Abstand von hundert Sternradien (oder 1000 Kilometern) ist der Unterschied gigantisch – etwa 2000mal soviel wie die Erdschwerkraft! Schweißnähte platzen, Stahlplatten verbiegen sich – das Raumschiff wird in seiner Länge auseinandergezogen und zerbricht.

Um ein stabiles Gebäude auf einem Neutronenstern zu bauen, müßten die benutzten Materialien und Techniken die auf der Erde üblichen an Belastbarkeit und Stärke gar um das Hundermilliardenfache übertreffen. Anders ausgedrückt, der Boden jedes Stockwerks, die Treppen und dergleichen müßten das Gewicht unseres mit seinen 100 Kilo leicht übergewichtigen Mitbürgers noch tragen können, wobei erschwerend hinzukommt, daß besagter Mitbürger auf einem Neutronenstern etwa 2×10^{13} Kilogramm wiegen würde – in etwa so viel wie ein Eisenklotz mit 1 Kilometer Kantenlänge!

Aber genug von diesen Zahlenspielereien. Wir können eine Reihe Eigenschaften der Neutronensterne direkt aus den Naturgesetzen der Physik ableiten – und das ist noch nicht einmal so schwierig.

Ein Neutronenstern ist stabil, wenn die Schwerkraft durch einen inneren Druck balanciert wird. Bei normalen Sternen wie unserer Sonne (siehe Kapitel IV.2) wird dieser Druck aus der Energie der Kernreaktionen gewonnen – bei einem Neutronenstern erfüllt die »Entartung« der Neutronen diese Rolle.

Nehmen wir an, der Neutronenstern enthält eine Anzahl = N Neutronen (oder auch teilweise Protonen – beide Elementarteilchen haben ungefähr gleiche Masse) und hat die Form einer Kugel mit Radius R. (Aufgrund unserer Erfahrung mit Sternen und anderen Himmelskörpern wäre es verwegen, für den Neutronenstern etwa die Form einer Brezel zu postulieren.)

Das bedeutet, daß jedes Neutron (Proton) ein Volumen

$$\Delta V = \frac{4}{3}\pi R^3/N$$

zur Verfügung hat, mit einer typischen Ausdehnung

$$\Delta x = \Delta V^{1/3}.$$

Im Jahre 1927 formulierte der Physiker Werner Heisenberg die nach ihm benannte »Unschärferelation«

$$\Delta p\, \Delta x \geq \hbar$$

Demnach hat ein Elementarteilchen, welches sich räumlich innerhalb einer Strecke Δx befindet, mindestens einen Impuls Δp, welcher durch die Unschärferelation mit dem Planckschen Wirkungsquant $\hbar$, wie in der Formel angegeben, verbunden ist. ($\hbar = 1{,}0546 \times 10^{-34}$ Joule sec ist die von Max Planck im Jahr 1900 gefundene Naturkonstante.)

Daraus läßt sich die typische Energie eines Elementarteilchens in einem Neutronenstern ganz einfach ableiten (c = Lichtgeschwindigkeit):

$$E_F \approx c\Delta p = \hbar c/\Delta V^{1/3}$$

Dieses ist die Energie, die zur Verfügung steht, um dem gravitativen Kollaps Einhalt zu gebieten. Die Gravitationsenergie ist nach dem Newtonschen Gesetz für ein Neutron mit Masse m gegeben durch:

$$E_G = \frac{GMm}{R}$$

und wenn wir die beiden Energien gleichsetzen – das bedeutet Gleichgewicht der Kräfte – so erhalten wir:

$$N = \left(\frac{\hbar c}{Gm^2}\right)^{3/2} = 2 \cdot 10^{57}$$

Das verblüffende Ergebnis ist, daß die Anzahl der Neutronen in einem Neutronenstern nur durch Naturkonstanten bestimmt wird!

Die Masse eines Neutronensterns ist aufgrund dieser ganz einfachen Überlegungen gegeben durch

$$M = Nm,$$

in etwa eineinhalbmal soviel wie die Masse unserer Sonne.

Mittlerweile sind die Massen von etwa zehn Neutronensternen recht genau bestimmt worden. Die Messungen sind alle kompatibel mit Werten zwischen 1,4–1,5 Sonnenmassen. (Wir wollen hier nicht näher darauf eingehen, wie diese Massenbestimmungen durchgeführt werden.)

Der Radius des Neutronensterns kann auf ähnlich einfache Art bestimmt werden. Er hängt wiederum nur von Naturkonstanten ab. Das Ergebnis sind die schon bekannten 10 Kilometer. Die Dichte des Neutronensterns ist dann etwa 5×10^{14} g/cm^3 oder dreitausendmilliardenmal dichter als das Innere der Sonne, hunderttausendmilliardenmal dichter als die Erde.

Neutronensterne oder Pulsare sind oftmals mit einer Erscheinung assoziiert, die wir »Supernova« nennen. Die Supernova zählt, abgesehen vom Urknall und den energetischen Prozessen in Quasaren, zu den energiereichsten Ereignissen im Universum. Es handelt sich dabei um eine gigantische Explosion eines Sterns, bei der innerhalb von Sekunden die unvorstellbare Menge von etwa 10^{44} (eine 1 mit 44 Nullen!) Joule an Energie freigesetzt wird. Anschauliche Vergleiche mit irdischen Energiebedürfnissen sind schwierig – vielleicht könnte man aber folgenden Zusammenhang einigermaßen verstehen:

Wenn die Menschheit bis zum Untergang unserer Sonne überlebt (also noch etwa 5 Milliarden Jahre) und sich der Energiebedarf gegenüber dem heutigen verzehnfacht (vorausgesetzt, die Entwicklungsländer passen sich bei ihrem Energieverbrauch pro Einwohner den Industriestaaten an), dann übersteigt die Energie in einer Supernova den gesamten Bedarf der Menschheit immer noch um das Milliardenfache.

Bei diesen Sternexplosionen wird ein Großteil des ursprünglichen Sternmaterials in den Weltraum hinausgeschleudert – mit Geschwindigkeiten von etlichen tausend km/Sekunde. (Bei diesen Geschwindigkeiten dauert eine Erdumrundung höchstens 10 Sekunden!)

Übrig bleibt von dem ursprünglichen Stern, geboren in der Feuertaufe dieser gigantischen Explosion, ein kleiner Neutronenstern, ein Pulsar.

Das bekannteste Beispiel am Firmament ist der Krebs-Nebel. Chinesische Astronomen berichten von der Entdeckung einer hellen Lichterscheinung aus der Konstellation Taurus zum ersten Mal am 4. Juli 1054. In der darauffolgenden Zeit war die Lichterscheinung 23 Tage lang selbst tagsüber deutlich mit bloßem Auge sichtbar, bei Nacht noch etwa zwei Jahre lang. Dieses Objekt – siehe Farbtafel 14 – hat eine ausgedehnte, nebelartige Struktur. Es wurde auch als erstes Objekt unter der Bezeichnung M1 in Charles Messiers berühmtem astronomischen Katalog ausgedehnter Himmelsobjekte aufgeführt.

Eingebettet in dieser noch immer expandierenden Explosionswolke ist der Pulsar (Bezeichnung NP 0532), das kollabierte Überbleibsel des explodierten Sterns. Die Pulsarperiode, das bedeutet gleichzeitig die Rotationsperiode dieses Neutronensterns, beträgt 33 Millisekunden. Die Periode ist bis auf eine Milliardstel Sekunde genau bestimmt.

Nicht alle Supernovae hinterlassen einen Neutronenstern (oder Pulsar). Trotzdem kann man abschätzen, daß etwa eine Milliarde dieser exotischen Objekte in unserer Galaxis existieren. Mit zunehmendem Alter kühlen diese Objekte ab, die Rotation verlangsamt sich, und sie werden unsichtbar. Sie irren dann in den unendlichen Weiten des Raums zwischen den Sternen umher. Trotz ihrer großen Zahl ist die Wahrscheinlichkeit, daß eines dieser Objekte der Menschheit zum Verhängnis wird, verschwindend klein. Eine »Begegnung« zwischen unserem Sonnensystem und einem »ausgebrannten« Neutronenstern in einem für uns möglicherweise gefährlichen Abstand von weniger als 100 Astronomischen Einheiten (ungefähr der doppelte Abstand Sonne–Pluto) ist kaum zu erwarten. In den uns verbleibenden 5 Milliarden Jahren liegt die statistische Wahrscheinlichkeit für solch ein Ereignis nur in der Prozentgegend.

Wie schon aus Nietzsches *Zarathustra*-Zitat mit etwas gutem Willen hervorgeht, könnte ein eventuelles chaotisches Verhalten mit der Tatsache zu tun haben, daß es sich um ein Doppelsternsystem handelt. Bei Hz/Her X-1 haben wir zwar bisher gezeigt, daß solch ein System ganz schön exotisch sein mag, den Nachweis, daß es auch chaotisch ist, haben wir jedoch noch nicht erbracht. Dazu müssen wir uns Messungen vornehmen und diese entsprechend analysieren. Messungen von Objekten, die Tausende von Lichtjahren von uns entfernt sind, kommen in zwei prinzipiellen Varianten vor:

1. »Lichtkurven«, das bedeutet die Leuchtkraft (Lichtstärke, Helligkeit, Intensität – wie auch immer wir es nennen wollen) und ihre Variation mit der Zeit. Der »Leuchtturmeffekt« der Pulsare ist solch eine Lichtkurve, aus der wir die Umdrehungsperiode des Pulsars bestimmen, also unser Wissen wesentlich erweitern können. Unter »Licht« verstehen wir hier das gesamte elektromagnetische Spektrum, also nicht nur das sichtbare »Licht«, sondern auch die langwelligen Komponenten wie etwa Infrarotstrahlung, Radiostrahlung und die kurzwelligen Komponenten wie Ultraviolett- und Röntgenstrahlung, die wir zwar nicht sehen, aber messen können. Wir hatten schon erwähnt, daß die Strahlung von den Polkappen des Neutronensterns Her X-1 im Röntgenbereich liegt.
2. »Spektren«, das bedeutet die Lichtstärke in den verschiedenen Wellenlängen (Farben). Spektrale Informationen sind besonders wichtig, weil man damit auch die Häufigkeit der Elemente in der abstrahlenden Region ferner Objekte und die Gastemperatur bestimmen kann. Bekannte Beispiele aus dem täglichen Leben: Die Farbe des Lichts aus einer Neonröhre wird durch das Element »Neon« bestimmt und spielt leicht ins Bläuliche. Schütten wir etwas Salz in eine Flamme, leuchtet diese in einem hellen Orange, die charakteristische Farbe des Elements »Natrium« (Salz = Natriumchlorid).

Um dem Chaos auf die Spur zu kommen, untersuchen wir vor allem die »Lichtkurven«, das heißt die Fluktuationen in der Helligkeit. Wir haben schon im zweiten Teil gezeigt, daß ein im Grunde einfaches System (etwa ein Pendel) durch Berücksichtigung immer komplizierterer Zusammenhänge bei genauerer Betrachtung zwar zusammenhängende, aber doch recht komplizierte Bewegungen durchführt. Wir haben weiterhin gezeigt, daß zwei künstlich simulierte »Meßreihen«, die mit dem Auge nicht unterschieden werden konnten, sich nach einer Spezialanalyse als zwei völlig voneinander verschiedene Systeme entpuppten – ein System war chaotisch (die Punkte der »Meßreihe« waren nach ganz bestimmten Regeln berechnet worden), das andere System war stochastisch (die »Meßpunkte« wurden rein zufällig erstellt).

In ganz ähnlicher Weise untersuchen wir jetzt auch die »Lichtkurve« des Neutronensternsystems Hz/Her X-1, wobei »Licht« hier als »Röntgenlicht« zu verstehen ist. In Abbildung IV.3.4 zeigen wir die Röntgenleuchtkraft dieses Objekts als Funktion der Zeit. Die Aufzeichnungen wurden am 22. Juni 1984 vom europäischen Röntgensatelliten EXOSAT durchgeführt.

Wir sehen, ähnlich wie in den Meßreihen aus Kapitel II.2, das Bild eines stark fluktuierenden Signals. Auch hier ist nicht mit bloßem Auge ersichtlich, ob es sich um zufällige Fluktuationen oder um ein (subtil) strukturiertes Signal eines chaotischen Systems handelt.

Selbst die üblichen, leicht durchführbaren Tests geben keinen Aufschluß, wir sind also auf die schon in Kapitel II.2 erwähnten Korrelationsanalysen (Untersuchung der Zusammenhänge in der Meßreihe) angewiesen – und somit für das Gewinnen weiterer Erkenntnisse dem Computer ausgeliefert.

Das Ergebnis solch einer Analyse ist in Abbildung IV.3.5 dargestellt. Es wäre natürlich eine gemeine, um nicht zu sagen bösartige Irreführung des Lesers gewesen, wenn sich jetzt herausstellen würde, daß Hz/Her X-1 doch keine chaotische Signatur hätte. Ein schneller Vergleich mit Seite 133 zeigt jedoch sofort, daß sich in den Daten der Abbildung IV.3.4 in der Tat ein chaotisches Verhalten (mit den assoziierten Zusammenhängen) verbirgt, welches durch die vorgehend erwähnte Analyse erkannt wird.

In den Daten verbergen sich sogar noch viel mehr Informationen. Die Kurven steigen zum linken Bildrand an – aufgrund der Erkenntnisse aus Kapitel II.2 bedeutet dies, daß auch zufällige Fluktuationen

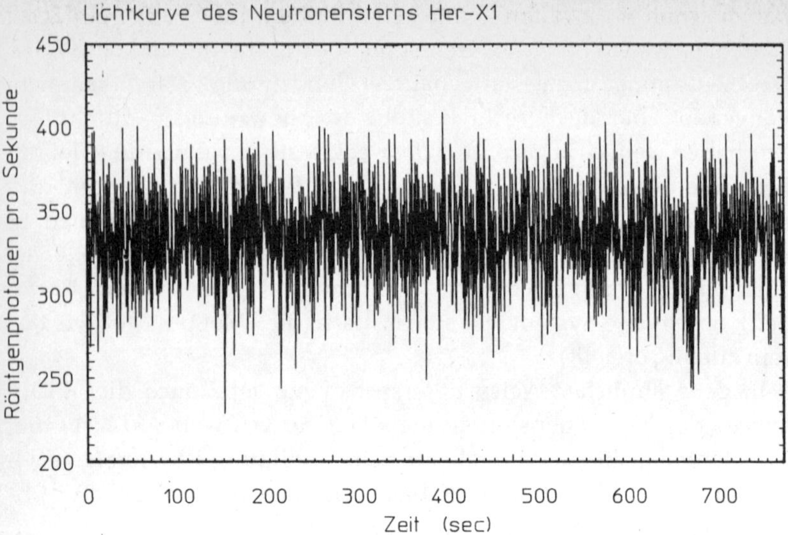

Abb. IV.3.4

Röntgenleuchtkraftvariation des Neutronensterns Her X-1.

in der Lichtkurve auftreten. Bei genauerer Bestimmung stellt sich heraus, daß diese ungefähr 40 Prozent der Signalvariation ausmachen, die anderen 60 Prozent der Fluktuationen entstammen einem chaotischen Ursprung. Letzteres wiederum entnehmen wir der Tatsache, daß die Kurven der Abbildung IV.3.5 zu einem Plateau zusammenlaufen, ähnlich wie das für das chaotische System auf Seite 133 der Fall war. Dieses Plateau hat ein Niveau von etwa 2,4 – eine solche »fraktale Dimension« (also keine ganzzahlige Größe) ist ein typisches Merkmal chaotischer Prozesse. In diesem Fall wäre man im Prinzip sogar in der Lage, diese Prozesse mit nur drei (also die nächsthöhere ganze Zahl über der fraktalen Dimension) Gleichungen mathematisch zu beschreiben!

Weiterführende Untersuchungen haben gezeigt, daß der chaotische Prozeß eine Korrelationszeit hat, die einigen Rotationsperioden

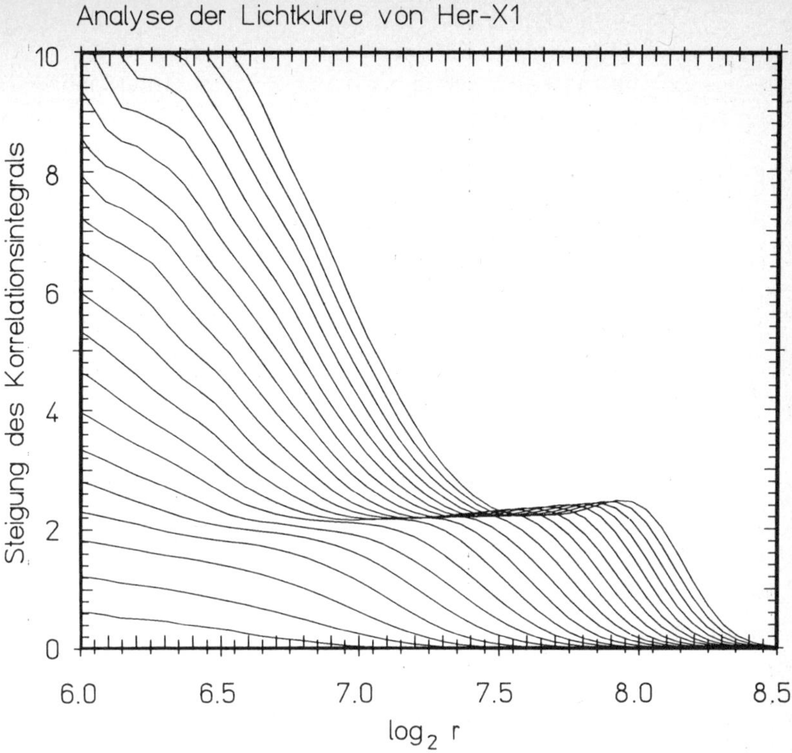

Abb. IV.3.5

Ergebnis einer Korrelationsanalyse der Messungen aus Abb. IV.3.4. Das Plateau ist ein Hinweis auf chaotisches Verhalten.

des Neutronensterns entspricht (= einige Sekunden). Für einen Neutronenstern sind Zeiträume von Sekunden schon eine halbe Ewigkeit. Die Rotationsperiode beträgt nur 1,24 Sekunden, und die Existenz von abhängigen und zusammenhängenden Prozessen auf noch längeren Zeitskalen ist überraschend.

Der Ursprung dieser chaotischen Fluktuationen in der Lichtkurve von Hz/Her X-1 ist zur Zeit noch nicht geklärt. Vielleicht liegt er im

Zusammenwirken der zwei Sterne – um die Analogie der Tanzpartner wieder zu verwenden: Ein gut eingeübtes Tanzpaar wird harmonische und zusammenhängende Schrittfolgen aufs Parkett zaubern, aber wehe einer der Partner tritt dem Gegenüber öfters mal auf die Zehen, die Schrittfolge wird in dieser Situation mit Sicherheit chaotische Elemente beinhalten.

Eine Rückkopplung zwischen der Leuchtkraft des Neutronensterns und dem Begleiter Hz Herculis muß existieren, allein schon durch das Aufheizen der Sternatmosphäre auf der zugewandten Seite. Ob der Neutronenstern seinem Partner kräftig genug »auf die Zehen tritt«, um eine chaotische Reaktion zu provozieren, ist allerdings unklar und muß noch untersucht werden.

Vielleicht ist das chaotische Element in der Lichtkurve aber auch eine Manifestation physikalischer Prozesse in der intensiven Strahlungsregion auf dem Neutronenstern selber. Das Wechselspiel und die gegenseitige Beeinflussung von Strahlung und Materie bei den unvorstellbaren Bedingungen, die dort herrschen, ist weitgehend unerforscht. Einige Überlegungen dazu werden im nächsten Abschnitt beschrieben.

Computersimulationen

Wir haben schon erwähnt, daß das Phänomen der chaotischen Struktur in der Leuchtkraftvariation von Hz/Her X-1 noch nicht verstanden ist. Ein wichtiger Weg, zu einem besseren Verständnis zu kommen, ist – ähnlich wie bei den Sonnenflecken – eine numerische Simulation des Zusammenwirkens der uns wichtig erscheinenden Prozesse.

Es handelt sich hier um ein sehr kompliziertes physikalisches Phänomen: Heißes Gas fällt, wie schon in Abbildung IV.3.3 gezeigt, auf die Neutronensternoberfläche. Dort wird die Bewegungsenergie in Strahlung umgewandelt (das Gas wird beim Aufprall aufgeheizt und strahlt ab), man erhält ein »Gemisch« aus Strahlung und einfallendem Gas. Die Strahlung kann auf das einfallende Gas einen Druck ausüben. Wenn zuviel Strahlung erzeugt wird, kann sie das Gas sogar wegdrücken und weiteren Aufprall verhindern. Damit würde sie sich aber ihre eigene Quelle abdrehen, das heißt, irgendwann reicht der Strahlungsdruck doch nicht mehr aus, neue Materie fällt auf den Neutronenstern und der Prozeß wiederholt sich.

Im täglichen Leben sehen wir öfter ähnliche Vorkommnisse. Die Küche ist dabei ein reichhaltiges Experimentierfeld, nicht nur zu kulinarischen Zwecken, sondern auch für die Physik. Wenn man Wasser in einem Topf kocht (vielleicht für die Reisbeilage eines Hähnchens Côte d'Azur) und einen Deckel auf den Topf legt, baut im Innern der Dampf einen Druck auf (ähnlich wie an der Neutronensternoberfläche der Strahlungsdruck), der den Deckel hochdrükken kann (wie der Strahlungsdruck auch das herunterfallende Gas hochdrücken kann). Sobald der Deckel angehoben wird, kann Wasserdampf aus dem Topf (beziehungsweise Strahlung vom Neutronenstern) entweichen, und der Deckel (beziehungsweise das Gas) fällt wieder herunter. Dieser Prozeß wiederholt sich, bis der Koch (die Köchin) eingreift.

Im Prinzip könnte der Dampfdruck den Deckel gerade genug anheben, so daß immer genügend Dampf entweicht, der Deckel aber nicht herunterfällt – so könnte man meinen. In der Praxis allerdings stellt sich heraus, daß dieser Zustand instabil ist, weshalb man gezwungenermaßen mit klappernden Deckeln leben oder überall Dampfdruckventile einbauen muß.

Bei Neutronensternen ist die Situation im Fall hoher Massentransferraten nicht unähnlich. Der Neutronenstern ist dann in einer dichten Gashülle eingebettet, die die Rolle des »Deckels« übernimmt. Natürlich entspricht solch ein Modell nicht der Geometrie des Doppelsternsystems Hz/Her X-1, weil dort die Materie in zwei Säulen auf die magnetischen Nord- und Südpole auftrifft (siehe Abbildung IV.3.3). Auf der anderen Seite kann man aus einem einfacheren Modell sehr viel lernen und sich schrittweise an die Lösung herantasten.

Die Neutronensternphysik in diesem Fall numerisch zu simulieren gilt als eines der schwierigsten Probleme – die nichtlineare Anwendung der Strahlungsmagnetohydrodynamik. Wir wollen hier nicht auf Details eingehen, das würde die Allgemeinverständlichkeit zu sehr strapazieren. Statt dessen beschreiben wir anhand Ab-

bildung IV.3.6 die Modellvorstellungen und dann später die Ergebnisse der numerischen Simulationen.
Die Modellvorstellung[1]) ist wie folgt:

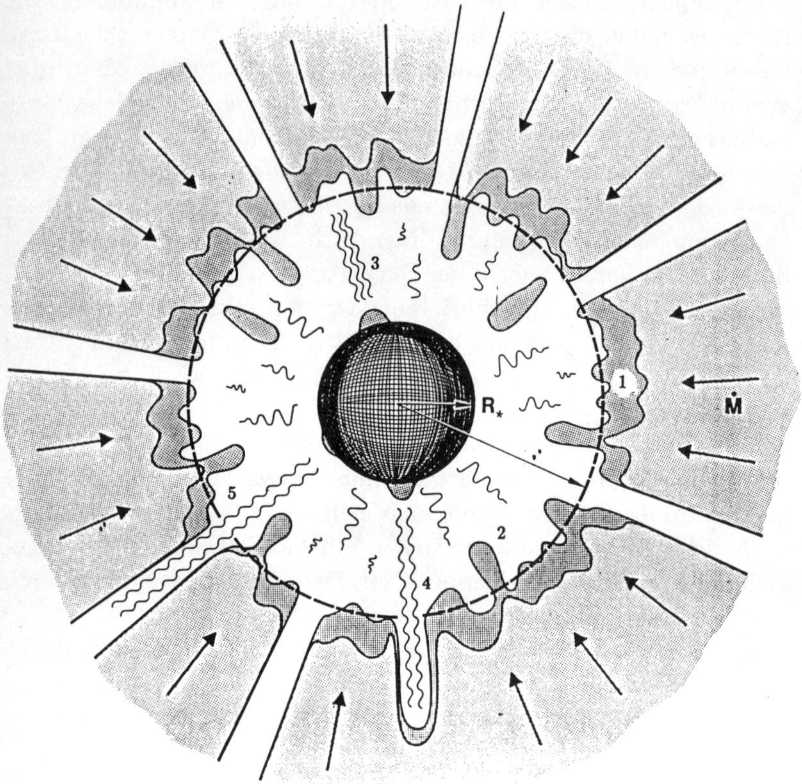

Abb. IV.3.6

Schematisches Modell eines in einer Wolke einströmenden Gases eingebetteten Neutronensterns.

[1]) Wir danken Dr. Valentin Demmel für die Erlaubnis, seine Forschungsergebnisse noch vor der Veröffentlichung in der Fachliteratur hier präsentieren zu dürfen, und für die Bereitstellung der Abbildungen.

Von außen fällt ein gleichmäßiger Materiestrom auf den Neutronenstern herab. Es handelt sich hier um akkretiertes Gas (hauptsächlich Wasserstoff und Helium) aus der Umgebung. An der Sternoberfläche bildet sich, wie schon angemerkt, eine Region mit sehr hohem Strahlungsdruck aus, welche das einfallende Gas vom Stern fernhält. Dadurch, daß von außen immer mehr Gas nachströmt, bildet sich an der Grenze zur strahlungsdominierten inneren Region eine dicke Gasschicht aus (1).

Diese Gasschicht bleibt nicht stabil. Ähnlich wie sich auf der Wäscheleine bei Nieselwetter in unregelmäßigen Abständen dicke Tropfen bilden, die dann irgendwann zu Boden plumpsen, bilden sich auch in dieser Materieschicht »Tropfen«, die auf den Neutronenstern herunterfallen (zum Beispiel 2).

Beim Aufprall auf der Sternoberfläche entsteht am Aufprallort intensive Röntgenstrahlung (3).

Der lokal überhöhte Strahlungsdruck kann die Materieschicht durch das herunterfallende Gas weit nach außen wegdrücken (4).

Schließlich bahnt sich die Strahlung sogar einen Weg (oder mehrere) durch die umgebende Gashülle hindurch und entweicht (5). Dadurch wird, wie im Kochtopf, der Druck etwas abgelassen, bis sich der »Kanal« durch weitere von außen nachströmende Materie wieder schließt.

Solch ein System unterliegt strengen physikalischen Regeln (so hängt etwa die Größe der »Tropfen« von den Instabilitätsbedingungen ab, nebeneinanderliegende Regionen können nicht gleichzeitig »Tropfen« oder »Kanäle« bilden usw.). Diese Problemstellung kann mit sogenannten Zellularen Automaten und dem entsprechenden Regelnetzwerk gelöst werden.

Es ist ein strikt deterministisches Problem, das für vorgegebene Anfangsbedingungen immer die gleiche Entwicklung zeigt. Wählt man die Anfangsbedingungen jedoch nur geringfügig anders, so unterscheidet sich die Entwicklung schon nach wenigen Zeitschritten gewaltig von der ursprünglichen Rechnung. Ein Vergleich mit Seite 119 zeigt, daß es sich hier um ein klassisches chaotisches Phänomen handelt.

In Abbildung IV.3.7 sind die Ergebnisse solch einer Simulation gezeigt. Die zeitliche Entwicklung fängt mit der dunklen Kugel oben links an, verläuft dann horizontal nach rechts weiter, dann folgt die nächste Zeile wieder von links nach rechts. Helle Flecken sind Regionen, in denen die Materieschicht (unterschiedlich weit) nach außen gedrückt wird. Hier kann also die Strahlung durch die Hülle durchstoßen. Dunkle Regionen entsprechen Gebieten, in denen sich die Materieschicht nach unten zum Neutronenstern hin ausbeult. Hier können sich bereits Tropfen gebildet haben oder werden sich noch bilden.

Das ganze Mosaik verdeutlicht die »wabbernde« Oberfläche der vom Strahlungsdruck getragenen Materieschicht. Man sieht auch, daß sich zunächst eine Art »Überdruck« aufbaut – viele weiße Flekken –, daß dann offensichtlich etwas zuviel Strahlungsdruck abgelassen wurde und sich das System umkehrt – viele schwarze Flecken –, ganz ähnlich wie beim Kochtopfdeckel, der zuerst angehoben wird und dann herunterfällt.

Natürlich ist es von Interesse herauszufinden, ob sich die berechneten Verteilungen von Auf- und Abwärtsbewegungen, mit ihren zugrunde liegenden klaren Regeln, von einer Zufallsverteilung unterscheiden.

Aus diesem Grund wurde Abbildung IV.3.8 erzeugt. In der Reihenfolge von oben nach unten haben wir hier jeweils 4 Beispiele von Zufallsverteilungen berechnet. In der obersten Zeile ist die Bedeckungswahrscheinlichkeit für weiße Zellen 10 Prozent (das heißt, nur 10 Prozent der Oberfläche ist im Mittel mit weißen Punkten gekennzeichnet). In der zweiten Zeile ist die Bedeckungswahrscheinlichkeit 20 Prozent, in der dritten 30, in der vierten 40 und in der untersten Zeile 50 Prozent – die Hälfte der Oberfläche ist weiß, die andere Hälfte schwarz.

Ein Vergleich der Abbildungen IV.3.7 und IV.3.8, natürlich für ähnliche Verteilungsverhältnisse von weißen/schwarzen Flecken, zeigt, daß man bei schlichter Betrachtung, wie zu erwarten, nicht in der Lage ist, ein chaotisches von einem zufälligen System zu unterscheiden.

Das unterstreicht die Notwendigkeit der weiterführenden Analysen (vgl. Kapitel II. 3), mit denen solche Fallunterscheidungen durchgeführt werden können und mit deren Hilfe die Wissenschaftler dann den darunterliegenden Prozessen auf die Spur kommen können.

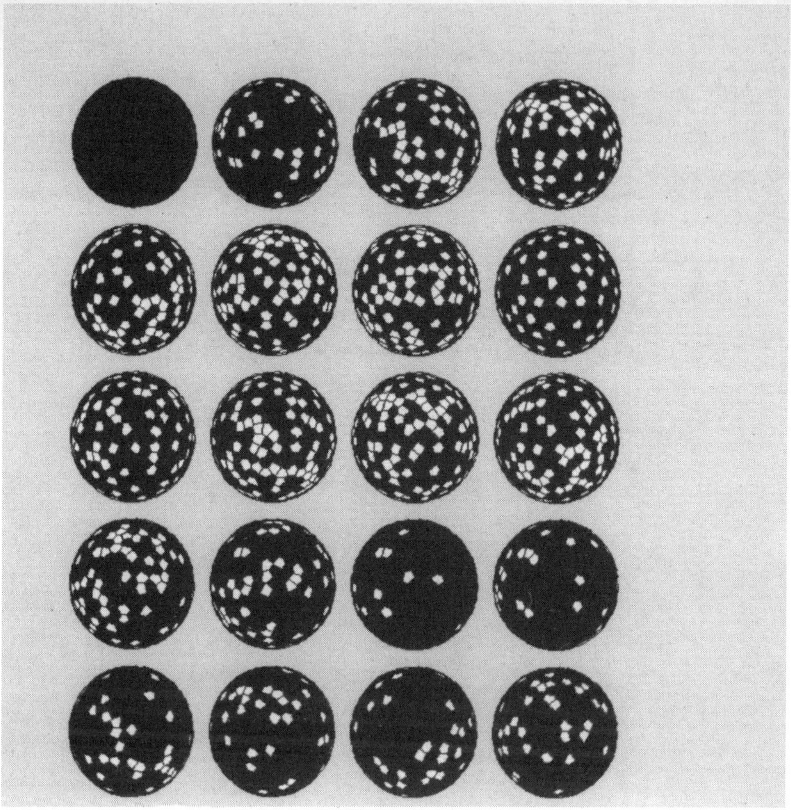

Abb. IV.3.7

Numerische Simulation der Gasbewegungen in dem Modell von Abb. IV.3.6 (schwarze Zellen = herabfallende Materie, weiße Zellen = aufsteigende Materie). Die zeitliche Reihenfolge geht von oben links nach unten rechts.

Gerade in der Astrophysik, einem Forschungszweig, in dem man auf nicht reproduzierbare Beobachtungen aus einem unerreichbaren Laboratorium (Sonne, ferne Sterne, Galaxien, Galaxienhaufen und

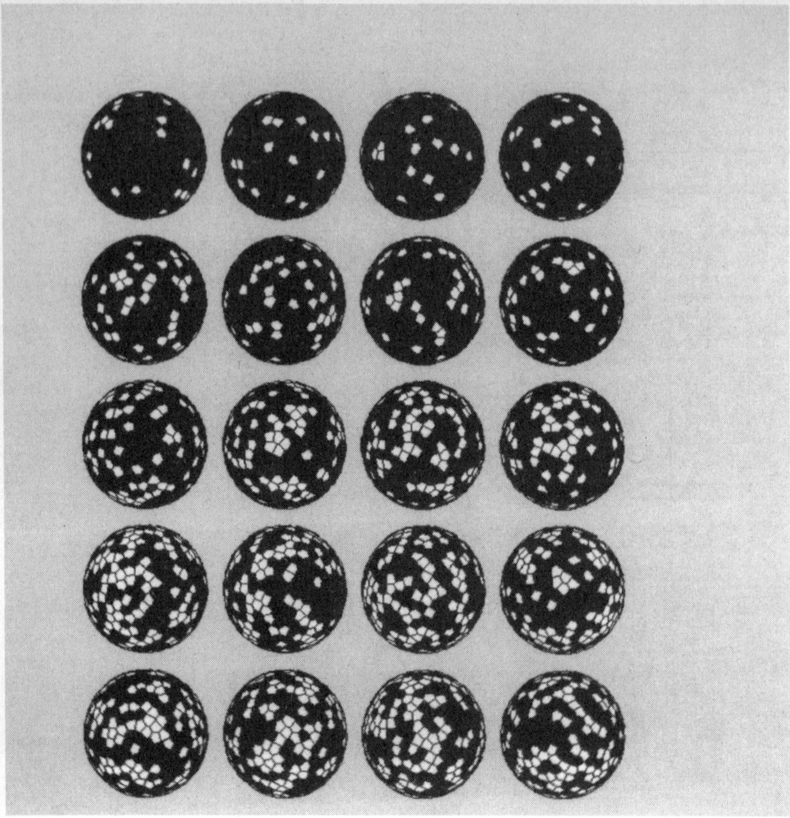

Abb. IV.3.8

Zufallsverteilungen von weißen und schwarzen Zellen auf einer Kugel (siehe Text).

dergleichen) angewiesen ist, ist es besonders wichtig, die uns zukommenden Informationen voll zu erfassen und auszuwerten. Nur so können wir den vollen Nutzen aus diesem interessanten Gebiet der Grundlagenforschung ziehen.

Das chaotische Verhalten in der Leuchtkraft des Doppelsternsystems Hz/Her X-1 ist vermutlich nur die Spitze des Eisbergs. Weitere Systeme werden gefunden werden, die auch ein chaotisches Verhalten haben, und man wird interessante Rückschlüsse auf die Wechselwirkung zwischen intensiven Strahlungsfeldern und Materie ziehen können.

4. Am Anfang war das Chaos!

Wir wenden uns nun, gegen Ende dieses Buches und der hier aufgezeichneten Reise durch das überall auftauchende Chaos in unserem Leben, unserer Umwelt und im Kosmos, den Anfängen des Universums zu. In Abbildung IV.4.1 verdeutlichen wir den gewaltigen Sprung in den Meßskalen, den wir dabei vollführen.

Von den kompaktesten, dichtesten uns bekannten Objekten, den Neutronensternen, begeben wir uns nun in das Reich der größten Objekte, die wir kennen, die Galaxienhaufen. Wie der Name schon andeutet, handelt es sich hier um augenscheinliche Anhäufungen vieler Galaxien.

Auch unsere eigene Galaxis, die Milchstraße, ist »Mitglied« in solch einem Galaxienhaufen. Unser nächster Nachbar, die »kleine« Magellansche Wolke (benannt nach dem portugiesischen Entdecker Ferdinand Magellan), ist nur etwa 150 000 Lichtjahre von uns entfernt. (Dies entspricht etwa dem doppelten Durchmesser der Milchstraße.) Es ist sogar wahrscheinlich, daß unsere Milchstraße durch ihre große Schwerkraft das Gas zwischen den Sternen der kleinen Magellanschen Wolke abstreift und sich selbst einverleibt – Kannibalismus in kosmischen Dimensionen!

In einer »lokalen Galaxiengruppe«, einem Raum mit Durchmesser von etwa einer Million Lichtjahre, befinden sich neun Galaxien, eine vergleichsweise hohe Anhäufung. Die Frage, die wir uns angesichts der beobachteten Tatsache, daß sich die Galaxien nicht gleichmäßig im Universum verteilen, stellen müssen, lautet: Ist das Universum als Ganzes homogen? Und wenn ja, ab welchen Abständen? Diese Frage betrifft das sogenannte Kosmologische Prinzip. Als im Jahre 1929 Edwin Powell Hubble durch eine Serie von langjährigen Messungen die sogenannte »Galaxienflucht« nachwies, also die Tatsache, daß sich augenscheinlich alle Galaxien von uns fortbewegen und daß die Ge-

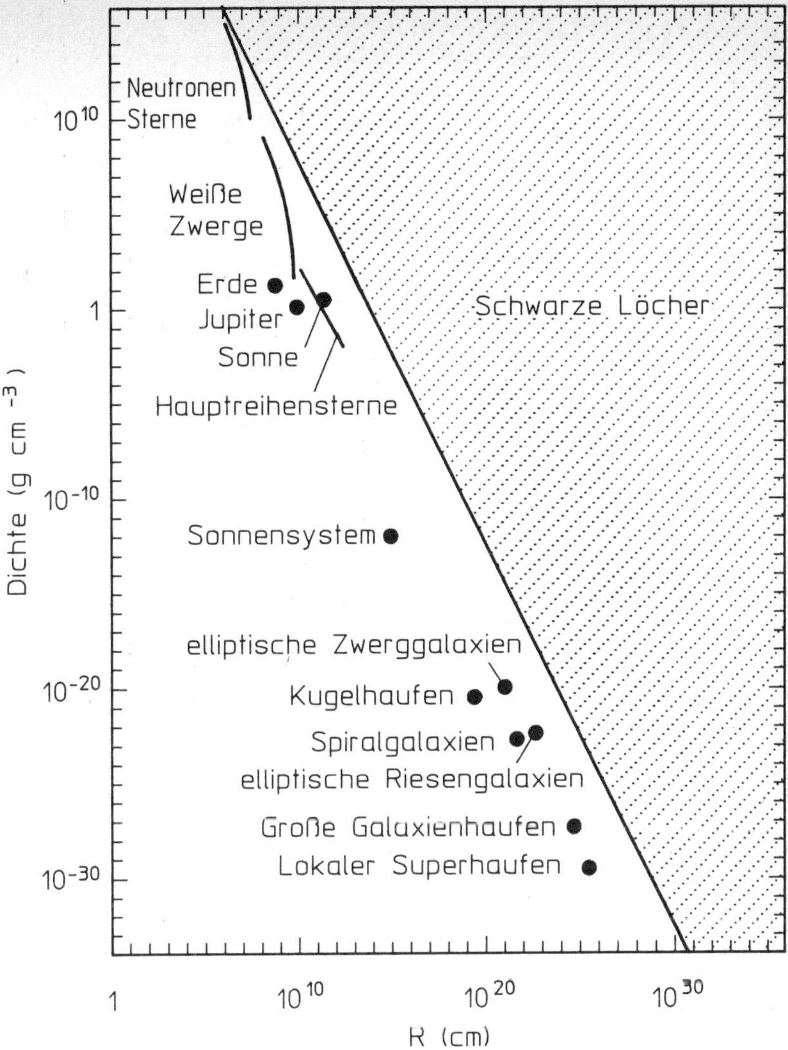

Abb. IV.4.1

Kosmische Objekte dargestellt anhand ihrer Dichte und Größe. Kompakte, sehr dichte und kleine Objekte sind die Neutronensterne, weit ausgedehnte Objekte mit äußerst geringen Dichten sind die Galaxienhaufen. Die Grenze zum »Schwarzen Loch« ist auch aufgezeichnet.

schwindigkeit größer wird, je weiter die Galaxie von uns entfernt ist, etablierte sich nicht nur das Konzept des »Urknalls« – jenes kosmische Ereignis, in welchem unser Universum geboren wurde –, sondern auch die Frage nach dem Zentrum des Universums erhielt neue Bedeutung. Auf der anderen Seite stand da dieses Kosmologische Prinzip, das als Basis der Relativitätstheorie schon gute Dienste geleistet hatte und das beinhaltet, daß im Universum kein Beobachter gegenüber einem anderen in einer ausgezeichneten Position sein sollte. Universelle Demokratie – nachahmenswert auch im irdischen Kontext, sollte man meinen.

Die Bedeutung des Kosmologischen Prinzips resultierte naturgemäß jahrzehntelang in der einfachsten, aber auch trivialsten Lösung, die da hieß:

Das Universum muß homogen sein!

Homogen (vom Griechischen *homos* – dasselbe) bedeutet gleichförmig, und Gleichförmigkeit ist skalenunabhängig. Wie wir schon aus Abbildung IV.4.1 leicht sehen können, sind aber Verteilung und Dichte der Materie im Universum *nicht* gleichförmig.

Je nachdem, auf welcher Skala und auch wo wir gerade messen, ob im Innern eines Neutronensterns, zwischen den Sternen, ob wir das Sonnensystem betrachten, Galaxien oder gar Galaxienhaufen, die Materiedichte als klassisches Maß der Homogenität ist überall anders, sie ist skalenabhängig; das heißt im Klartext, das Universum ist, soweit wir es kennen, nicht homogen.

Die Meinung war allerdings: Wenn die Skala nur genügend groß gewählt wird und genügend viele Galaxienhaufen enthält, *muß* das Universum homogen werden.

Warum aber sollte das Universum sich unbedingt die trivialste, langweiligste und einfallsloseste, also die homogene Form zulegen, wenn es auch anders geht?

»Selbstähnlichkeit« wäre zum Beispiel eine weitere Möglichkeit. Sie hätte noch den Vorteil, auf allen Skalen gleich auszusehen. Zu Beginn haben wir auf die »Koch-Kurve« als Beispiel einer selbstähnlichen Struktur verwiesen, die auf allen Skalen gleich aussieht. Auch die bekannten Beispiele der »Julia-Menge« oder der »Mandelbrot-Formen« mit dem vielgerühmten »Apfelmännchen« sind geometrische Strukturen, die auf beliebig vielen räumlichen Skalen, von Nanometer (ein Milliardstel Meter) bis Kilometer und noch darüber hinaus immer wieder auftauchen.

Das Universum könnte also von jedem Punkt aus gleich aussehen, wenn es »hierarchisch« im Sinne der Selbstähnlichkeit größerer und kleinerer Strukturen aufgebaut wäre. Das Kosmologische Prinzip wäre erhalten, es wäre sogar noch allgemeiner erhalten, als das im Fall eines Übergangs in die Homogenität bei genügend großen Skalen zutreffen würde.

Solch eine Struktur würde zum Beispiel bedeuten, daß die Galaxien in Galaxienhaufen angeordnet sind, die wiederum in noch größeren Superhaufen eingebettet sind, diese dann in Super-Superhaufen, und so weiter. Zwischen den Galaxienhaufen existieren große Regionen mit nur wenigen Galaxien, und auch diese dünnbesiedelten Regionen sind in noch größeren eingebettet, und so weiter. An jedem Punkt, in jede Richtung, auf allen Skalen sieht solch ein Universum gleich aus – ist jedoch nicht homogen!

Man muß hier allerdings noch sehen, daß zunächst bei diesen Untersuchungen nur die Struktur erforscht wird – der Schnappschuß des Universums, wie es sich uns heute darstellt. Wir haben schon darauf verwiesen – und dieses Faktum in den Phasenraumdarstellungen auch immer wieder benutzt –, daß es eine enge Beziehung gibt zwischen Struktur und Dynamik, zwischen fraktaler Geometrie und Chaos.

Natürlich wurde die jetzige Struktur des Universums durch die Physik der Entstehungsprozesse und die danach resultierende Dynamik erzeugt – also ist es natürlich, aus den Strukturuntersuchungen über die Galaxienverteilung Rückschlüsse über die Vorgänge in der ersten Zeit nach dem »Urknall« zu ziehen, aber auch Überlegungen zur Zukunft des Universums anzustellen.

Schon die alten Kulturen haben sich Gedanken über die Entstehung und Entwicklung des Universums gemacht. Besonders bemerkenswert sind die Vorstellungen der alten Inder. Die hinduistische Kosmologie bevorzugt, in moderner Sprache ausgedrückt, ein zyklisch variables Universum. So liest man in den alten Texten: »Zweitausend Mahayugas bestimmen einen einzigen Tag des Brahma, ein einziger Kalpa... Ich habe die fürchterliche Auflösung des Universums gekannt. Ich habe alles vergehen sehen, wieder und wieder, bei jedem (neuen) Zyklus. Zu diesem furchterregenden Zeitpunkt löst sich jedes Atom auf und geht zurück zu den ursprünglichen reinen Wassern der Ewigkeit, woher alles stammt.«

Nun, ein Mahayuga (gleich der Summe der vier Yugas, die die Zeitalter der Welt bestimmen) entspricht 12000 »Gottesjahren«. Jedes »Gottesjahr« entspricht 360 Jahren heutiger Zeitrechnung, so daß ein »Kalpa« (2000 Mahayugas) einer Zeitspanne von 8,64 Milliarden Jahren entspricht! Nicht schlecht, wenn man bedenkt, daß die besten Messungen, zu denen wir heutzutage fähig sind, ein Weltalter von etwa 10 Milliarden Jahren ergeben. Unter der Wucht solcher Entdeckungen fragt man sich schon, woher solches Wissen wohl stammen mag – oder ist es Zufall?

Jedenfalls glaubten die alten Inder offensichtlich an ein oszillierendes Universum mit einer Oszillationsperiode von 8,64 Milliarden Jahren.

Aus den Einsteinschen Gleichungen der allgemeinen Relativitätstheorie erhält man unter bestimmten Bedingungen auch Lösungen, bei denen sich das Universum anfänglich wie beobachtet ausdehnt, später dann aber wieder in sich zusammenfällt und zu einem Punkt mit unendlicher Dichte wird, in dem Atome in die elementarste Form der Energie umgewandelt werden. Die Bedingung dafür, daß das Universum diesen Entwicklungsweg geht, ist, daß die Materiedichte im Universum größer als eine »kritische Dichte« ist.

Die Materiedichte des Universums ist seine Masse geteilt durch das Volumen. Das hört sich wunderbar einfach an, aber in der Praxis ist diese Dichtebestimmung sehr schwierig. Wir kennen das Universum nur ausschnittweise – sozusagen unsere »nächste Umgebung«. Weiterhin können wir nur die Materie zählen, die wir mit unseren astronomischen Geräten auch sehen beziehungsweise wahrnehmen können – also die sogenannte »sichtbare Materie«. Daneben gibt es aber auch »unsichtbare Materie«. Die Gründe, weshalb Materie möglicherweise für uns »unsichtbar« ist, können recht vielfältig sein:

1. Es kann sich um sehr lichtschwache Objekte handeln, die wir mit der gegenwärtigen Instrumentierung noch nicht erfassen können.

2. Es kann Materie sein, die in Wellenlängenbereichen abstrahlt, in denen bisher keine oder nur unvollständige Messungen vorliegen (etwa im Infrarotbereich).
3. Es kann eine Form der Materie sein, die selber gar keine Strahlung emittiert und nur über die Beeinflussung der Umgebung durch ihre Schwerkraftausübung auf sich aufmerksam macht (wie Schwarze Löcher).
4. Es kann sich um gänzlich unbekannte Materie handeln mit Eigenschaften und Charakteristika, die wir gar nicht kennen – mit Ausnahme, daß sie Schwerkraft besitzen sollte.

Ein gangbarer Weg, all diese Unsicherheiten in Betracht zu ziehen, ist die Bestimmung des »Masse/Leuchtkraft-Verhältnisses«. Ein Stern zum Beispiel hat (aufgrund der im Sterninneren ablaufenden Kernprozesse) eine bestimmte Leuchtkraft und auch eine bestimmte Masse. Beide Größen und damit auch ihr Verhältnis hängen von dem Sterntyp ab (Weiße Zwerge, Rote Riesen, Braune Zwerge, Blaue Überriesen, Hauptreihensterne, um nur einige zu nennen). Für Galaxien, in denen all diese Sterntypen in unterschiedlichen Mengen auftauchen, kann man wieder das »Masse/Leuchtkraft-Verhältnis« bestimmen. Die Masse wird aus der Rotation und der Dynamik der Bewegung berechnet (über den Dopplereffekt), die Leuchtkraft wird gemessen. Auch hier gibt es für unterschiedliche Galaxientypen (wie zum Beispiel Spiralgalaxien, Balkengalaxien, Elliptische Galaxien) unterschiedliche Verhältnisse. Ähnlich kann man bei Galaxienhaufen vorgehen, indem man die Masse wieder über die Geschwindigkeitsverteilung der einzelnen Galaxien und so fort bestimmt.

Interessant ist, daß bei fast allen Bestimmungen dieser Art, sowohl für Galaxien als auch für Galaxienhaufen, eine »unsichtbare Materie« die sichtbare Materie um etwa das Zehnfache an Masse übertrifft. Die Dichte des Universums, bestimmt aus unserer »Umgebung« (wobei unsere Umgebung immerhin die stattliche Dimension von etwa einer Milliarde Lichtjahre hat) und unter Berücksichtigung nur der sichtbaren Materie, ist in etwa um den Faktor 10 zu gering, um das Universum wieder durch die Wirkung der eigenen Schwerkraft zusammenzuziehen. Die Spekulation, daß vielleicht die unsichtbare Materie gerade ausreichen könnte, um den Massenausgleich herzustellen, ist natürlich faszinierend. Ein Blick auf Abbildung IV.4.1

zeigt, daß damit das Universum als Ganzes ein »Schwarzes Loch« riesiger Dimension wäre. Für uns wäre der Gedanke, in einem »Schwarzen Loch« zu leben, zunächst sicherlich überraschend, aber man kann sich auch an diesen Zustand gewöhnen!

Nun aber zurück zur Galaxienverteilung. Auf Tafel 15 zeigen wir die zentrale Region eines nahen Galaxienhaufens (Virgo). Man sieht deutlich eine Anhäufung von Galaxien verschiedenen Typs. Solche Galaxienhaufen, mit manchmal nur wenigen Galaxien (10 bis 20), manchmal aber auch sehr vielen (etwa 1000), gibt es in großer Menge im All verteilt.

Natürlich haben solche Fotos einen großen Nachteil: Wir können nicht unterscheiden, ob diese Galaxien wirklich räumlich zusammenliegen oder ob wir eine zufällige Überlagerung von nahen und fernen Galaxien gefunden haben. Wenn die Galaxien allerdings räumlich so gut aufgelöst sind, wie das auf Tafel 15 der Fall ist, ist ihre Assoziation als »Gruppe« oder »Haufen« sehr naheliegend. Bei weiter entfernten Galaxien, die uns trotz ihrer Größe nur als Lichtpunkte erscheinen, ist die Situation schon viel komplizierter.

Es gibt aber noch die Möglichkeit, den Abstand zu einer fernen Galaxis unter Berücksichtigung der schon erwähnten »Galaxienflucht« zu bestimmen. Man kann zum Beispiel das Licht dieser Galaxien spektral in die Regenbogenfarben zerlegen und in den Spektren nach bekannten Linien bestimmter Atome suchen. Eine Galaxis, die sich von uns fortbewegt, enthält solche »Spektrallinien«, allerdings zum roten Teil des Spektrums verschoben (der sogenannte Dopplereffekt). Das bedeutet, daß eine Spektrallinie bei einer Wellenlänge λ durch die Bewegung der Galaxis zu einer Wellenlänge $\lambda + \Delta\lambda$ verschoben wird. Die »Rotverschiebung« ist dann definiert als $z = \Delta\lambda/\lambda$. Je größer die Fluchtgeschwindigkeit, desto größer ist diese »Rotverschiebung«. Anders ausgedrückt: Je größer die Rotverschiebung, desto weiter weg ist die Galaxis. Wir können also die meßbare Rotverschiebung z als Maß für den Abstand benutzen. Solche Messungen sind sehr mühsam und benötigen wegen der großen Zahlen der Objekte und den langwierigen Beobachtungsprogrammen sehr viel Geduld, Ausdauer und Hingabe.

In Abbildung IV.4.2 sind solche Messungen zusammengefaßt. Die Bilder zeigen jeweils eine Scheibe (in etwa wie ein Segment einer

Apfelsine oder wie ein Fächer) aus verschiedenen Himmelsrichtungen. Die schwarzen Punkte sind Galaxien, unsere eigene Galaxis befindet sich unten an der Spitze. Die Messungen wurden über viele Jahre hinweg am Center for Astrophysics in Cambridge, USA, zusammengestellt.

Man sieht ganz deutlich die Strukturen und Anordnungen der Galaxien. Es ist sofort ersichtlich, daß es sich hier nicht um eine homogene Galaxienverteilung handelt. Für die Gesamtheit aller helleren Galaxien ist diese Verteilung auf Tafel 16 dargestellt.

Ganz am Anfang dieses Buches hatten wir auf die Beziehung hingewiesen, die zwischen dynamischen chaotischen Vorgängen und der fraktalen Geometrie besteht. Wir hatten erwähnt, daß eine Phasenraumdarstellung chaotischer Prozesse zu Strukturen in dieser Darstellung führen kann, die mittels geeigneter Korrelationsverfahren analysiert werden können – und die sehr häufig »fraktal« sind. (Eine andere bekannte Beziehung zwischen Dynamik und Geometrie stellen übrigens die Einstein-Riemannschen Feldgleichungen dar, die die Grundlage der modernen Kosmologie bilden.)

Bei den Galaxienverteilungen haben wir also einen Schnappschuß, der das Resultat der bisher abgelaufenen Dynamik des Systems (des Universums) ist. Ein anschauliches Bild der Galaxienverteilung ist zum Beispiel Seifenschaum, Blätterteig oder die Bierkrone (je nach der Vorstellungskraft des Betrachters). Die Galaxien sind vorwiegend an den Oberflächen der Blasen angeordnet, dazwischen gibt es riesige Räume mit praktisch »nichts«, kaum Materie.

Die quantitative Analyse[1]) dieser Verteilung wird in der gleichen Weise durchgeführt wie die der Phasenraumdarstellung dynamischer Systeme bisher auch. Der »Phasenraum« ist dabei einfach der normale Koordinatenraum (es muß ja auch nicht immer etwas Exotisches sein). Die geometrische Korrelationsanalyse zeigt, daß das »System Universum« fraktal ist. Es existiert also eine gewisse Ordnung, eine Hierarchie in den Strukturen.

[1]) Wir danken Dr. Gerda Wiedenmann für Diskussionen über ihre Strukturuntersuchungen zur Galaxienverteilung und für die bereitwillige Unterstützung bei der Vorbereitung dieses Kapitels.

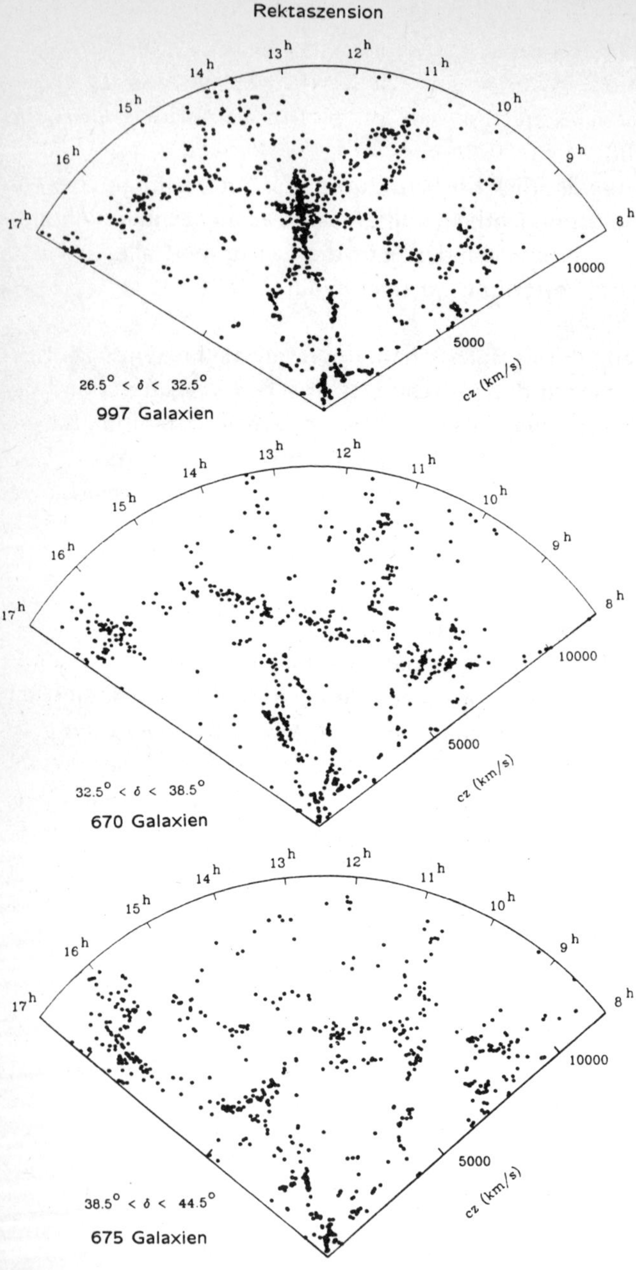

Abb. IV.4.2

Verteilung der Galaxien in verschiedenen »Himmelsscheiben«. Aufgetragen ist jeweils die Rektaszension gegen den Abstand (in Einheiten der Rotverschiebung $\Delta\lambda/\lambda = z$ multipliziert mit Lichtgeschwindigkeit c), für einen Deklinationsbereich von (a) 26.5° bis 32,5°, (b) 32,5° bis 38,5° und (c) 38,5° bis 44,5°.

Wir wissen heute noch nicht genau, wie sich aus der Materie, die nach dem Urknall vorhanden war, die Galaxien gebildet haben. Sind zunächst die einzelnen Milchstraßen entstanden, und haben sie sich im Laufe der Jahrmilliarden zu großen Haufen zusammengefunden? Oder war es genau umgekehrt? Haben sich zuerst riesige Materieanhäufungen gebildet, gebunden durch die eigene Gravitation, in denen sich nach und nach die Galaxien zusammengeklumpt haben?

Die Verteilung der Materie, wie wir sie heute vorfinden, ist jedenfalls in den bisher erforschten Bereichen *nicht* homogen, was einer rein zufälligen Verteilung der entstandenen Galaxien entsprechen würde. Vielmehr erscheint die *fraktale Struktur* des Universums eine Momentaufnahme der *chaotischen* Dynamik zu sein, die von Beginn an die Entwicklung unserer Welt beherrscht hat.

– Am Anfang war das Chaos, und es funktioniert bis heute. –

Die Ergebnisse der modernen Forschung, insbesondere die der Astrophysik, deuten darauf hin, daß die Entwicklung unseres Universums in einer chaotischen Phase steckt. Nach der heute am meisten verbreiteten Vorstellung ist das Universum aus einem unendlich dichten und unendlich heißen Anfangszustand ohne Strukturen und ohne Zeit (im gewöhnlichen Sinn) entstanden. Dieser Zustand, in dem alle »Ereignisse« unkorreliert, also zufällig abliefen, war nicht stabil. Es fand eine Ausdehnung statt, bei der Raum und Zeit entstanden. Mit zunehmender Ausdehnung bildeten sich korrelierte Strukturen, von Galaxienhaufen über Planetensysteme bis hin zu intelligentem Leben, heraus. Solche komplizierte Strukturen, die sich selbst organisiert haben, sind das Ergebnis empfindlicher Abhängigkeit von den äußeren Bedingungen, in denen sie entstanden sind, von Korrelationen, die zeitlich begrenzt sind, und somit eine hohe Variabilität der Systeme ermöglichen. Sie sind Ergebnis von Vielfalt und Entwicklung, kurz, diese Strukturen zeugen vom allgegenwärtigen Wirken des deterministischen Chaos im gegenwärtigen Zustand des Universums.

Wenn sich die Ausdehnung bis in alle Ewigkeit fortsetzt, wird unser Universum im »Kältetod« enden, in einem streng deterministischen stabilen Endzustand. Dann wäre jede Entwicklung erloschen, und die noch verbleibende »Zukunft« läge offen und zeitlos vor den Augen des Laplaceschen »umfassenden Geistes«.

Wenn aber die Ausdehnung zum Stillstand kommt, sich umkehrt und die ganze Welt wieder in sich zusammenstürzt, zurückkehrt in den extremen Zustand ihres Anfangs, dann werden die Spuren aller Strukturen im zufälligen Schwanken und Fluktuieren der Energie getilgt. Aller Wahrscheinlichkeit nach wird in diesem Fall ein neuer Urknall stattfinden. Aber auch in der so entstehenden »neuen Welt« wird eine Entwicklung zu höheren und komplexeren Strukturen nur möglich sein, *wenn das deterministische Chaos herrscht und funktioniert.*

Abbildungsnachweis

S. 136 aus: K. A. Zölch, Kleines Arrhythmie-Seminar, perimed Fachbuch-Verlagsgesellschaft mbH, Erlangen.

S. 148, 149, 150 aus: G. Schmidt, Diagnostik und Herzrhythmusstörungen, Tempo Medical Verlags-GmbH, München.

Chaotisches Wörterbuch

Abbildung, iterative

Eine Abbildung ist in der Mathematik eine Vorschrift, mit der eine Größe, etwa x_0, eine andere Größe, beispielsweise x_1, zugeordnet wird. Man sagt dann, x_0 wird auf x_1 abgebildet. Iterativ heißt eine Abbildung, wenn die Vorschrift auf das Ergebnis der Zuordnung erneut angewandt wird. Sind eine Menge von Größen und eine Abbildung gegeben, so kann man durch Iteration eine Reihe von geordneten Größen erzeugen. Man macht dabei das Ergebnis des letzten Schrittes zum Eingangswert für den nächsten Schritt. Ein Beispiel soll dies verdeutlichen.

Die Abbildungsvorschrift laute: Man ziehe von einer gegebenen Zahl x_0 die nächstkleinere ganze Zahl $[x_0]$ ab, multipliziere das Ergebnis mit 10 und ziehe davon wieder die nächstkleinere Zahl ab. Also

$$x_1 = (x_0 - [x_0])\, 10 - [(x_0 - [x_0])\, 10]$$

Im nächsten Schritt wendet man diese Vorschrift auf das Ergebnis des vorigen Schrittes an. x_0 sei gleich 0,123456789. Dann ist $x_1 =$ 0,23456789, $x_2 =$ 0,3456789 ... $x_7 =$ 0,89 ... $x_9 = x_{10} = x_{11} = x_{12} \ldots -$ 0,0. Der Wert 0,0 ist ein Fixpunkt dieser iterativen Abbildung.

Abbildung, logistische

Die logistische Abbildung oder Gleichung ist eines der am längsten bekannten und am besten untersuchten Mitglieder der reellen quadratischen Familie. Sie lautet

$$y(x) = Cx(1 - x)$$

(Alle Zahlen reell; die Rückkopplung ist quadratisch). Bereits 1845 hat P. F. Verhulst mit dieser Gleichung das Wachstum von Populationen unter Berücksichtigung der beschränkten Ressourcen beschrieben. Wenn man diesen Ausdruck als Differentialgleichung formuliert,

$$y(x) = \dot{x} = Cx\,(1 - x) = Cx - Cx^2$$

hat man eine Beschreibung von zunächst exponentiellen Wachstumsvorgängen, die eine Sättigung erreichen. Für kleine x-Werte ($x < 0{,}5$) ist der quadratische Rückkopplungsterm klein, und das Wachstum erfolgt proportional zum momentanen Bestand (siehe auch *Exponentielles Wachstum*). Mit zunehmendem x wächst der Rückkopplungsterm rasch an, und bei $x \approx 1$ kommt das Wachstum zum Erliegen ($\dot{x} \approx 0$). Neben dem ursprünglichen Populationswachstum werden mit dieser Gleichung auch beispielsweise das Anwachsen der Intensität von Eigenschwingungen in Lasern, die Ausbreitung von ansteckenden Krankheiten oder die Verkaufszahlen von Bestellern beschrieben.

Akkretionsscheibe
Bei der Massenübertragung zwischen zwei Sternen in einem engen Doppelsternsystem entsteht um das akkretierende Objekt (vom Lateinischen *accrescere* – wachsen), also um den wachsenden Stern, eine diskusartige Scheibe aus Gas, das vom Begleitstern abgestreift wurde. Diese Scheibe wird Akkretionsscheibe genannt.

Ansatz, linearer
Ein Ansatz ist eine Überlegung, die mathematisch formuliert einen vermuteten Zusammenhang beschreibt. Bei einem linearen Ansatz wird eine einfache Proportionalität angenommen. Beispiel aus der Wirtschaft: der Zusammenhang zwischen Preis und Stückzahl einer Ware. In diesem Fall ist ein linearer Ansatz: Gesamtpreis P_{gesamt} gleich Stückzahl n mal Einzelpreis P_{einzel}, also

$$P_{gesamt} = nP_{einzel}$$

Dieser lineare Ansatz ist aber meist nur bei kleinen Stückzahlen zutreffend, bei großen Stückzahlen kann man normalerweise einen Rabatt erhalten.

Arrhythmie
Störung eines rhythmischen Ablaufs. In der Lehre vom Funktionieren des Herzens eine drastische Unregelmäßigkeit in der Abfolge der Herzschläge. Herzrhythmusstörung.

Asteroid
Kleinplanet, der ähnlich wie die Erde die Sonne umkreist. Die mei-

sten Asteroiden befinden sich abstandsmäßig von der Sonne auf Bahnen, die zwischen Mars und Jupiter angesiedelt sind. Der größte Asteroid ist Ceres (1801 von Piazzi entdeckt) mit einer Umlaufzeit um die Sonne von etwa 4,6 Jahren und einer Masse von etwa einem Fünftausendstel der Masse der Erde.

Attraktor, seltsamer
Ein Attraktor ist die geometrische Struktur im Zustandsraum, die aus allen Zuständen besteht, die ein dynamisches System auf lange Sicht annehmen kann. Auf lange Sicht heißt: nachdem das System eventuelle Einschwingvorgänge durchlaufen hat. Die geometrische Dimension eines Attraktors ist stets kleiner als die Dimension des gesamten Zustandsraums, in dem der Attraktor eingebettet ist. Zu jedem Attraktor gehört ein Bereich, der größer ist als der Attraktor selbst, aus dem alle Zustände (Start- oder Anfangszustände) des dynamischen Systems im Laufe der Zeit auf den Attraktor führen. Man nennt die Menge dieser Anfangszustände den Anziehungsbereich (*Attraktionsbereich*) des Attraktors. Ist die Dimension des Attraktors nicht ganzzahlig, sondern fraktal, so nennt man den Attraktor *seltsam*. Beispiele für Attraktoren:

1. Ein Pendel mit Reibung hat als Attraktor den Nullpunkt des Geschwindigkeits-Ortsraumes. Der Anziehungsbereich ist in diesem Beispiel der ganze Zustandsraum, denn jedes Pendel mit Reibung erreicht nach einer gewissen Zeit den Ruhezustand ($v = 0$; $x = 0$). Die Dimension des Zustandsraums D_Z ist Zwei, die des Attraktors D_A ist Null.

2. Ein Pendel mit Reibung und regelmäßiger Energiezufuhr (Pendeluhr) hat eine geschlossene Kurve, etwa einen Kreis ($D_A = 1$), im Zustandsraum ($D_Z - 2$) als Attraktor. Bei sehr großen Ausschlägen dämpft die Reibung das Pendel, bei kleinen Ausschlägen wird es durch die regelmäßigen Anstöße der Energiezufuhr wieder aufgeschaukelt. Schließlich stellt sich ein stabiler Gleichgewichtszustand zwischen Reibungsverlusten und Energiezufuhr ein.

3. Ein sehr bekanntes Beispiel für einen seltsamen Attraktor ist der *Lorenz*-Attraktor (vgl. Abbildung S. 268). Er ist in einen dreidimensionalen Zustandsraum eingebettet und hat die Dimension $D_A = 2{,}06\ldots$

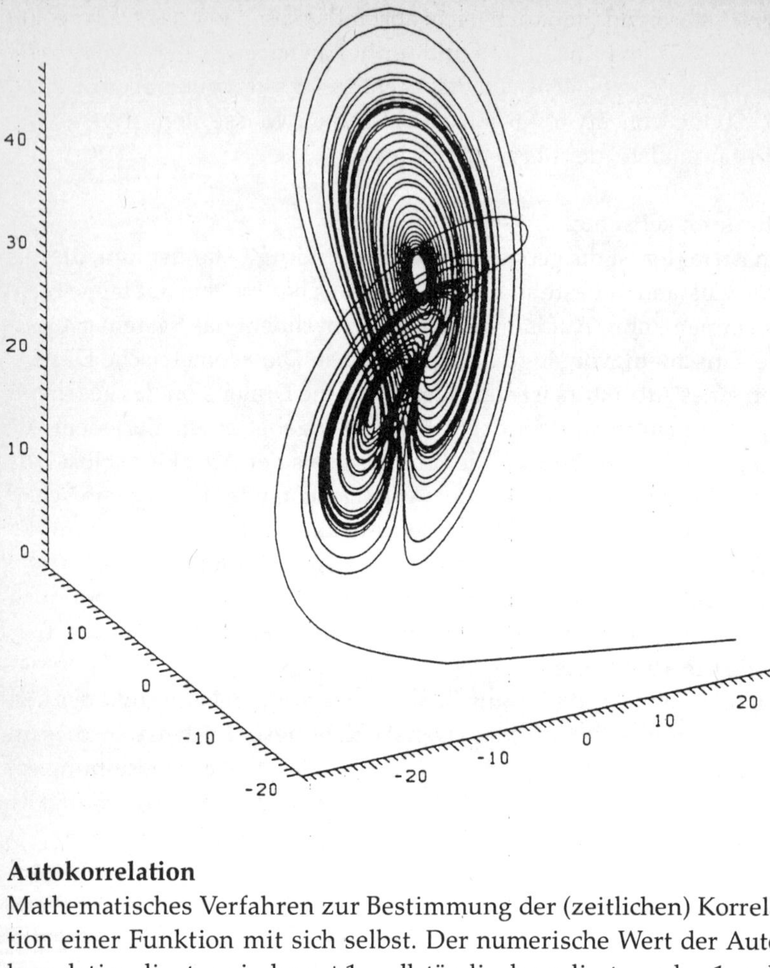

Autokorrelation

Mathematisches Verfahren zur Bestimmung der (zeitlichen) Korrelation einer Funktion mit sich selbst. Der numerische Wert der Autokorrelation liegt zwischen +1, vollständig korreliert, und −1, vollständig anti-korreliert. Für den Fall, daß keine Korrelation vorliegt, ist der Wert der Korrelationsfunktion gleich Null. Im allgemeinen Fall verschwindet eine anfängliche Korrelation im Laufe der Zeit. Die Zeit, in der die Korrelation auf Null abfällt, heißt Korrelationszeit τ der Funktion. Periodische oder konstante Funktionen sind über unendlich lange Zeiten korreliert. Zufallsfunktionen haben eine verschwindende Korrelationszeit ($\tau = 0$). Fast alle Funktionen, die im praktischen Leben eine Rolle spielen, liegen zwischen diesen Extremen. Die Korrelationszeit ist ein Maß für das *Gedächtnis* eines Systems für seine Anfangsbedingungen. Sie gibt somit auch an, wie weit man nach der Messung des momentanen Zustands eines Systems seine Entwicklung in die Zukunft (oder zurück in die Vergangenheit) verfolgen kann.

Automatiefrequenz, intrinsische
Frequenz, mit der im Herzen die Sinusreizbildung erfolgt. Der Sinusreiz löst im Normalfall das Zusammenziehen (Systole) des Herzmuskelgewebes (Myokard) aus. Die intrinsische Automatiefrequenz bestimmt das Tempo, mit dem unser Herz schlägt.

AV-Knoten
Der Atrioventrikulär-Knoten ist eine Gewebestruktur im Herzen, die den Erregungsreiz für das Schlagen des Herzens vom Herzvorhof (Atrium) mit einer gewissen Verzögerung zu den Herzkammern (Ventrikel) weiterleitet.

Belousov-Zhabotinsky-Reaktion
Chemische Reaktion, benannt nach den russischen Chemikern B. P. Belousov und A. M. Zhabotinsky, bei der die Konzentrationen der beteiligten Stoffe chaotisch schwanken können. Im einzelnen wird ein organisches Molekül durch Bromat-Ionen (geladene Teilchen) oxidiert. Dieser Prozeß wird durch Ionen des Elements Cer als Katalysator beschleunigt. Alle Ausgangsverbindungen werden dem Reaktionsgefäß laufend zugeführt, und die entstandenen Reaktionsprodukte werden abgepumpt. Durch Zugabe eines Farbstoffes, der in Abhängigkeit von der Konzentration und vom Ladungszustand der Cer-Ionen seine Farbe wechselt, kann man die Schwankungen in der Konzentration direkt sichtbar machen. Ab einem bestimmten Stoffdurchsatz sind die Schwankungen der Konzentrationen und damit auch der Farbe chaotisch.

Bénard-Experiment
Einfaches Experiment (nach Henri Bénard, 1900) zur Untersuchung der Entstehung von Konvektion (Temperaturausgleich durch Materietransport). Zwischen zwei Platten der Temperatur *T* befindet sich

eine Flüssigkeit mit einem positiven Wärmeausdehnungskoeffizienten. Die Temperatur der unteren Platte wird gegenüber der oberen Platte um einen kleinen Betrag ΔT erhöht. Im Schwerefeld der Erde ist diese Situation instabil, weil über der wärmeren und leichteren Flüssigkeit die kühlere und schwerere liegt. Ab einem bestimmten Temperaturunterschied ΔT reicht die innere Reibung der Flüssigkeit (Viskosität) nicht mehr aus, um diese instabile Schichtung aufrechtzuerhalten. Die Flüssigkeit setzt sich in Bewegung. Die kältere Flüssigkeit sinkt ab, die wärmere steigt auf. Dabei bilden sich zunächst wohlgeordnete Konvektionsrollen aus (periodische Bewegung). Mit zunehmender Temperaturdifferenz ΔT beobachtet man eine weitere Periode mit genau der doppelten Periodendauer in der Bewegung der Flüssigkeit. Diese *Periodenverdopplung* setzt sich fort, bis schließlich bei einem kritischen Wert der Temperaturdifferenz ΔT_c die Bewegung der Flüssigkeit chaotisch wird. Diesen Weg ins Chaos bezeichnet man als Feigenbaum-Route (nach dem amerikanischen Theoretiker M. Feigenbaum).

Chaos, deterministisches

Bezeichnung für das irreguläre Verhalten eines nichtlinearen dynamischen Systems, dessen zeitliche Entwicklung durch mathematische Gleichungen eindeutig beschrieben wird (determiniert ist). Die Lösungen dieser Gleichungen sind aber nicht in einer geschlossenen analytischen Form (durch eine »Formel«) angebbar. Daher lassen sich vergangene oder zukünftige Zustände des Systems nicht beliebig angeben. Die Zustände des Systems (die Lösungen der Gleichungen) hängen extrem empfindlich von den Anfangsbedingungen ab. Die zeitliche Entwicklung von zwei beliebig nahe benachbarten Zuständen läuft exponentiell auseinander. Diese empfindliche Abhängigkeit der Lösungen (Zustände des Systems) von den Anfangsbedingungen zusammen mit der Tatsache, daß wir weder beliebig genau messen noch beliebig genau rechnen können, verhindert eine langfristige Vorhersage des Verhaltens eines deterministisch chaotischen Systems.

Determinismus

Der weitverbreitete Glaube, daß eine Kenntnis der Naturgesetze sowie des Zustandes eines Systems zu einem Zeitpunkt das Verhalten dieses Systems für alle Zeiten, Vergangenheit und Zukunft, eindeutig und genau berechenbar macht. Der Determinismus hatte seine Blütezeit im 18. und 19. Jahrhundert als Folge der großen Anfangserfolge der Newtonschen Mechanik bei der Beschreibung der unbelebten Natur.

Differentialgleichung

Mathematische Gleichungen, die die Änderungsraten von Größen verknüpfen. Die Änderung einer Größe wird erklärt durch den Unterschied (die Differenz) des Wertes, den die Größe an zwei nahe benachbarten Stellen annimmt. Wenn der Abstand zwischen den benachbarten Stellen im Grenzfall gegen Null geht, bezeichnet man die Differenz als Differential. Beispiele für einfache Differentialgleichungen nach der Zeit t sind:

1. Die Änderungsrate $\dot{x}$ einer Größe x ist Null.

$$\dot{x} = 0$$

In diesem Fall ist die Größe x konstant (sie ändert sich ja nicht).

$$x = C$$

2. Die Änderungsrate $\dot{x}$ einer Größe x ist konstant, aber ungleich Null.

$$\dot{x} = a \neq 0$$

Die Größe x ändert sich jetzt proportional zur Zeit t.

$$x = at + C$$

Die Konstante C beschreibt die Tatsache, daß zum Zeitpunkt $t = 0$ die Größe x nicht unbedingt auch gleich Null sein muß. Über den Wert von C kann die Gleichung der Änderungsrate keine Aussage machen. Man muß vielmehr den Wert der Größe x zum Zeitpunkt $t = 0$, also am »Anfang«, bestimmen. Die Konstante C wird also durch die Anfangsbedingung festgelegt.

3. Die Änderungsrate $\dot{x}$ ist gleich der Größe x selbst.

$$\dot{x} = x$$

In diesem Fall ist die Änderungsrate um so größer, je größer die sich ändernde Größe ist. Diese Differentialgleichung beschreibt exponentielles Wachstum.

$$x = x_0 \cdot \mathrm{e}^t$$

x_0 ist der Wert der Größe x zum Zeitpunkt $t = 0$. (Die Zahl e ist durch eine unendliche Summe definiert

$$e = 1 + \frac{1}{1} + \frac{1}{1 \cdot 2} + \frac{1}{1 \cdot 2 \cdot 3} + \frac{1}{1 \cdot 2 \cdot 3 \cdot 4} + \ldots\ldots = 2{,}71828\ldots)$$

Dimension, fraktale

Die geometrische Dimension D einer Struktur gibt an, wie viele unabhängige Größen zur vollständigen Charakterisierung der Struktur notwendig sind. Vertraut aus dem Alltag sind uns eindimensionale, zweidimensionale und dreidimensionale Strukturen, denen wir die Begriffe Linie, Fläche, Raum zuordnen. Zu ergänzen ist noch die nulldimensionale Struktur, die wir Punkt nennen. Um ein Maß für die Größe dieser Strukturen zu haben, können wir Länge, Flächeninhalt und Volumen als Vielfache einer Einheit in der entsprechenden Dimension D angeben. Diese Einheiten seien als Beispiel $1\,cm^1$, $1\,cm^2$ und $1\,cm^3$, also eine Strecke von 1 cm Länge ($D = 1$), ein Quadrat von 1 cm (Länge) × 1 cm (Breite) Flächeninhalt ($D = 2$) und ein Würfel von 1 cm (Länge) × 1 cm (Breite) × 1 cm (Höhe) Volumen ($D = 3$). Verdoppeln wir die Längen unserer Objekte, so erhalten wir eine Strecke der Länge 2 cm, ein Quadrat mit der Fläche $4\,cm^2 = 2\,cm \times 2\,cm = (2\,cm)^2$ und einen Würfel mit einem Volumen von $8\,cm^3 = 2\,cm \times 2\,cm \times 2\,cm = (2\,cm)^3$. Die Objekte skalieren also mit ihrer Dimension, das heißt, ihre Größe wächst mit dem Zahlenwert der Dimension im Exponenten. Dieses Verhalten kann man auf nicht ganzzahlige Exponenten verallgemeinern. Strukturen, deren Größe mit einem nichtganzzahligen (gebrochenen = fraktalen) Exponenten skaliert, haben eine fraktale Dimension. Beispiele dafür sind die Koch-Kurve mit $D = 1{,}2618\ldots$ und der Lorenz-Attraktor ($D = 2{,}06\ldots$).

Divergenz

Divergenz bezeichnet Auseinanderstreben, Auseinanderlaufen. In der Mathematik nennt man einen Ausdruck, der über alle Grenzen wächst, divergent. Der Gegensatz zur Divergenz ist Konvergenz (Zusammenlaufen, Annäherung). Ein Ausdruck, der einem bestimmten, festen endlichen Wert zustrebt, heißt konvergent.

Dreikörper-Problem

In der klassischen Mechanik die Aufgabe, die allgemeine Bewegung von drei sich gegenseitig anziehenden Körpern zu bestimmen. Die

Differentialgleichungen, die das Verhalten eines solchen Systems beschreiben, sind seit Newton bekannt. Es gelang trotz zahlreicher und intensiver Versuche nicht, eine geschlossene analytische Lösung für das Problem anzugeben. Am Ende des 19. Jahrhunderts beschäftigte sich Henri Poincaré mit dem Dreikörper-Problem und zeigte, daß keine geschlossen angebbare allgemeine Lösung existiert. Bei seiner Arbeit an diesem Problem stieß er auf die Möglichkeit von völlig irregulärem Verhalten in solchen Systemen. Dieses Verhalten bezeichnen wir heute als deterministisches Chaos.

Dynamik
Die Dynamik beschäftigt sich mit den Gesetzen, die die Bewegungen von miteinander wechselwirkenden Körpern beschreiben. Sie unterscheidet sich insofern von der Kinematik, die sich nur mit Bewegungen ohne Berücksichtigung von Wechselwirkungen beschäftigt.

Ekliptik
Die Erdbahn um die Sonne verläuft in einer Ebene. Der Großkreis, in dem diese Ebene die gedachte Himmelskuppel schneidet, heißt Ekliptik. Von der Erde aus gesehen, verläuft die scheinbare Bahn der Sonne entlang der Ekliptik durch die dort befindlichen Sternbilder, die sogenannten Tierkreiszeichen. Allerdings stimmen Sternzeichen und Tierkreiszeichen, in dem sich die Sonne befindet, im allgemeinen *nicht* überein. Die Bahnebenen der meisten übrigen Planeten sind nur geringfügig gegen die Ebene der Erdbahn geneigt, so daß auch die scheinbaren Bahnen der Planeten nahe der Ekliptik verlaufen.

Elektro-Kardiogramm, EKG
Herzstromaufzeichnung. Darstellung des zeitlichen Verlaufs der elektrischen Impulse, die die Herztätigkeit steuern. Die Impulse werden mittels Elektroden von der Haut aufgenommen, elektronisch verstärkt und anschließend auf Papier oder Magnetband aufgezeichnet.

Entropie
Der Begriff Entropie stammt aus der Thermodynamik und liefert dort

ein Maß für die »Unordnung« eines Systems. In der Informationstheorie liefert die Entropie analog ein Maß für die »Ungewißheit« in einem System. Sie ist definiert als gewichteter Mittelwert der Information. In diesem Sinne, als Maß für die »Ungewißheit« in einem System, findet der Entropiebegriff seine Anwendung im Rahmen der (nichtlinearen) Dynamik. Man spricht hier von »Kolmogorov-Entropie« eines Systems. Die Entropie in einem deterministischen System ist und bleibt Null (hier gibt es keine Ungewißheit), die Entropie in einem Zufallssystem ist unendlich groß (hier gibt es nur Ungewißheit), und die Entropiewerte chaotischer Systeme liegen dazwischen. In einem chaotischen System nimmt die Ungewißheit im Laufe der Zeit zu, das System produziert also Information.

Epizykel

In der geozentrischen Theorie der Planetenbewegung ein kleiner Kreis, auf dem die Planeten gleichförmig umlaufen und deren Mittelpunkt auf dem Trägerkreis (Deferenten) um die Erde läuft. Die Epizykel sind in der geozentrischen Astronomie notwendig, um die Schleifenbewegungen der Planeten gegen den Fixsternhimmel erklären zu können. Die Bewegungsrichtung des Epizykels ist bei den inneren Planeten gleich der des Deferenten, bei den äußeren Planeten entgegengesetzt. Zur Erklärung weiterer Feinheiten der Planetenbewegungen mußten immer mehr Kreise beziehungsweise Doppel-Epizykel angenommen werden. Die heliozentrische Beschreibung des Planetensystems und der Verzicht auf die gleichförmige Kreisbewegung zugunsten von Ellipsenbahnen machte die Epizykel überflüssig.

Ergodizität

Die Ergodenhypothese (L. Boltzmann 1887) nimmt an, daß ein System im Laufe seiner zeitlichen Entwicklung im Zustandsraum alle Punkte, die Zuständen gleicher Energie entsprechen, auch tatsächlich durchläuft. Später wurde diese Hypothese zu der Aussage abgeschwächt, daß innerhalb einer endlichen Zeit das System allen Zuständen gleicher Energie beliebig nahe kommt. Diese Eigenschaft eines Systems ist die Grundlage für die Äquivalenz von zeitlichen Mittelwerten und den räumlichen Mittelwerten der statistischen Gesamtheit. Der allgemeine mathematische Beweis dieser Äquivalenz der Mittelwerte ist sehr kompliziert. Für viele Systeme wird die Ergodizität daher einfach postuliert. Beispiele für die Annahme der Äquivalenz der Mittelwerte:

1. In einem Gas ist die mittlere Geschwindigkeit eines *einzelnen* Teilchens gleich dem Mittelwert der Geschwindigkeit *aller* Gasteilchen zu einem festen Zeitpunkt.

2. Wir können einen einzelnen Stern nicht während seiner gesamten Entwicklungszeit beobachten, aber wir sehen zur Zeit eine Vielzahl von Sternen in den verschiedensten Entwicklungsstadien. Aus den zahlreichen momentanen Beobachtungen vieler Sterne schließen wir auf die zeitliche Entwicklung des einzelnen Sterns.

Exponent

Der Exponent oder die Hochzahl gibt an, wie oft eine Zahl (die Basis des Exponenten) als Faktor genommen werden soll. Für positive ganze Zahlen ist diese abkürzende Schreibweise sehr einfach zu verstehen. So bedeutet beispielsweise

$$2^5 = 2 \cdot 2 \cdot 2 \cdot 2 \cdot 2 = 32$$

Ist der Exponent eine negative Zahl, so muß die Basis anstatt als Faktor entsprechend oft als Divisor (Teiler) genommen werden oder, gleichbedeutend damit, der Kehrwert der Basis als Faktor. Also:

$$2^{-5} = \left(\frac{1}{2}\right)^5 = \frac{1}{2} \cdot \frac{1}{2} \cdot \frac{1}{2} \cdot \frac{1}{2} \cdot \frac{1}{2} = \frac{1}{2^5} = \frac{1}{32}$$

Bei der Multiplikation zweier gleicher Basiszahlen mit Exponenten werden die Exponenten addiert. Beispiel:

$$2^2 \cdot 2^3 = 2 \cdot 2 \cdot 2 \cdot 2 \cdot 2 = 2^{2+3} = 2^5 = 32$$

oder

$$2^5 \cdot 2^{-5} = \frac{32}{32} = 2^{5-5} = 2^0 = 1$$

Nichtganzzahlige Exponenten bedeuten, daß in dem Produkt die Basis auch unter einer Wurzel vorkommt. In dem Beispiel ist statt der Basis 2 die allgemeine Zahl b verwendet:

$$b^{\frac{2}{3}} = b^{\frac{1}{3}} \cdot b^{\frac{1}{3}} = (\sqrt[3]{b})^2$$

Exponentielles Wachstum

Exponentielles Wachstum bedeutet, daß die Größe, von der das Wachstum abhängt, im Exponenten steht. Wenn x eine Größe ist, die mit der Zeit exponentiell anwächst, lautet die mathematische Formulierung dieses (zeitlich) exponentiellen Wachstums $x = b^{at}$. Dabei sind a und b Konstanten. Ein sehr bekanntes Beispiel ist die Vermehrung einer Population (etwa der Weltbevölkerung). Erfolgt dieses Wachstum ungebremst, so ist die Änderung in der Population ($\dot{x}$) proportional zum Bestand an Individuen (x). Dieser Sachverhalt wird durch die folgende Differentialgleichung beschrieben:

$$\dot{x} \propto x$$

Sie hat die Lösung

$$x = x_0 \cdot e^{at}$$

wobei a die Proportionalitätskonstante ist und x_0 die Anzahl der Individuen zum Zeitpunkt $t = 0$. Für sehr kleine Werte von at erfolgt das Wachstum langsam, aber für $at > 1$ ist die Zunahme unvorstellbar rasch. Eine Population, die sich in zehn Jahren verdoppelt, ist in 100 Jahren auf das über Eintausendfache angewachsen und verdoppelt sich weiter alle zehn Jahre! Ist a negativ (kleiner Null), so beschreibt dieser Zusammenhang eine exponentielle Abnahme; eine Abnahme, die um so rascher erfolgt, je größer der Wert der betroffenen Größe ist. In der Natur ist ein bekanntes Beispiel der radioaktive Zerfall. Die Abnahme der Aktivität erfolgt exponentiell, nach einer bestimmten Zeit (der Halbwertszeit) ist die Hälfte der aktiven Atome zerfallen. Nach einer weiteren Halbwertszeit wiederum die Hälfte der noch verbliebenen.

Extrasystole, ventrikuläre

Eine ventrikuläre Extrasystole ist ein außerhalb der intrinsischen Automatiefrequenz erfolgendes zusätzliches (extra) Zusammenziehen (Systole) der Herzkammer (Ventrikel). Solche zusätzlichen Herzschläge treten bei vielen Menschen bisweilen auf und sind meist harmlos. Häufiges Auftreten solcher extra Herzschläge bezeichnet man als Herzrhythmusstörungen.

Exzentrizität

Die Exzentrizität e ist in der Mathematik die Entfernung des Brennpunktes eines Kegelschnittes (Kreis, Ellipse, Parabel oder Hyperbel) von seinem Zentrum. Für den Fall geschlossener Kegelschnitte (Kreis und Ellipse) ist die Exzentrizität auch ein Maß dafür, wie stark eine Ellipse von der Kreisform abweicht. Für den Kreis fallen Brennpunkt und Mittelpunkt zusammen. Die Exzentrizität eines Kreises ist daher Null ($e = 0$). Je langgestreckter eine Ellipse ist, desto größer ist der Abstand ihrer Brennpunkte vom Zentrum.

Feigenbaum-Szenario

Dynamische Systeme können auf verschiedenen Wegen in einen chaotischen Zustandsbereich gelangen. Erfolgt dies über Periodenverdopplung, so spricht man von Feigenbaum-Szenario oder Feigenbaum-Route (nach dem amerikanischen Physiker M. Feigenbaum). Die Änderung im Verhalten des dynamischen Systems wird durch die Änderung eines Parameters (siehe auch *Kontrollparameter*) gesteuert. Das Verhältnis der Differenz der Werte des Kontrollparameters zwischen zwei aufeinanderfolgenden Periodenverdoppelungen ist dabei konstant. Diese Konstante wurde von den deutschen Physikern S. Grossman und S. Thomae entdeckt und (unabhängig davon) von M. Feigenbaum bei verschiedenen quadratischen Rückkopplungen gefunden. Sie wird daher Feigenbaum-Zahl genannt. Ihr numerischer Wert ist 4,6692... Ein Verhalten mit Periodenverdopplung ist auch bei physikalischen Experimenten mit nichtlinearen dynamischen Systemen häufig beobachtet worden.

Fixpunkt

Unter dem Fixpunkt einer Abbildung versteht man einen Wert, den die Abbildung auf sich selbst abbildet. Im Falle einer iterativen Abbildung heißt das: Ist x_i ein Fixpunkt der Abbildung, so gilt $x_{i+1} = x_i$. Eine Abbildung kann stabile und instabile Fixpunkte haben. Ein Fixpunkt heißt stabil, wenn alle Punkte aus einer bestimmten Umgebung des Fixpunktes bei einer Iteration zum Fixpunkt hinführen. Er heißt instabil, wenn alle Startwerte (außer dem Fixpunkt selbst) bei Iteration vom Fixpunkt weglaufen. Dazu ein Beispiel: Die iterative Abbildung $x_{i+1} = x_i \cdot x_i$ hat zwei Fixpunkte, nämlich $x_i = 0$ und $x_i = 1$. Denn für $x_i = 0$ folgt

$$x_{i+1} = 0 \cdot 0 = x_{i+2} = \ldots = x_{i+10} = \ldots = 0$$

Für $x_i = 1$ erhält man analog

$$x_{i+1} = 1 \cdot 1 = x_{i+2} = \ldots = x_{i+10} = \ldots = 1$$

Der Fixpunkt $x_i = 0$ ist stabil, denn für einen Startwert in der Nähe von $x_i = 0$, etwa $x_i = 0{,}01$, folgt

$$x_{i+1} = 0{,}01 \cdot 0{,}01 = 0{,}0001 \ldots x_{i+10} \approx 0{,}0$$

Der Fixpunkt $x_i = 1$ dagegen ist instabil. Für den Startwert $x_i = 1{,}01$ erhält man beispielsweise

$$x_{i+1} = 1{,}01 \cdot 1{,}01 = 1{,}0201 \ldots x_{i+10} = 26612{,}56612$$

Fraktal

Ein Fraktal ist eine geometrische Struktur, deren Dimension nicht ganzzahlig ist. Denkt man sich die Struktur durch sehr viele Punkte in einem n-dimensionalen Raum gegeben, und legt man um einen Punkt der Struktur eine Kugel, so nimmt die Zahl der Punkte innerhalb dieser Kugel mit einer bestimmten Potenz des Durchmessers der Kugel zu. Ist der Exponent, der diese Skalierung beschreibt, für alle Punkte gleich und nicht ganzzahlig, so nennt man die Struktur ein einfaches Fraktal. Der Wert des Exponenten ist dann gleich der Dimension des Fraktals. Ist der Exponent für verschiedene Punkte verschieden und nicht ganzzahlig, so nennt man die Struktur ein Multifraktal.

Freiheitsgrad

Frei wählbarer, von anderen Größen unabhängiger Parameter eines physikalischen Systems. Bei mechanischen Systemen oft die Orts- und Geschwindigkeitskoordinaten. Für eine punktförmige Masse gibt es drei Orts- und drei Geschwindigkeitsfreiheitsgrade. Bei einem starren, ausgedehnten Körper kommen noch drei Rotationsfreiheitsgrade hinzu. Kontinuierliche Masseverteilungen und physikalische Felder haben unendlich viele Freiheitsgrade. In der thermodynamischen Beschreibungsweise sind die Freiheitsgrade eines Systems etwa Druck und Volumen (damit ist die Temperatur festgelegt) oder Druck und Temperatur (damit ist das Volumen bestimmt). Die Anzahl der Freiheitsgrade eines Systems bestimmt die Dimension des Zustandsraums, in dem das System beschrieben werden kann. Ein ebenes Pendel (also ein Pendel, das in einer Ebene schwingt) hat zwei Freiheitsgrade, seine Auslenkung und seine Geschwindigkeit.

Eine Billardkugel auf dem Tisch hat sieben Freiheitsgrade, zwei Orts-, zwei Geschwindigkeits- und drei Rotationsfreiheitsgrade. Ein System, das sich chaotisch verhält, braucht mindestens drei Freiheitsgrade.

Galaxien

Galaxien sind Sternsysteme. Unsere Sonne befindet sich im äußeren Bereich solch eines Sternsystems, der Milchstraße. Insgesamt befinden sich in der Milchstraße circa 10^{11} Sterne in einer rotierenden Scheibe, die zusätzlich noch spiralförmige Verdichtungen – die sogenannten Spiralarme – enthält.

Andere Galaxien ähneln unserer Milchstraße – etwa die »Andromedagalaxie« mit der Bezeichnung M31 in Messiers Katalog – oder sie sind ganz anders in ihrer Größe und Morphologie. Beispiele kleinerer Galaxien sind die »irreguläre Zwerggalaxie« IC 1613 und die Systeme in Sculptor und Draco, Beispiele größerer Galaxien sind die »elliptischen Riesengalaxien« mit bis zu hundertfacher Masse unserer Milchstraße.

Gauß-Verteilung

Die Gauß-Verteilung ist in der Fehlerrechnung und in der Statistik eine der wichtigsten Verteilungsfunktionen. Sie beschreibt, wie Meßwerte um ihren Mittelwert streuen, das heißt, ihr Wert bei einer bestimmten Abweichung gibt an, wie häufig diese Abweichung bei sehr vielen Beobachtungen auftritt. Die Verteilung ist symmetrisch zum Mittelwert und fällt für große Abweichungen schnell auf verschwindend kleine Werte ab. Sie ist auf 1 normiert, das bedeutet, die Fläche, die sie mit der x-Achse einschließt, entspricht der Einheitsfläche. Ihre mathematische Darstellung lautet:

$$y = f(x) = \frac{1}{\sigma\sqrt{2\pi}} e^{\frac{-x^2}{2\sigma^2}}$$

Dabei sorgt der Faktor $\frac{1}{\sigma\sqrt{2\pi}}$ für die Normierung. Die Größe σ bestimmt die Breite und die Höhe der Verteilung. Ein kleiner Wert von σ ergibt eine schlanke und hohe Verteilung, ein großer Wert von σ bewirkt einen breiten und flachen Verlauf der Kurve.

Eine graphische Darstellung der Gauß-Verteilung findet sich zusammen mit einem Porträt ihres Entdeckers auf den neuen Zehnmarkscheinen der Deutschen Bundesbank.

Grenzwert, asymptotischer
Ein Grenzwert ist eine Zahl, der ein mathematischer Ausdruck oder eine Zahlenfolge zustrebt oder beliebig nahe kommt. Man sagt, eine Folge nähert sich ihrem Grenzwert asymptotisch, wenn der Abstand des Wertes der Folge von ihrem Grenzwert mit jedem Schritt kleiner wird. So geht der Wert des Bruches $1/n$, $n = 1, 2, 3, \ldots$ für große n gegen Null. Dabei wird der Unterschied zu Null mit zunehmendem n kleiner. In diesem Beispiel ist Null der asymptotische Grenzwert der Folge. Als weiteres Beispiel können wir die Summe $1 + 1/2 + 1/4 + \ldots + 1/2^n$ (n gegen Unendlich) betrachten. Sie hat den asymptotischen Grenzwert 2.

Grenzzyklus
Ein Grenzzyklus entspricht einem periodischen Verhalten, das ein physikalisches System nach eventuellen Einschwingvorgängen erreicht. Im Zustandsraum ist der Grenzzyklus ein torusartiger Attraktor, dessen Dimension gleich der Anzahl der Perioden des Systems ist. Die einem Grenzzyklus entsprechende Bewegung heißt asymptotisch stabil, weil das System auch nach Störungen immer wieder auf den Grenzzyklus zurückkehrt.

Instabilität
Der Zustand eines Systems, bei dem geringste Störungen (Fluktuationen) genügen, um das System in einen anderen, stabileren Zustand übergehen zu lassen. Die meisten stabilen Zustände können durch das Ändern von Parametern (Kontrollparameter) instabil werden. Ein Beispiel für eine Instabilität, die bei zunehmendem Temperaturunterschied auftritt, ist der Übergang vom Zustand reiner Wärmeleitung in den Zustand stabiler Konvektionsrollen beim Bénard-Experiment.

Irreversibilität
Nichtumkehrbarkeit von physikalischen Vorgängen. Die Irreversibi-

lität der meisten Vorgänge in der Natur ist zwar augenfällig, im üblichen Rahmen der Physik aber schwer zu verstehen. So beobachten wir zwar eine Vermischung von Gasen oder Flüssigkeiten in der Natur, niemals aber eine spontane Entmischung; Temperaturunterschiede gleichen sich zwar selbsttätig aus, treten aber nicht von selbst auf; ein Pendel kommt im Laufe der Zeit zur Ruhe, ein ruhendes Pendel setzt sich aber nicht spontan in Bewegung; die Evolution findet gerichtet von einfachen Lebensformen zu immer komplizierteren Arten statt; kurz, die Zeit läuft gerichtet. Vergangenheit und Zukunft sind *nicht* symmetrisch. Die physikalischen Gesetze aber sind zeitlich symmetrisch, das bedeutet: Wenn eine Bewegung oder die Entwicklung eines Systems physikalisch möglich ist, dann ist auch die zeitlich umgekehrte Bewegung oder Entwicklung möglich. Technisch gesprochen kann man in allen physikalischen Gleichungen die Zeit t durch $-t$ ersetzen, ohne daß die Gleichungen dadurch falsch werden. Physikalische Abläufe sind daher reversibel (umkehrbar). In der Thermodynamik wird der offensichtlichen Irreversibilität der Vorgänge in der Natur durch physikalisch nicht ableitbare Postulate Rechnung getragen. Die Irreversibilität und die daraus folgende Gerichtetheit der Zeit ist ein sehr aktuelles Forschungsgebiet im Rahmen der Grundlagen der physikalischen Wissenschaften.

Iteration

Unter Iteration versteht man in der Mathematik eine wiederholte Anwendung einer Operation. Dabei verwendet man das Ergebnis der Operation als Startwert für die nächste Anwendung. In der Praxis werden Iterationen oft verwendet, um Gleichungen oder Gleichungssysteme näherungsweise zu lösen. Notwendig für diese Anwendung ist, daß die verwendete Iteration konvergiert. Bekannt ist das Newtonsche Verfahren zur Berechnung der Lösungen einer Gleichung $y(x) = 0$. Dabei wird ein Wert in der Nähe einer Nullstelle als Startwert x_0 gewählt. Die Tangente an die Kurve $y(x)$ im Punkt $y(x_0)$ schneidet die x-Achse im Punkt x_1, der näher bei der gesuchten Nullstelle liegt als der Punkt x_0. Im nächsten Schritt nun wird die Tangente an den Punkt $y(x_1)$ mit der x-Achse geschnitten und man erhält den Punkt x_2, der wiederum näher an der gesuchten Nullstelle liegt als x_1 usw. Meist genügen wenige Iterationen, um eine ausreichend genaue Lösung zu erhalten.

Mit iterativen Rechenschemata kann man auch iterative Reihen und iterative Abbildungen erzeugen (siehe dazu auch: *Abbildung, iterative*).

Kausalität

Die Kausalität (von lateinisch: *causa* = Grund, Ursache) verknüpft verschiedene Ereignisse über einen gesetzmäßigen Zusammenhang als Ursache und Wirkung. Das Kausalprinzip sagt aus: keine Wirkung ohne Ursache. Dabei ist ein Ereignis U Ursache eines anderen Ereignisses W, wenn U in der zeitlichen Abfolge vor W liegt. W darf niemals auftreten, wenn nicht zuvor U aufgetreten ist, und das Auftreten von U muß stets das Auftreten von W zur Folge haben. Das Kausalgesetz besagt: Gleiche Ursachen haben gleiche Wirkungen. Diese Betrachtungsweise hat sich für isolierte Vorgänge als nützlich erwiesen, bei komplexen Systemen mit vielfältigen Zusammenhängen ist es meist unmöglich, zwischen einzelnen Ereignissen eindeutige Ursache-Wirkungs-Verknüpfungen zu konstruieren. Unzulässig ist insbesondere die häufig stillschweigende Abänderung des Kausalgesetzes zu: Ähnliche Ursachen haben ähnliche Wirkungen.

Ungeklärt ist, ob es sich bei der Kausalität um Zusammenhänge in den Ereignissen oder um funktionale Abhängigkeiten bei ihrer Beschreibung handelt. Ein weiteres ungelöstes Problem ist, ob man das Kausalitätskonzept logisch widerspruchsfrei im Bereich der Quantenphysik anwenden kann.

Koch-Kurve

Die Koch-Kurve ist eine fraktale Kurve, die in sich geschlossen ist. Sie schließt ein endliches Volumen ein, ist selbst aber unendlich lang. Die Koch-Kurve ist selbstähnlich, das heißt, sie sieht bei jeder Vergrößerung gleich aus. Man kann eine Koch-Kurve ausgehend von einem gleichseitigen Dreieck der Seitenlänge s (Umfang $3 \cdot s$) leicht iterativ konstruieren. Dazu entfernt man bei jeder der drei Dreiecksseiten das mittlere Drittel und ersetzt es durch zwei Linien der Länge $s/3$ (siehe dazu auch Abbildung 0.2 im Prolog). Der Umfang des so erhaltenen Sterns beträgt $4 \cdot s$. Errichtet man nun über dem mittleren Drittel der zwölf Seiten des Sterns jeweils wieder ein Dreieck mit der Seitenlänge $s/9$ und entfernt wieder das mittlere Drittel der ursprünglichen Seitenlinie, so erhält man eine Figur mit dem Umfang $16 \cdot s/3$ usw. (Der Skalierungsexponent und damit die Dimension dieser Kurve beträgt $D = \ln 4/\ln 3 = 1{,}261859\ldots$)

Kontrollparameter

Ein Kontrollparameter ist in einer Gleichung oder in einem System eine unabhängig veränderliche Größe, die es ermöglicht, das Verhalten der Lösungen oder das des Systems qualitativ zu verändern. Häufig durchläuft ein System bei kontinuierlicher Vergrößerung des Kontrollparameters eine Reihe von stabilen Bereichen unterschiedlicher Eigenschaften, die durch Instabilitäten voneinander getrennt sind. Nichtlineare Systeme von hinreichender Komplexität können für bestimmte, oft sehr ausgedehnte Wertebereiche des Kontrollparameters chaotisches Verhalten zeigen. In der Praxis ist es oft nicht einfach, bei einem gegebenen System festzustellen, welcher Parameter ein Kontrollparameter des Systems ist. Beispiele für Kontrollparameter sind:

1. Die Größe C in der logistischen Abbildung (siehe auch *Abbildung, logistische*): Mit wachsendem C durchläuft die Abbildung eine Reihe von Periodenverdopplungen und wird schließlich chaotisch.
2. Der Temperaturunterschied ΔT beim Bénard-Experiment (siehe auch *Bénard-Experiment*).
3. Die Größe r (das Verhältnis der aktuellen Reynoldszahl R zur kritischen Reynoldszahl R_c) im System der Lorenz-Gleichungen (siehe auch *Lorenz-Gleichungen*).

Koordinatenraum

siehe *Phasenraum*.

Korrelationsintegral

Unter Korrelation versteht man in der Physik eine Beziehung zwischen Ereignissen, die nicht zufällig auftritt, also häufiger als nach den Gesetzen der Wahrscheinlichkeitsrechnung. Sind zwei Ereignisse im Sinne der Kausalität verbunden, so ist ihre Korrelation stets gleich 1, für zufällige Beziehungen verschwindet die Korrelation. Die gewöhnliche Korrelationsfunktion liefert ein Maß für die gegenseitige Abhängigkeit von zwei oder mehr Zuständen nach einer bestimmten Zeit. (Wir betrachten hier nur Zwei-Punkt-Korrelationen, also die Abhängigkeit zweier Zustände.) Das Korrelationsintegral ist nun der Mittelwert der Korrelationsfunktion für Zeiten *t* gegen Unendlich. Die Bestimmung des Korrelationsintegrals dient in der Analyse von Zeitserien der Rekonstruktion der Phasenraumstrukturen, die die der Zeitserien zugrunde liegenden dynamischen Prozesse beschreiben, und der Bestimmung der Dimension *D* dieser Strukturen.

Korrelationszeit

Die Zeit, in der die (zeitliche) Korrelation zwischen zwei Ereignissen auf einen bestimmten kleinen Wert (0 oder 1/e) abfällt, wird Korrelationszeit genannt. Zwei Zustände eines Systems, die zeitlich länger als die Korrelationszeit des Systems voneinander getrennt sind, haben keine ursächlichen Zusammenhang mehr miteinander (siehe auch *Kausalität*). Nach Ablauf der Korrelationszeit hat das System sozusagen »vergessen«, welche Zustände es früher durchlaufen hat. Dies bedeutet auch, daß man aus einer Kenntnis des momentanen Zustandes eines Systems nur im Rahmen der Korrelationszeit auf vergangene oder zukünftige Zustände des Systems schließen kann (siehe auch *Autokorrelation*).

kumulativ

(Vom Lateinischen *cumulare* – anhäufen). Eine kumulative Erfassung eines Meßwerts ist daher die fortführend aufsummierte Größe. Wenn zum Beispiel ein Kind monatlich DM 20,– Taschengeld erhält und alles spart, ist die kumulative Ersparnis nach zwei Monaten DM 40,–, nach drei Monaten DM 60,– usw.

Laminarität

Wenn sich eine Flüssigkeit oder ein Gas in einer regelmäßigen Weise bewegt, so nennt man die Bewegung laminar oder auch stromlinienförmig. Ist die Bewegung irregulär und durchmischt, so ist sie turbulent.

Bei der Entwicklung von PKWs wird in den Windtunneltests darauf geachtet, daß die Form der Karosserie so »windschlüpfrig« ist, daß der Fahrtwind möglichst widerstandslos um das Auto herumgleitet.

Dieses »Gleiten« eines Gases oder auch einer Flüssigkeit ist ein wichtiges Merkmal laminarer Strömungen. Man kann sich die Strömung als viele dünne übereinanderliegende Schichten vorstellen, wobei sich jede Schicht relativ zu den anderen bewegt. Die Eigenschaften der Flüssigkeit oder des Gases (wie Geschwindigkeit, Druck, Temperatur) bleiben dabei an jeder Stelle konstant.

Ljapunov-Exponent
Der Ljapunov-Exponent λ ist ein Maß für das »Auseinander- oder Zusammenlaufen« der Lösungen von Differentialgleichungen oder von iterativen Reihen bei unterschiedlichen Startwerten.

$\delta x(t) = \delta x(0) \cdot e^{\lambda \cdot t}$ (bei kontinuierlichen Systemen)
$\varepsilon_i = \varepsilon_0 \cdot e^{\lambda \cdot i}$ (bei diskreten Systemen)

Dabei ist der Mittelwert für sehr lange Zeiten (t gegen Unendlich) beziehungsweise sehr viele Iterationen (i gegen Unendlich) zu nehmen.

Ein negatives λ ($\lambda < 0$) bedeutet, daß sich die Lösungen im Laufe der Zeit (mit zunehmender Zahl von Iterationen) annähern und der Unterschied in den Startwerten sich ausgleicht. Systeme mit dieser Eigenschaft heißen stabil.

Ein verschwindendes λ ($\lambda = 0$) bedeutet, jeder Unterschied in den Startbedingungen bleibt erhalten und wächst oder schrumpft nicht mit der Zeit (mit der Zahl der Iterationen). Solche Systeme heißen marginal stabil.

Ist λ positiv ($\lambda > 0$), so wachsen kleine Unterschiede in den Anfangswerten exponentiell mit der Zeit (mit den Iterationsschritten) an. Ein positives λ ist ein eindeutiges Kennzeichen für ein chaotisches System.

Bei Systemen mit mehreren Freiheitsgraden existiert für jeden Freiheitsgrad ein Ljapunov-Exponent. Wenn die Bewegung des Systems im Phasenraum beschränkt ist, ist die Summe *aller* λs stets kleiner oder höchstens gleich Null ($\lambda_1 + \lambda_2 + \ldots + \lambda_n \leq 0$). Wenn das System einen Attraktor besitzt, so ist die Summe aller λs sogar stets kleiner Null. (Das Phasenraumvolumen muß auf den *Attraktor* zusammenschrumpfen.) Sind alle λs eines Systems kleiner Null, so ist der Zustand, dem das System zustrebt, stationär. In allen anderen Fällen ist immer mindestens ein λ gleich Null (und zwar dasjenige parallel zur zeitlichen Änderung des Zustandsvektors). Ein System mit einem chaotischen oder seltsamen Attraktor muß daher mindestens drei Freiheitsgrade haben. Die entsprechenden Ljapunov-Exponenten sind dann $\lambda_1 > 0, \lambda_2 = 0, \lambda_3 < 0$, wobei der Betrag von λ_3 größer sein muß als derjenige von λ_1 (wegen $\lambda_1 + \lambda_2 + \lambda_3 < 0$). (Siehe auch *Attraktor, seltsamer*.)

Lorenz-Gleichungen

Im Jahre 1963 gelang es E. N. Lorenz zusammen mit B. Saltzmann, die hydrodynamischen Differentialgleichungen für den Fall des Bénard-Experimentes auf ein einfaches gekoppeltes System von drei gewöhnlichen Differentialgleichungen zu reduzieren. Zwar waren dabei teilweise recht grobe Näherungen verwendet worden, aber das Lorenz-System zeigte so interessante Eigenschaften, daß es zum Standardbeispiel in der nichtlinearen Dynamik wurde. Die drei Lorenz-Gleichungen lauten:

$$\dot{x} = -\sigma x + \sigma y$$
$$\dot{y} = rx - y - xz$$
$$\dot{z} = xy - bz$$

Dabei bedeutet x die Intensität der Konvektion, y ist der Temperaturunterschied zwischen den aufsteigenden und den absteigenden Flüssigkeitsgebieten, und z ist die Abweichung der tatsächlichen Temperaturverteilung von einem linearen Temperaturprofil zwischen den beiden Platten (siehe auch *Bénard-Experiment*). Der Koeffizient b beschreibt die geometrische Abmessung der Konvektionsrollen. σ ist die sogenannte Prandtl-Zahl (kinematische Zähigkeit dividiert durch die Wärmeleitfähigkeit der Flüssigkeit), und r ist das Verhältnis von aktueller Reynoldszahl R zu kritischer Reynoldszahl R_c. (Die Reynoldszahl ist ein Maß für das Verhältnis von Trägheits- zu Zähigkeitskraft in einer Strömung; R ist von der Strömungsgeschwindigkeit abhängig. Die kritische Reynoldszahl ist diejenige, bei der die laminare Strömung in eine turbulente Strömung umschlägt.) Die Größe r in den Lorenz-Gleichungen ist der Kontrollparameter des Systems. Sie ist proportional zum Temperaturunterschied ΔT zwischen den beiden Platten.

Die Lorenz-Gleichungen haben die Fixpunkte $x_0 = y_0 = z_0 = 0$ (entspricht dem stationären Zustand mit ruhender Flüssigkeit) und $x_1 = \sqrt{b(r-1)}$, $y_1 = \sqrt{b(r-1)}$, $z_1 = r - 1$; $x_2 = -x_1$, $y_2 = -y_1$, $z_2 = z_1$. Die beiden letzten Zustände entsprechen einer stabilen Rollenbewegung mit verschiedenem Drehsinn.

Mandelbrot-Menge

Die Mandelbrot-Menge ist die Menge aller Punkte c für die die Abbildung $x_{i+1} = x_i \cdot x_i + c$ für i gegen Unendlich und Startwert $x = c$ *nicht* gegen Unendlich geht. Im Gegensatz zur logistischen Abbildung ist in dieser quadratischen Familie c eine komplexe Zahl. (Komplexe Zahlen haben die allgemeine Form $a + b \cdot \mathrm{i}$ wobei a und b reelle Zahlen sind und $\mathrm{i} = \sqrt{-1}$.) Um die Mandelbrot-Menge zu erhalten, untersucht man also das Verhalten aller komplexen Zahlen c unter der Iteration

$$c, c^2 + c, (c^2 + c)^2 + c, ((c^2 + c)^2 + c)^2 + c, \ldots$$

Wenn man alle Punkte c für die diese Iteration gegen Unendlich geht (das sind die meisten) weiß läßt und all diejenigen, für die das nicht der Fall ist, schwarz einfärbt, so erhält man als Schwarzweißbild der Mandelbrot-Menge das berühmte »Apfelmännchen«. Das Apfelmännchen ist eine selbstähnliche Figur mit einem fraktalen Rand.

Neutronen

Neutronen sind ungeladene Elementarteilchen, zusammen mit Protonen und Elektronen die wichtigsten Bausteine der Atome. Freie Neutronen sind nicht stabil und zerfallen über die Reaktion

$$\mathrm{n} \rightarrow \mathrm{p} + \mathrm{e} + \nu$$

in ein Proton, ein Elektron und ein Neutrino. Die Masse eines

Neutrons ist mit $1{,}6749 \cdot 10^{-24}$ Gramm etwas größer als die des Protons.

Neutronensterne

Sehr kompakte Sterne, mit einem Radius von nur etwa 10 Kilometern (siebzigtausendmal kleiner als der der Sonne), aber mit einer Masse ähnlich groß wie die der Sonne. In diesen Sternen ist die Materie deshalb etwa 10^{14} mal stärker »zusammengequetscht« als in unserer Sonne. Unter diesen Bedingungen werden, anschaulich gesprochen, Elektronen in die Protonen »hineingepreßt«, so daß der Stern praktisch aus Neutronen besteht.

Nichtlinearität

Nichtlinear heißt ein System, wenn es auf eine Eingabe (Änderung eines Parameters, Störung, Fluktuationen) anders als direkt proportional reagiert. In der Natur sind praktisch alle Vorgänge nichtlinear. Die übliche lineare Beschreibung ist stets nur für beschränkte Bereiche eine mehr oder weniger gute Näherung und darf *nicht* einfach auf andere Bereiche extrapoliert werden.

Die Nichtlinearitäten in den Lorenz-Gleichungen sind beispielsweise die Terme xz und xy, und in der logistischen Abbildung ist es der quadratische Term $x_i \cdot x_i$

Normalverteilung

Wenn bestimmte Messungen statistisch erfaßt werden, so erhält man häufig eine »Normalverteilung« – so genannt, weil sie – *normal* ist, also immer wieder auftaucht. Eine bisher nicht erwähnte Normalverteilung ist die Häufigkeit, mit der wir innerhalb einer bestimmten Zeitspanne (beispielsweise einer Sekunde) von kosmischen Strahlungsteilchen getroffen werden. Obwohl wir es nicht merken, werden wir pro Sekunde durchschnittlich von etwa 1000 dieser Teilchen durchbohrt. Sie kommen aus entlegenen Gebieten unserer Milchstraße und können schon viele Millionen Jahre unterwegs gewesen sein. Sekundenperioden, in denen wir von nur wenigen Teilchen getroffen werden, sind selten, ebenso Sekundenperioden, in denen die Trefferrate viele Tausende beträgt. Dementsprechend hat die Verteilungskurve bei 1000 Teilchen pro Sekunde ein Maximum und nimmt sowohl zu den kleineren als auch den höheren Werten hin ab. Die Form der so entstandenen Kurve erinnert an eine Glocke.

Periodenverdopplung

Unter Periodenverdopplung versteht man das Verhalten eines zunächst periodischen Systems, bei dem mit wachsendem Kontrollparameter neue Periodizitäten bei der halben Grundfrequenz (doppelten Periode) auftreten. Die Zunahme des Kontrollparameters zwischen zwei Verdoppelungen der Periodenanzahl wird dabei immer geringer, bis bei einem kritischen Wert das System zu chaotischem Verhalten übergeht. Das Verhältnis der Unterschiede in den Werten des Kontrollparameters zwischen aufeinanderfolgenden Periodenverdopplungen scheint eine universelle Konstante zu sein. Man findet immer den selben Wert bei unterschiedlichsten Iterations-Schemata und bei den verschiedensten Experimenten.

Bei der logistischen Abbildung erhält man beispielsweise eine Verdopplung der Anzahl der Werte, denen die Iteration zustrebt, für die folgenden Werte des Kontrollparameters C: $C_1 = 3{,}0$, $C_2 = 3{,}4496\ldots$, $C_3 = 3{,}544\ldots$, $C_4 = 3{,}5644\ldots$ Der kritische Wert C_k, für den die Abbildung chaotisch wird, ist $C_k = 3{,}5699456\ldots$ Das Verhältnis $(C_n - C_{n-1})/(C_{n+1} - C_n)$ für sehr große n ergibt die Feigenbaum-Konstante $\delta = 4{,}669201\ldots$ Bei Experimenten kann man meist nicht mehr als drei oder vier Periodenverdopplungen beobachten, bevor das System chaotisch wird.

Phasenraum

Ein mathematisch definierter Darstellungsraum, in dem die Erscheinung bestimmter Meßdaten dargestellt wird. In Anlehnung an den allerseits bekannten Spezialfall, den »Koordinatenraum« – der Raum, in dem wir uns bewegen, charakterisiert durch die drei Richtungen »oben–unten«, »links–rechts«, »vorwärts–rückwärts« –, wird in vielen Darstellungen eine dreidimensionale Abbildung benutzt, wobei die drei charakterisierenden Richtungen im Prinzip jede Eigenschaft des darzustellenden Systems sein können – nicht nur Position, sondern auch Geschwindigkeit, Amplitude, oder jede andere relevante Meßgröße. Die Erscheinung der Meßdaten in solch einem Raum kann analysiert werden und hilft, das System, seine Dynamik beziehungsweise den Zustand zu charakterisieren. Im letzteren Fall nennt man den Phasenraum dann auch »Zustandsraum«.

Poincaré-Abbildung
Die Poincaré-Abbildung ist ein Verfahren, das Henri Poincaré zur übersichtlichen Beschreibung komplizierter dynamischer Vorgänge angegeben hat. Dabei wird im Phasenraum eine Ebene betrachtet, die von der Trajektorie des Systems wiederholt durchstoßen wird. Die Gesamtheit dieser Durchstoßpunkte bilden die Poincaré-Abbildung. Die Verteilung der Durchstoßpunkte liefert viele Informationen über die Art und die Dynamik der zugrundeliegenden Prozesse. Ein einfacher periodischer Vorgang, etwa das Schwingen eines ebenen Pendels, liefert einen einzigen Durchstoßpunkt. (Man betrachtet stets nur die Punkte, in denen die auf den Betrachter zulaufende Trajektorie die Ebene durchstößt.) Ein zweifach periodischer Prozeß mit Frequenzen, die dem Verhältnis zweier ganzer Zahlen entsprechen (kommensurable Frequenzen), liefert mehrere Durchstoßpunkte, die auf einem Kreis liegen. Für inkommensurable Frequenzen, also für solche, die nicht durch das Verhältnis ganzer Zahlen darstellbar sind, erhält man einen vollständigen Kreis. Chaotische Prozesse stellen sich in der Poincaré-Abbildung als Punktwolken dar.

prädikativ
(Vom Lateinischen *praedicere* – vorhersagen). Die Benutzung dieses Wortes hier geschieht in dem Sinne, den »prädikativen Wert«, also das »Maß an Vorhersagefähigkeit«, zu beschreiben.

Pulsare
Pulsare sind Neutronensterne. Sie erhielten ihren Namen dadurch, daß sie sehr regelmäßig »gepulste« Strahlung aussenden, mit Perioden, die zum Teil bis auf weniger als eine Milliardstelsekunde genau gemessen sind. Es handelt sich bei diesen Pulsperioden (typischerweise im Sekundenbereich) um die Umdrehungszeit des jeweiligen Neutronensterns. Die pulsförmige Emission kommt dadurch zustande, daß die Sterne ein sehr starkes Magnetfeld besitzen (etwa 10^{12} mal stärker als das Erdmagnetfeld) und daß die Rotationsachse zur Magnetfeldachse geneigt ist (bei der Erde beträgt dieser Nei-

gungswinkel etwa 12°). Das Magnetfeld kontrolliert die Abstrahlung, insbesondere auch die Emissionsrichtung, die Rotation bewirkt dann den »Leuchtturmeffekt« – wir sehen den Stern jedesmal dann, wenn die Strahlung über uns hinwegstreicht.

Quasiperiodizität
Überlagern sich bei einem System zwei oder mehrere periodische Vorgänge mit Frequenzen, deren Verhältnis der Schwingungszahlen *nicht* durch einen Bruch darstellbar ist, spricht man von einem quasiperiodischen Vorgang. Im Falle von zwei inkommensurablen Frequenzen nimmt das System in endlicher Zeit zwar nicht den identisch gleichen Zustand ein zweites Mal an (ist also nicht periodisch im strengen Sinne), die Trajektorie des Vorgangs im Phasenraum verläuft aber vollständig auf der Oberfläche eines Torus, dessen Umfänge den beiden Frequenzen entsprechen.

Reduktionismus
Unter Reduktionismus versteht man die Meinung, man könne Erscheinungen auf höheren Organisationsebenen durch das Verhalten von Strukturen auf niederen Ebenen verstehen und erklären oder sie darauf zurückführen. Zum Beispiel wird im Reduktionismus versucht, die Biologie auf die Chemie zu reduzieren, die Chemie auf die Physik und die Physik auf die Eigenschaften von Elementarteilchen zurückzuführen. Im Bereich der Theorien wird von den Reduktionisten nach einer »Weltformel« gesucht, nach einer Theorie, die *alle* Erscheinungen erklären kann und dabei mit möglichst wenig Annahmen auskommt. Dabei stützt sich der Reduktionismus mehr oder weniger offen auf den Determinismus und auf die starke Kausalität. Eine moderne Richtung des Reduktionismus beschäftigt sich mit der sogenannten »künstlichen Intelligenz«, also mit der Konstruktion »intelligenter« Maschinen (was auch immer das sein mag) mittels physikalischer Bauelemente. In seiner strengen Form kann man das Konzept des Reduktionismus als gescheitert betrachten.

Refraktärzeit
Die Zeit nach einem Herzschlag, in der das Herz *nicht* zu einem weiteren Schlag angeregt werden kann. Die Refraktärzeit bestimmt

damit auch den minimalen Zeitabstand zwischen aufeinanderfolgenden Herzschlägen.

Resonanz
Allgemein das Mitschwingen eines Systems bei einer periodischen Anregung von außen. Dieses Mitschwingen ist besonders ausgeprägt, wenn die Anregungsfrequenz einer Eigenfrequenz des Systems entspricht.

In der Himmelsmechanik spricht man von Resonanz, wenn die Umlaufzeiten von Himmelskörpern im Verhältnis kleiner ganzer Zahlen zueinander stehen. Die Körper kommen sich dann stets an derselben Stelle ihrer Bahn besonders nahe und können sich daher besonders stark gegenseitig beeinflussen. Ihre wechselseitigen Störungen gleichen sich dann im Mittel *nicht* aus.

Reversibilität
Insbesondere zeitliche Umkehrbarkeit von physikalischen Vorgängen. Die Gleichungen der Physik sind symmetrisch in der Zeit, das bedeutet, man kann in einer Gleichung überall t durch $-t$ ersetzen und erhält wieder einen möglichen physikalischen Vorgang. Die Reversibilität steht im Gegensatz zu dem in der Natur tatsächlich beobachteten Verhalten (siehe auch *Irreversibilität*).

Rückkopplung
Wie der Name schon sagt, wird das System »zurück-gekoppelt«, also verbunden. Insbesondere in der Elektronik, aber auch in mechanischen und biologischen Systemen, in der Soziologie und Psychologie findet man öfter solch eine »Rückkopplung«, beziehungsweise setzt sie bewußt ein. Eine bekannte Anwendung ist etwa das »feedback« – ein elektrisches Signal läuft durch einen elektronischen Schaltkreis und wird von einer bestimmten Stelle an eine frühere zurückgeführt. Es beeinflußt damit das System positiv oder negativ, also entweder verstärkend oder dämpfend.

Sattelpunkt
Ein Sattelpunkt ist ein Fixpunkt, der eine stabile und eine instabile Richtung hat. Bei Annäherung in der stabilen Richtung wirkt der Sat-

telpunkt anziehend (Attraktor) in der instabilen Richtung abstoßend (Repellor).

Selbstähnlichkeit
Selbstähnlichkeit ist die Eigenschaft einer Struktur, bei jeder beliebigen Vergrößerung stets wieder ähnliche Strukturen zu zeigen. Beispiele für selbstähnliche Strukturen in der Natur (wo die Vergrößerung »natürlich« Grenzen hat) sind Bäume mit ihrer Verzweigung vom Stamm in Äste, von Ästen in Zweige, in kleine Zweige und so fort, unser Blutkreislauf mit feinen und feinsten Verästelungen, die zerklüftete Küste eines Fjordes oder die quellenden Formen von Schönwetterwolken. In der Mathematik gibt es eine Reihe selbstähnlicher Strukturen, die alle fraktale Dimensionen haben. Als Beispiel sei auf die Koch-Kurve oder die Mandelbrot-Menge verwiesen.

Selbstorganisation
Bilden sich in einem System ohne unmittelbaren Zwang von außen im Laufe der Zeit Strukturen mit einem zunehmenden Grad an Organisation, so spricht man häufig von Selbstorganisation. Beispiele sind Muster bei chemischen Reaktionen, die Entstehung des Lebens, aber auch die Erzeugung von kohärenter (im Gleichtakt schwingender) Strahlung in Lasersystemen oder die Ausbildung stabiler Konvektionsrollen beim Bénard-Experiment.

Sinusknoten
Sitz des Hauptschrittmachergewebes des Herzens, mit einer typischen Anregungsfrequenz von 80 Schlägen pro Minute. Falls aus irgendeinem Grund die Anregung durch den Sinusknoten ausfällt, kann ersatzweise der AV-Knoten mit einer typischen Anregungsfrequenz von 50 Schlägen pro Minute einspringen.

Stabilitätsanalyse
Die Untersuchung eines Systems auf die Abhängigkeit seines Verhaltens von Störungen oder Änderungen in den Anfangsbedingungen. Ein System heißt stabil, wenn das Verhalten des gestörten – unabhängig von der Größe der Störung oder Änderung – langfristig gleich dem des ungestörten Systems ist. Instabil heißt ein System

dann, wenn selbst die geringfügigste Störung langfristig zu einem völlig unterschiedlichen Verhalten führt, und labil nennt man ein System, dessen Verhaltensänderung proportional zur Störung ist. Streng deterministische Systeme sind stets labil.

Mit einer Methode, die auf den russischen Mathematiker A. M. Ljapunov zurückgeht, kann man auch ohne detaillierte Kenntnis der dynamischen Eigenschaften eines Systems Kriterien für sein Stabilitätsverhalten gewinnen (siehe auch *Ljapunov-Exponent*).

Torus

Ein Torus ist ein geometrischer Körper, den man erhält, wenn man einen Zylinder so verbiegt, daß das vordere und das hintere Ende zusammenkommen. Die Mittelachse des ehemaligen Zylinders bildet dann einen Kreis in der Mitte des Torus. Ein solcher Torus ist also ein dreidimensionaler Körper mit einer entsprechend zweidimensionalen Oberfläche. Mathematisch kann man die Torusstruktur leicht auf beliebig viele Dimensionen erweitern. Physikalisch liegen alle möglichen Zustände eines n-fach periodischen Systems im Zustandsraum auf der n-dimensionalen Oberfläche eines $n + 1$-dimensionalen Torus.

Turbulenz

siehe **Laminarität.**

Ventrikelmyocard

Ein Ventrikel, allgemein, ist ein Hohlraum im Körper, wie etwa die Herzkammern. Myocard bedeutet »Muskelgewebe«. Ventrikelmyocard ist also das Herzmuskelgewebe in den Herzkammern.

Wahrscheinlichkeit

Die Wahrscheinlichkeit ist ein Maß für die Häufigkeit, mit der ein zufälliges Ereignis bei einer Vielzahl von Versuchen unter gleichen Bedingungen auftritt. Die Wahrscheinlichkeit eines Ereignisses E ist definiert als das Verhältnis der Anzahl der Möglichkeiten, die zu E führen, zur Anzahl aller Möglichkeiten. Daraus folgt, daß die Wahrscheinlichkeit von E Werte zwischen (einschließlich) Null und (einschließlich) Eins annehmen kann. Wahrscheinlichkeit gleich Eins bedeutet, daß *E* mit Sicherheit eintritt, Wahrscheinlichkeit gleich Null bedeutet, daß *E* mit Sicherheit *nicht* eintritt. Die Summe aller Wahrscheinlichkeiten für alle möglichen Ereignisse, die sich gegenseitig ausschließen, ist immer Eins.

Zeitreihe
Wenn Messungen eines bestimmten Vorgangs (wie Temperaturvariationen, Leuchtkraftveränderung) in regelmäßigen Zeitabständen durchgeführt und aufgezeichnet werden, so nennt man das Ergebnis nach einer Reihe solcher Messungen Zeitreihe.

Zufall
Ein Ereignis heißt zufällig, wenn verschiedene Ereignisse möglich sind und kein feststellbarer Zusammenhang zwischen den Ereignissen besteht. Man kann daher nicht vorhersagen, welches der möglichen Ereignisse tatsächlich eintritt. Jedem zufälligen Ereignis ist eine reelle Zahl, größer oder gleich Null und kleiner oder gleich Eins zugeordnet, die man die Wahrscheinlichkeit des Ereignisses nennt. Da zwischen den möglichen zufälligen Ereignissen kein erkennbarer Zusammenhang besteht, ändert das Eintreten eines bestimmten Ereignisses nichts an der Wahrscheinlichkeit der Ereignisse. Eine Zufallsgröße nennt man gleichverteilt, wenn jeder mögliche Wert, den die Zufallsgröße annehmen kann, die gleiche Wahrscheinlichkeit hat. Eine Zufallsgröße heißt normalverteilt, wenn ihre Wahrscheinlichkeitsverteilung einer Gauß-Verteilung entspricht (siehe auch *Gauß-Verteilung* und *Wahrscheinlichkeit*).

Zustandsraum
siehe *Phasenraum*.

Register

George B. Field
Eric J. Chaisson

Das unsichtbare Universum

An den Grenzen der modernen Astrophysik

Ullstein Buch 34671

Den Autoren ist es gelungen, eines der faszinierendsten Kapitel der Wissenschaftsgeschichte vorzustellen, den Leser bis »an die Grenzen der modernen Astrophysik« zu führen. Die Weiterentwicklung der Teleskope, mit denen zuerst nur sichtbare, dann aber auch die unsichtbare Strahlung erfaßt werden konnte, bewirkte einen revolutionären Umsturz der Astronomie. Ein ebenso spannendes wie informatives Buch.

Sachbuch

Rupert Sheldrake

Das schöpferische Universum

Die Theorie des morphogenetischen Feldes

Ullstein Buch 35359

Sachbuch

Weltweites Aufsehen hat Rupert Sheldrake mit seinen Thesen über das Universum erregt. Er wirft die traditionellen Auffassungen der Chemie und Physik über Bord und vertritt das verblüffende Konzept morphogenetischer Felder: Das Universum folgt »Gewohnheiten« – Mustern, die im Lauf der Zeit durch die Wiederholung von Ereignissen entstehen. Ein faszinierendes Buch, das Bausteine für ein neues Weltbild liefert.